自传体译叙研究

王琼 著

中山大学出版社
·广州·

版权所有　翻印必究

图书在版编目（CIP）数据

自传体译叙研究/王琼著． -- 广州：中山大学出版社，2024.12
ISBN 978 - 7 - 306 - 08198 - 8

Ⅰ．K810；H315.9

中国国家版本馆 CIP 数据核字 2024QX3286 号

出 版 人：	王天琪
策划编辑：	金继伟
责任编辑：	陈　霞
封面设计：	曾　斌
责任校对：	徐　晨
责任技编：	靳晓虹

出版发行：中山大学出版社
电　　话：编辑部 020 - 84110283，84113349，84111997，84110779，84110776
　　　　　发行部 020 - 84111998，84111981，84111160
地　　址：广州市新港西路 135 号
邮　　编：510275　　传　真：020 - 84036565
网　　址：http://www.zsup.com.cn　E-mail：zdcbs@ mail.sysu.edu.cn
印 刷 者：广州市友盛彩印有限公司
规　　格：787mm×1092mm　1/16　15.75 印张　291 千字
版次印次：2024 年 12 月第 1 版　2024 年 12 月第 1 次印刷
定　　价：98.00 元

如发现本书因印装质量影响阅读，请与出版社发行部联系调换

引　言

自传体叙事翻译研究是翻译学的一个新研究领域。关于"自传体叙事翻译"的概念，本研究将其简称为"自传体译叙"（Transnarration）。自传体译叙研究是将自传叙事的翻译文本（源文本和目标文本）作为研究对象，并融合当代翻译学和叙事学理论，从而提炼出相关的理论。在研究过程中，需要关注自传体译叙的特殊性，并探讨其与其他类型的翻译之间的差异。此外，研究还需要对自传体译叙中的一些关键问题进行深入的思考。自传体译叙的研究也有助于推动翻译学和叙事学的交叉研究，促进相关学科的发展和融通。

由于自传文体的特殊性，其内容及其所传递的情感具有真实性、历史性、民族性和时代性等特征，因此自传翻译不仅是文学翻译的一个重要组成部分，同时也具有重要的历史编纂学价值。日记、游记、回忆录、自传、微信朋友圈等各类自传体书写形式，均属于自传体叙事文本的范畴。许多作家基于自己的亲身经历，采用了半自传体的书写方式进行创作。从某种意义上说，几乎所有的虚构和非虚构类作品都包含了自传成分，因为这些作品本身就是作家外化自我的产物。

自传体译叙的探索空间无比广阔。除了中西方各自拥有深厚自传体写作传统外，在当代作品中，海外华裔文学、各民族特色文学、纪实或报告文学、当代外国人视角下的中国自传体叙事，以及各类名人名家自传等，都属于这个研究领域。

优秀的学术研究应该具备两种价值，一种是恒定价值，一种是时代价值。恒定价值是学术研究所应探索的本体问题，无论放在任何背景下，都具有真理价值。时代价值则要求学术研究应贴切于当下国家与民族发展战略，以及为未来发展奠定良好的前期基础。这两个维度是本研究一直以来秉持的两大主线。因此，本研究不仅提炼和建构了一种自传体译叙理论，也期待为实现当下中华民族伟大复兴目标，铸牢中华民族共同体意识和构建人类命运共同体思想做出绵薄贡献。

无论是研究中国的自传及其译本，还是西方的自传及其译本，以及可能存在的其他译本，最终都需要从国际传播和全球传播的层面进行考量。翻译学理论不仅在纵向上进行深入挖掘，也在横向上进行广泛探索。纵向理论主要关注概念思辨和翻译现象的深入剖析，而横向理论则聚焦于研究对象的传播过程和传播结果。翻译的内容和方式，以及传播的方式和效果，是一个多维度且密不可分的研究主题。在建构翻译理论时，我们需要思考如何解释传播层面的问题；同样地，在建构传播理论时，我们也需要思考翻译层面的问题。

习近平新时代中国特色社会主义理论有关社会主义文化繁荣的论述，谈到中国社会科学的研究应该"立足中国，借鉴国外"。本研究成果的理论创新部分，还适用于对今后探索中国自体外译的研究，特别是深入研究当代少数民族的自传体叙事，以及如何将其翻译成外语，这不仅涉及在全球化舞台上展示中华民族多元一体的特性，而且更是在多个层面上向世界传播中国各民族的故事。同样地，将其他民族的自传故事翻译成中文，能够促进不同文化间的交流和理解，从而实现多维度的融合，共同构建人类命运共同体。这种从意识铸牢到共识达成的转变，离不开翻译研究的贡献。而理论创新的意义不仅仅在于提出新颖的理论概念和思路，更在于稳步推进服务于大局的意识。

作者感言

这部专著源于我在香港浸会大学的博士学位论文。自我2016年11月博士毕业之后,它一直静静地存放在香港浸会大学图书馆。我能够在香港完成博士学位论文,是我一生中最幸福和自豪的事情之一。香港,这个中西文化深度交流互鉴的场域,其学术的规范化和国际化程度,不仅为具有严谨学风和创新思维的人才提供了高地,更成为中国式现代化发展的典范之一。翻译专业在香港拥有优秀的传统,始终站在全球化浪潮的前沿,占据着举足轻重的地位。

经过五年的寒窗苦读,伏案研习,笔耕不辍,我终于得以完成论文答辩。当我双手紧握博士毕业证书,面对着繁华的香港,在转身的那一刻,我的内心犹如翻涌的海浪,充满了复杂的情感。那是喜悦,是五年来每一次熬夜苦读,是每一次克服困难的胜利;那是感慨,是对这所城市、这段岁月的深深眷恋;那是期待,是对未来的美好憧憬和向往。这五年来,我曾经翻越过象征着港人自强不息精神的狮子山,也在美丽的维多利亚港畔漫步感受着那香江的温柔。这些景象一直深深地印在我的心中,从未离开过。香港街头混合着海水味和人间烟火气的景象让人迷恋,但让我感触更深的却是香港的独特魅力和人文气息,以及在浸会大学给予我指导和帮助的老师们。

我为能成为恩师谭载喜先生的弟子而深感自豪。他以中国传统的"眇与玄"思想,诠释了知识传承的师徒关系,使我领悟到学术追求的真谛,是他的智慧与教诲点亮了我学术之路的明灯,引领我跨越学术的边界,让我从一个渺小的世界,深入到广袤无垠的学术天地。还应该感谢我的副导倪若诚(Robert

Neather）副教授和答辩外审专家谢天振教授。我深知自己的学术成果尚需磨砺。在博士学习的五年里，我虽然通过了严格的论文答辩，但对自己的研究仍不够满意。于是，在其后的七年里，我以文火慢炖的方式，不断精炼和深化这部作品。直到我踏入广西民族大学外国语学院的那一天，在校领导、院领导和张旭师兄的帮助下，我的研究成果才真正生根发芽，开花结果。

另外一位需要感谢的恩师是贾文山教授。博士毕业后，我参加了中国传媒大学举办的一个暑期研修班，在这个班里我有幸结识了国际知名学者贾文山教授。贾教授博学多才，他深邃的思想让我受益匪浅。在贾教授的悉心指导下，我与他共同完成了一篇传播学领域的专业论文。这篇论文题为《"人类命运共同体"思想的多维度内涵探析及跨文化传播研究》，发表于《国际新闻界》2023 年第 5 期。在这篇论文中，我们提出了一个崭新的概念，即"生成式跨文化传播"（Transcultural Communication）。这一概念不仅对世界传播学界有着重要的理论贡献，也为深入研究跨文化传播提供了新的视角和方法。基于博士学位论文的研究基础，我们将这一概念应用在论文中，进一步深化了对"人类命运共同体"思想的理解。

身为华夏儿女，作为一位年轻的学者，我怀揣着对家国的深沉情感，立誓将倾尽余生的智慧与力量，投身中华民族伟大复兴的征程，以推动构建人类命运共同体这一崇高的事业。自从入邕之后，在这片壮美的土地上我感受到了广西人民淳朴的热情和美丽如画的风景。一位学者的快乐，往往源于他的学术成果和贡献；而他的幸福，则是将这份喜悦与所有开卷受益的读者分享。

最后，我要深深地感谢我的家人，尤其是我的父母。他们不仅是我的生命之源，更是我的人生导师。他们用自己的经历和智慧，为我描绘出一幅丰富多彩的画卷。我的父母曾是援助非洲的翻译工作者，他们在改革开放初期，将中国的故事传递到了非洲大陆。他们的身影，始终是我前行的动力。他们的付出和努力，不仅为我提供了跨文化的宝贵经历，更让我明白了何为人生的意义和价值。

今天，在父亲节这个充满爱与感恩的特殊日子里，我不仅要感谢我生命中那位伟大的父亲，还要感谢我的导师。他们都是我人生中不可或缺的重要人物，愿我们都能用感恩的心去回报他们的付出和努力。

王琼
2023 年 6 月 18 日
广西民族大学相思湖畔

内容提要

从中国立场出发,任何通过翻译的国际传播,无论是输出还是输入,首先要符合翻译传播之道,即"仁善传播",其次要与正确的政治意识形态和完善的经济市场运作规律相契合。"仁善传播"汲取了道家的玄德思想、孔子的仁爱观念以及孟子的性善论。"仁善传播"不仅是人类命运共同体思想理论体系中的一个重要组成部分,更是中国特色国际传播观念的体现。在选择传播内容时,我们都应以促进人类团结、全球发展和文明互鉴为核心原则。这不仅是一种责任,更是一种对全人类的关怀和尊重。通过这种方式,我们可以更好地搭建起不同文化之间的桥梁,促进彼此的理解和交流,为构建一个更加和谐美好的世界贡献力量。

自传体叙事是一种独特的文学形式,它让人们有机会去讲述自己的故事,分享自己的人生经验和感受。通过自传体叙事,我们可以将自己的生命历程、情感体验和成长点滴传播给其他人类群体,让他们从中获得共鸣和启发。这种共鸣和启发不仅仅是一种简单的情感交流,更是一种心灵的沟通。在自传体叙事中,我们可以发现社会个体自我命运的点滴都与人类命运息息相关,其人生经历和感受都可以成为人类共同体的宝贵财富。翻译自传体叙事同样需要遵循传播之道,避免在传递真理价值和真实历史语境时进行蓄意操纵。因为这种操纵不仅会扭曲原意,还会破坏自传体叙事所具有的传播意义和价值。只有通过真实、客观、准确的翻译,才能够让自传体叙事在全球范围内得到更广泛的传播和认同。从生成式跨文化传播(transcultural communication,贾文山、王琼,2023)的角度看,自传体译叙是一种跨越文化、跨越国界的交流方式。通过这种交流方式，全球人类可以更好地了解彼此的文化特色、生存状态、情感世界和生命价值观。生成式跨文化传播不仅有助于人类增进彼此之间的了解和友谊，更有助于构建人类命运共同体理念，推动全球人类在更高层次上实现共同发展和繁荣。因此，自传体译叙在全球传播中扮演着至关重要的角色，它是促进人类命运共同体建设的重要途径之一。

自传体译叙的"仁善传播"之道，不仅是其理论建构的纲，更是所有分支研究必须遵循的正确理论框架。它以人类命运共同体为本，旨在构建和谐共生的翻译生态。在这个理论框架下，自传体译叙本体层面的翻译和传播现象成为重要的领和目，它们既是研究的焦点，也是辩证和论述的核心内容。这些现象涵盖了从微观的词句选择到宏观的文化传播策略，从个体的创作心理到群体的接受反应等多个层面。通过对这些现象的深入探究，我们可以更全面地理解自传体译叙的本质和影响，为翻译实践提供更有力的理论支持。

中国"双簧"表演理论，是中国文艺学理论的有机组成部分，被笔者巧妙地用于解读自传体译叙中的特殊翻译现象。在翻译过程中，译者和传主的"隐与显"身心关系，犹如一出精心设计的双簧戏。而自传体译叙的声音，自传拟像以及"超真实"性建构，都在这出双簧戏中得到了淋漓尽致的展现。从宏观理论诠释的角度来看，"双簧"表演理论为自传体译叙提供了一种独特的解读视角。然而，在微观理论诠释方面，自传文体的特性——自我指涉功能、真理价值和现实历史语境——要求我们进一步探索翻译过程中产生的自传多元一体的"文本之我"现象。为了更全面地理解这一现象，本研究不仅借助了中国"双簧"表演理论的视角，还引入了法国后现代主义哲学家吉尔·德勒兹（Gill Delezue）和费利克斯·伽塔里（Félix Guattari）的"动态形成"（Becoming）哲学思想。这种哲学思想强调了动态、流变和多元性，与自传体译叙的理论诠释相结合，实现了中法理论视角的独特融合。

"动态形成"哲学思想源自法国后现代主义哲学家吉尔·德勒兹和费利克斯·伽塔里。该思想的三个核心概念为"疆域解构与重构"（De/reterritorialisation）、"根状派生网络"（Rhizomatic network）和"差异与重复"（Difference and Repetition）。本研究试图在翻译研究领域，将这三个概念运用于解释翻译的动态过程和形成差异化的翻译产品现象。

传统描写翻译学，关注目标文本形成过程的宏观社会文化现象，注重诠释目标文本与源文本之间的静态、单一和结构式的对等关系。这种思维方式把目标文本的形成现象，想象成必须符合某种预先设定的概念，忽略了目标文本多元形成的可能性。运用德勒兹和伽塔里的"动态形成"后现代主义哲学思想，是为了改变传统的思维范式，即放弃从抽象概念进行思考，而聚焦于实际文本数据，并且从中找出某种形成的规律和提炼理论概念。

"动态形成"后现代主义哲学思想将翻译看作一个多元网状派生的动态过程，译者在实际语用环境中进行语际转换时，各种围绕文本派生的异质元素得以相遇、碰撞和转变，形成多元可能的联结和聚合，正是这种动态随机的意义重复过程，才内聚形成了差异性的翻译产品。"动态形成"哲学思想对于翻译研究领域的启示在于：在解释翻译的动态过程和翻译产品的差异化形成现象时，不应受限于传统思维范式，而应聚焦于实际文本数据，从中找出某种形成的规律和提炼理论概念。这种后现代主义哲学思想将翻译看作是一种多元网状派生的动态过程，强调了译者在语际转换过程中的融合性和创造性。

本研究运用中国"双簧"表演理论和"动态形成"哲学思想阐述自传体文本的译叙本体现象和过程，旨在为翻译学增添新的理论视角，以拓宽翻译学的研究疆域。笔者从"双簧"表演理论和"动态形成"哲学思想切入，结合当代自传叙事学理论，建构一个适用于本研究的理论框架。通过对多个翻译文本案例宏观层面和微观层面的语言转换细节，以及影响目标文本形成的各种宏观条件（包括译者的身心参与、社会文化因素、目标群体的受众等因素）的分析与探索，本研究得出以下五点结论：

（1）在人类命运共同体的理念基础上，自传体译叙的"仁善传播"之道展现了一条生成式跨文化传播的独特途径。这种传播方式，不仅致力于翻译和传播全人类共享的生命价值观，更致力于促进全人类的互助互利、团结进步和携手发展。它深入挖掘各种生存经验的内涵，将其以更加生动真实的方式呈现给世界，让处于不同文化背景的人们都能从中得到启示和共鸣。

（2）自传体译叙中"译者－作者"合作叙述是二体合一的翻译现象，体现了一种"双簧"表演式的设置，在目标文化中构成一种自传拟像，并通过模拟的自传体译叙声音，在重述故事时呈现出一种"超真实"性效果。

（3）翻译即文本疆域解构与重构的"动态形成"过程。

（4）自传体译叙文本即叙事重复与差异化产品。

（5）文本对等即在译叙过程中"本地映射"的网状派生对等。

目　　录

第一章　绪　　论 ··· 1
　第一节　研究背景 ·· 3
　第二节　研究视角 ·· 21
　第三节　研究目的与范围 ·· 40
　第四节　研究问题与方法 ·· 41
　第五节　章节介绍 ·· 43

第二章　文献综述 ··· 45
　第一节　后现代主义哲学理论与翻译学 ······························ 45
　第二节　后现代主义视角下的自传研究和自传翻译研究 ················ 53
　第三节　德勒兹和伽塔里的哲学思想在翻译学中的运用 ················ 66
　第四节　后现代主义叙事学在翻译学中的运用 ························ 67
　第五节　小　　结 ·· 72

第三章　理论框架 ··· 73
　第一节　中国"双簧"表演理论诠释下的自传体译叙现象 ··············· 73
　第二节　德勒兹和伽塔里理论视角下的翻译动态转换属性 ·············· 79
　第三节　"动态形成"哲学思想视角下的自传体译叙研究理论 ··········· 88
　第四节　"动态形成"哲学思想视角下的网状多元分析法 ··············· 108
　第五节　小　　结 ·· 120

第四章　案例研究 ··· 121
　第一节　海伦·凯勒的 The Story of My Life 自传体译叙案例研究
　　　　　 ··· 121
　第二节　沃尔特·艾萨克森的 Steve Jobs: A Biogrphy 中嵌入式
　　　　　自传体译叙案例研究 ······································ 141

I

第三节　彼得·海斯勒（何伟）*River Town*自传体译叙案例研究 …………………………………………… 156

第四节　理论思索：一个德勒兹和伽塔里式的诠释…………… 175

第五章　结　　论……………………………………………………… 180

附　　录………………………………………………………………… 189
附录1　译叙分析工具术语表…………………………………… 189
附录2　翻译方法和翻译技巧…………………………………… 199

参考文献………………………………………………………………… 206

第一章 绪 论

人的一生是一个变动过程，人在变动中形成多元的自我，如"社会之我""精神之我""身体之我""个性之我""幻想之我"等。人生犹如在广袤且不同高度的高原（Plateau）① 上游牧，在各种偶然情况下与生命中出现的各种人或事相遇、碰撞或从中逃逸，在霎那间经历种种悲欢离合，在现实的焦虑中寄托着童话般的真善美。人每时每刻都在发现自我、叙述自我，甚至撰写自我。例如，简单的一个微信朋友圈就能反映出自我认知的"文本之我"。往往他者对自我的认知总是来自一种选择性的"文本之我"的呈现，一种自我话语的建构。换言之，部分所呈现的自我，或者这种"隐喻自我"变成了关于某个人的"真实自我"。从某种意义上讲，无人能完整地了解他人的一切，也不一定了解自己的一切，因为自我所经历、所看到和听到的，未必是被认定是真实的。如果"真实之我"本身就不能通过自我意识去百分百呈现，那么"文本之我"或许是呈现部分真理价值的最佳体现。汉字中，"传播"的"传"（Chuan）与"自传"的"传"（zhuan）字是同形字，古时代表人用马车运送信件。"自传"从某种意义上看，就是将关于"自我"的信息传递给他人，让他人了解"我的故事"。

翻译自传采用另外一种语言重述关于"我的故事"，唯一的区别是叙述人不是原本的"我"，而是一个附在"文本之我"上、又代表"我"的译者。这种"双重自我指涉"功能是自传翻译区分于其他虚构文学翻译的本质，就好比中国的"双簧"表演一样，具有一种双体合一的叠加效果。"双簧"表演是始于中国清末的一种曲艺民间艺术，最早流行于北京。这种特殊的表演艺术形式是非常具有中国特色的，而且在自传翻译的

---

① 在德勒兹的哲学视角下，高原可被解读为一种无边界的、开放式的"平滑空间"（smooth space），它超越了传统界限与分类的束缚，象征着思维与经验的无限延展与自由流动。这种"高原"概念体现了德勒兹对于流动性、差异性和创造性的推崇，是对固定结构与等级制度的一种挑战与超越。

理论建构上，又恰好可以用"双簧"表演的内涵诠释自传翻译的本体现象。近年来，构建具有中国特色的学术研究理论体系是我国学者着重思考的重要方向。生搬硬套的理论建构的确行不通，但是如能遇到理论内涵与研究现象相互吻合的情况，那么应该深入系统地挖掘。此外，在理论建构时，也不能为了采用中国理论而避免其他西方理论的融合。中国理论视角的诠释在不足以说明更广泛或者深入的翻译现象时，应该在全世界范围内寻找多维度的理论融合。因此，本研究将中国"双簧"表演理论与法国哲学家德勒兹和伽塔里的"动态形成"哲学思想相结合，从而构建一个适用于自传体译叙的翻译理论。该理论不仅可以应用于各类自传体叙事翻译的实证研究，而且可以拓展至更广泛的文学和非文学翻译研究领域，以及翻译哲学层面的研究。

翻译自传不仅如同重复经历一场幻由人生，并且译者还赋予自传目标"文本之我"各种多元"动态形成"[①]的可能性。源自传体叙事文本是一个文本"聚合体"[②]，由各种多元的事件、情感、人物等叙事成分所组成。这些异质元素通过译者的动态诠释过程，形成了一个开放式的"根状派生网络"[③]，每一个源语言单位与目标语言的表达元素相互联结，在重新选择、搭配和排列组合的过程中，促成目标文本重构的"本地映射"[④]。正如同把瓶子里的水浇灌在一片特定的土地上一样，水流在地面上形成的

[①] "动态形成"（Becoming）（Deleuze & Guattari, 1987: 257-277）和"形成"这两个术语在本研究中会交替使用，一般采用"动态形成"的书写形式。对此概念的具体解释、翻译和论述详见第一章第二节"研究视角"。

[②] "聚合体"（assemblage），是德勒兹和伽塔里后现代主义哲学中的关键词（Deleuze & Guattari, 1987/2004: 4, 25, 90-91）。陈永国（2003: 130）译为"组合"；姜宇辉（德勒兹、伽塔里，2010: 3）翻译成"配置"。笔者认为翻译成"聚合体"比较适合于本研究的情况，因为"聚"字有汇集、组合、集合、会合等含义。既然有"聚合"，那么相应也应该有"解散""解构""消解""解剖""解体"等反义词。

[③] "根状派生网络"（rhizome）（Deleuze & Guattari, 1987/2004: 11）是德勒兹和伽塔里后现代主义"动态形成"哲学思想的核心概念之一。在中文哲学领域，"rhizome"还被翻译成"根茎"或"块茎"，具体请见第一章第二节"研究视角"。

[④] "本地映射"（local mapping）的概念源自德勒兹和伽塔里哲学中的"映射"（Mapping）概念（Deleuze & Guattari, 1987/2004: 13-15），有延伸、覆盖、蔓延等含义。例如，爬山虎根据地形地貌生长，根与根之间互相牵连，根系之间形成了网络。陈永国（2003: 144）译为"勾画地图"，姜宇辉（德勒兹、伽塔里，2010: 14-15）翻译成"绘制图样"。各学术语对此概念的翻译和运用不太一样。劳伦斯·韦努蒂（Venuti, 1992）也借用德勒兹和伽塔里的思想，认为译者是通过文本的相互关联，从而完成欲望的描图（mapping，本研究称"映射"），这个过程当然也受到了意识形态和社会风俗的制约。

图案是一种衍生变化的映射图式,其形成面貌取决于浇灌人的各种行为和实际地形地貌的条件。因此,"本地映射",主要指目标文本根据目标环境中的实际情况形成的映像。

译者在翻译中遥寄传主的过去,发掘传主的现在和祈望传主的未来。本地映射的"自传之我"就像是一个木偶,译者为了让诠释内容找到合适的表达出路,通过摆弄一条条本地映射的"逃逸路径"① 进行身心上的演绎,将自己的灵魂附体,让自传传主在另一个疆域中派生出新的生命。传主中有译者,译者中有传主,在差异的环境中重复式地动态演绎,在演绎中又变动形成各种差异化的"自传之我"。"自传之我"聚合了多元的形成因素并在变化中被唤醒,在解构和重构中突破自我之疆域。

本研究旨在于运用德勒兹和伽塔里的"动态形成"哲学思想对当代中国的西方自传体叙事(autobiographical narratives)翻译(自传体译叙)展开研究,并试图为此领域的翻译研究增添一个新的研究视角。

第一节 研究背景

"西方自传作品大量出现是在18世纪卢梭的《忏悔录》问世以后;在中国则是20世纪20年代以后的事,这是五四新文化运动的作用并且受到卢梭的影响。"(杨正润,2009:291-292)现当代自传文来源于西方,无论从自传的创作产量,还是从自传学术研究的情况看,西方国家包括英、美、法、德等国都比中国要成熟。

在中国,相比经典文学,各类小说、影视文学、网络文学等,自传文学长期处于大文学生态环境中的边缘。本土文学系统对自传文学的漠然冷淡,导致翻译自传文学长时间处于低迷状态。大部分西方的个人书写作品没有机会进入中国目标读者的视野,而大多数中国读者对西方自传的认知依然停留在一些经典自传的重译版本上,如《富兰克林自传》《海伦·凯勒自传》《瓦尔登湖》《忏悔录》等。随着中国改革开放进程的不断深化,

---

① "逃逸路径"(line of flight / escape)(Deleuze & Guattari, 1987/2004:10, 15, 98, 305, 561-562)是德勒兹和伽塔里的"动态形成"哲学思想的核心概念之一,指在从一个事物"动态形成"为另一个事物的过程中,译者因遇到各种不确定因素,从而寻找的某种解决问题的方式或出路。

业界对明星自传和西方商人自传的翻译热潮兴起,如《我行我诉:德国足球明星埃芬博格自传》《将心注入:星巴克创始人、全球董事长霍华德·舒尔茨自述》和《史蒂夫·乔布斯传》(包含部分自传体叙事)等。

笔者对近六十年来(1949—2011)的外国自传汉译情况进行初步梳理①,结果发现,新中国成立之后,自传翻译作品的前三十年(1949—1978)与后三十余年(1979—2011)的引进情况存在明显的差异。从1949年到1978年,只引进了12个国家的74部自传人物作品;而从1979年到2011年,自传翻译作品已经发展到40多个国家,出版数量达到800多部。这充分说明了西方自传文学的译介与当代中国改革开放之后的政治、经济和文化话语生态空间有着互动影响。新中国成立后的三十年中,自传的译介主要为了配合主流政治话语。改革开放之后,自传翻译呈现多元化和多领域的发展。从1979年到2011年的自传译介情况看,被翻译引进的自传种类大体可以分为三类题材,即政治题材自传、商业题材自传和文化题材自传。其中,政治题材自传包括政治家自传、军事家自传、革命家自传等;商业题材自传包括企业家自传、商人自传等;文化题材自传涵盖的范围则比较广,包括文学家自传、艺术家自传、学者自传、明星自传、体育健将自传等。无论在前三十年还是后三十余年,自传翻译作品作为这两个时期的文化商品之一,具有现代性、通俗性和真理价值,为目标语读者提供了直观经验参照的途径。

当我们在看待和讨论当代中国的大文学生态环境时,一个不可忽视的事实是,中国的创作文学和翻译文学市场是在全球消费主义文化的驱动下应运而生的。图书出版行业为满足大众读者的需求,开启了对大众文学的创作和翻译,各种自传体写作,如励志作品、游记作品、情感随笔作品和探讨人生哲学的作品等随处可见。笔者认为用"多元"这个词来描述当代中国的大文学生态环境最为恰当。这个时代有着多元的图书种类、多元的媒介传播形式、多元的读者消费群体,以及多元的翻译版本。不仅如此,除了"多元",还有一个特征就是"动态"。笔者此处所说的"动态"概念并非伊文·佐哈(Even-Zohar,1978:200)所说的历时性动态演变过程,或者说,并非不同历史时期所导致的文学系统的动态性,而是指在同一个时期同一部自传作品所并存的多元重译版本。

例如,中国内地与港澳台地区从严格意义上来说应该算是拥有两个不

---

① 王琼:《当代中国的西方商人自传翻译》,载《图书与情报》2012年第4期,第98–103页。

同的文学生态环境。然而，如果我们从全球化消费主义的角度，以及大中华地域范围网状派生的互动联系上看，实际上在很多方面都存在着一种跨地域的情况。中国内地和港澳台地区的目标读者，可以在某些情况下，相互体验各自的目标文本，甚至进行两种版本之间的比较，或者直接引进和出版各自的翻译版本。中国内地和港澳台地区虽然在文字使用的规范上存在差异，但是这种差异并没有阻碍地区之间的相互交流；相反，这种差异还促进了读者的多元认知。

总之，基于翻译现象的背景，本研究从德勒兹和伽塔里的"动态形成"哲学视角切入，深入探讨了西方自传体译叙在当代中国的形成情况。在全球化消费主义的背景下，翻译和出版现象对目标译叙文本的差异化形成产生了显著影响。自传翻译出版的市场定位和推广、译者的选择、重译和再版的情况、目标读者的反馈等因素，都在不同程度上影响了自传目标文本的译叙重构。

从研究范式来讲，本课题的研究范式与翻译文化转向研究和社会学研究的研究范式有所不同。文化转向研究和社会学研究是从宏观的语境建构中分析和看待目标文本的形成情况，而本研究借助德勒兹和伽塔里的"动态形成"哲学思想，聚焦于翻译文本本身的网状多元派生关系。换言之，本研究的一切分析和讨论都围绕自传翻译的"文本疆域解构和重构"展开，关注从翻译文本中派生出的各种异质联结关系，以及这些联结关系之间的相遇、碰撞和网络嫁接现象。这些联结关系中，有一部分是语言层面的，有一部分是译者认知和感知层面的，还有一部分是目标形成环境中的各种元素。无论这些异质联结属于哪个领域或层面，在德勒兹和伽塔里的哲学概念中都被看作分布在一个平面上、具有一种开放式的动态性特征。

本研究致力于探索新千年之后，全球化语境中的西方自传体译叙文本在当代中国如何实现"动态形成"的问题。通过深入挖掘自传体翻译文本中译叙联贯性和合理性的现象，分析其"动态形成"的内聚差异性，揭示大众文学自传体叙事在当代中国的本地演变过程；同时，也关注在消费活动中，翻译跨文化交际所催生的各种新变化和新现象。本研究希望通过这些研究，能够更全面地理解自传体叙事在当代中国的传播和发展，以及其在全球化背景下所扮演的角色。

在深入探讨"动态形成"视角的定义及其应用之前，我们首先需要明确本研究所涉及的一些基本问题。具体来说，主要有以下五个方面。

第一，为什么笔者选择"当代中国"作为研究的时空范围？这不仅是因为当代中国在全球化背景下具有极高的研究价值，更是因为其独特的文化、历史和社会背景为本研究提供了丰富的土壤。

第二，在消费主义时代，当代中国的翻译作品有着什么样的特征？在消费主义的影响下，翻译作品呈现出多元化、实用化、商业化等特点，这些特点不仅影响了翻译的文本选择和风格，还深刻影响了读者的阅读习惯和期待。

第三，为什么选择西方自传体译叙作为研究对象？这是因为西方自传体译叙作为一种独特的文学形式，具有强烈的个体性和主观性，能为我们提供更深入的视角来探究翻译中的"动态形成"过程。

第四，西方自传体译叙形成文本内聚差异性的原因有哪些？这些差异性可能源于文化背景、语言习惯、审美观念、社会环境等多种因素，这些因素在翻译过程中相互作用，形成了独特的文本内聚差异性。

第五，为什么关注自传译叙文本内部的差异性？这不仅因为这种差异性构成了翻译研究的一个重要方面，更因为深入探究这种差异性可以帮助我们更好地理解翻译的本质及其"动态形成"过程。通过关注自传译叙文本内部的差异性，我们可以更深入地了解翻译过程中的文化交流、语言转换、意义重构等复杂过程。

一、选择"当代中国"作为研究的时空范围的理由

在全球范围内，对于"当代中国"的概念认同基本是以1949年新中国成立为界线。对于"当代文学"的概念而言，中国学术界认为中国的当代文学是1949年新中国成立之后的文学（洪子诚，2010a：50-68），而从世界文学的角度看，当代文学主要指第二次世界大战（1945）之后的文学。而当代中国的翻译文学是指1949年新中国成立之后的翻译文学作品。

当代中国的地理范围概念包括中国内地和港澳台地区。从德勒兹和伽塔里的多元性角度看，"当代中国"的概念本身就是一个聚合体，其中包括各个地区的各种多元发展特色。所谓"当代中国"并不能反映一种整体性，因为在中国内部不同地区的发展差异和对当代性或现代化的认知也不一样。在图书出版条例的制定方面、图书出版的管理方面，以及图书市

场的运营方面，中国内地和港澳台地区各自形成了自己的地域特色，同时也构成了不同的翻译"网状派生空间"，并且"动态形成"了具有不同特色的中文简体版和繁体版。因此，当代中国的西方自传体叙事翻译，除了包括中国内地出现的同一个自传体源叙事文本有多种版本的"重译"形成现象以外，还存在不同地区的差异化版本的"形成"现象。在图书出版领域，港澳台地区的出版社之间存在差异，这些差异主要体现在对图书内容及译者的选择上，显示出各自的出版策略与偏好。

当代中国内地的历史可以分为两个阶段：一个是1949年至1978年新中国初期的计划经济时代，另一个是1979年至今改革开放之后的市场经济时代。改革开放还可以再分成四个阶段①，其中从1992年邓小平到南方视察开始，推动了改革开放的进程，并在短短二十年间，宏观经济实力大幅度提升，②但在个体人均收入上不同地区还是存在较大的差异（Chun & Yao，2008）。然而随着互联网科技的发展，以及各种大众传媒的丰富与流变，港澳台和内地在文化生活以及个体与社会之间的互动关系上（包括求学、工作、娱乐、消费、科技、梦想实现等），基本上已经趋同于全球化。

改革开放四十余年来，内地的社会意识经历了从群体性到个体多元化的深刻变革。伴随经济体制机制的深度改革和日益完善，各个领域都出现了明显的分层结构变化。这种变化不仅体现在物质生活的显著提升方面，

---

① 改革开放是中国现代史上具有划时代意义的重大事件，其历程可大致分为四个阶段。第一阶段（1978年至1992年）始于党的十一届三中全会，终于邓小平的南方视察及南方谈话，其间确立了改革开放的路线方针，实施了家庭承包经营，兴办了深圳、珠海等经济特区，极大地推动了农村和对外经济的发展。第二阶段（1992年至2001年）以邓小平的南方视察及南方谈话为起点，至中国加入世贸组织结束，这一阶段进一步明确了市场经济的重要性，并标志着中国更深入地融入全球经济体系。第三阶段（2001年至2008年）从"入世"开始，到北京奥运会成功举办，展示了中国改革开放的丰硕成果，同时继续深化了市场经济体制改革。第四阶段（2008年至今）则聚焦于经济结构调整和科技创新，以应对全球经济变化，推动经济高质量发展。改革开放不仅深刻改变了中国的经济结构和社会面貌，也极大地提升了中国的国际地位，对世界经济的格局产生了深远影响。

② 20世纪90年代初期，香港地区就已经从"工业经济"转型成"服务经济"，主要以商贸业、银行业、金融业的服务为主，其功能是协助中国内地的经济转型和发展。澳门地区在2000年之后，发展起了"博彩业"和"电信业"，吸引了大量的外资和港资。台湾地区的经济从20世纪60年代到80年代期间，增长速度飞快。生产业占据台湾经济的主要地位。80年代之后，由生产业转向了科技业和资本市场（Chun & Yao，2008：42，54-55，62-63）。最为重要的是，中国内地与港澳台地区已经形成了一个"大中华"经济网络体，它们之间相互依赖并且互补（Chun & Yao，2008：70-106，206-216）。

更体现在精神文明层面的日趋丰富与多元化上。人们的社会关系、生活方式、生活目标乃至态度观念都发生了翻天覆地的变化（李强，2008：1-2）。相对而言，港澳台地区在个体多元化、精神文明和物质生活方面则展现出一种平稳发展的态势。它们在改革开放的大潮中，虽然也有所变革，但整体上显得较为平缓。全球主义对于中国改革开放的影响是深远的。经济体制改革和市场化趋势共同催生了一个消费社会的形成。在这个社会中，商品不仅是满足人们需求的物品，更是一种象征和标志。在全球化的影响下，这种象征意义甚至超越了商品本身的价值（Baudrillard，1998）。从后现代主义的视角看，消费社会的主要运作机制在于创造、生产、定义和流通商品。在这一过程中，商品被赋予了丰富的社会文化象征意义。全球化意识的渗透与改革开放的新局面促使大量西方作品被译介到中国内地，这种现象在港澳台地区则早已存在并持续至今。

体制的改革和转型牵动着个体追求和行为的变迁，改革当中的人们追求更加实际的利益和梦想的实现。追求个人爱好和个体利益是一种意识形态，也是改革转型的前提和必要条件（Wang，2012：214-218）。实际上，从全球主义的视角看，无论是中国内地还是港澳台地区，在个体意识形态层面，人们追求实用主义，并且拥有走向成功的梦想；在社会结构层面，消费主义社会唤起了人们的欲望，改变了人们的生存方式，同时也激发了人们发财致富的追求。个体正是在实用主义和消费主义两套话语张力之间寻求自己的社会文化定位，以及彰显和表达自我的个性。

二、当代中国消费主义时代的翻译有着什么样的特征？

洪子诚认为："改革开放之后，当代中国八十年代的文学环境受到了国外哲学、文学思潮的影响，这与大量西方作品的译介有着密切关系。中国市场经济的发展促使文学呈现多元的趋势，文本作为商品的属性，在创作、出版、流通过程中凸显了出来。刊物、出版社为求得生存，为追逐利润，便更强化文学的'商品'性质。文学的'分化'加速，所谓'严肃文学'或'纯文学'与'大众文学'，'消费文学'的界限在某些作家创作中日渐模糊，在另一些作家那里则日益明显。消遣性、商业性文化从

'边缘'走向'中心'。"①

翻译参与到了创造、生产和流通商品象征的过程中,西方的作品被象征化为一种"先进的、科学的、新鲜的"产物,当代中国读者在消费这些翻译作品时,不仅仅是购买其商品本身,还要做出一种"象征交换"②(Baudrillard,1993;Lane,2008:81-98;波德里亚,2006;高亚春,2007)。消费和使用此商品会让消费者感到自己的品位、身份和知识都具有一种时代性。象征交换的意义用途比较广泛。例如,在消费社会中,人们购买名车、别墅、奢侈品等,交换的是一种社会身份象征,而不是商品的真正用途。人们愿意通过消费的途径交换象征物,体验或享受象征所带来的效益,说明象征交换不只是存在于人与商品的关系之中,而且还存在于人与人,以及个体与群体之间。消费者掌握自己的消费模式,从而定义自己的生活方式。本研究探讨的是目标消费者在购买自传时,把自传看作一种大众文化产品,并且希望通过一种象征交换的方式去阅读自传,获取自传传主的人生经验;译者在翻译时,同样也出于一定的市场经济目的和充分虑及目标读者的接受情况,从而力求达到一种自传商品的象征交换价值层面的对等。

科拉克在探讨消费主义的生活方式时谈道:"消费时代的生活方式标志一个社会的发展状况,尤其是消费社会是由大批的竞争机遇和各种消费建议而构成的,个体必须在这其中做出决定,同时找到自己的定位,这样才能让他们的个体生活在经验获取方面处于一种被动状态,并且这种生活方式还要有某种程度的连续性。"③因此,消费主义时代,消费商品决定人们的生活方式,甚至成为衡量人们生活质量的标杆。消费商品的市场定位和销售策略框定了商品的象征交换价值。对于翻译而言,翻译作品作为一种消费商品,在不同的市场定位和销售策略下"动态形成",满足各阶层的本土阅读群体需求,以及达成不同层面的象征交换价值对等。

后现代主义消费主义时代的文学翻译活动也出现了一些本质变化,其中最为明显的变化是从精英主义向大众文化的转向,而且大众文化的生产主要是出于经济利益(Kong,2005:120-143,126)。特别是1980年之

---

① 洪子诚:《中国当代文学史》,北京大学出版社2010年版,第81页。
② "象征交换"(Symbolic Exchange)是鲍德里亚现代哲学中的关键词(Baudrillard,1993;波德里亚,2006)。象征交换不是基于商品的使用价值,而是取决于商品之间的明显区别,以及用金钱价值在市场上所能够做出的交换。
③ Clarke D B. *Consumer Society and the Post-modern City*. London: Routledge, 2003, p.165.

后，西方的大众文化商品，如电影、电视、图书、广告、新闻等对中国现代化进程有着直接的影响。中西方在各个领域之间的相遇、碰撞和转变，滋养了多元文化的形成，同时也催生了多元价值观和个体主义的多元追求。

随着文化体制的改革，文化市场得以繁荣发展，文学作品的创作和翻译的制作、生产、运作、传播等途径也日益成熟①。然而，在中国改革开放初期，"出版社和书商们把大众文化产品当作短期的利润或快餐式的产品，所以出版社没有认真对待大众文化产品的翻译工作，而把找译者的工作推给了书商。书商们为了急于出版赚钱，聘请了很多在校大学生和廉价的译员。这也是导致图书翻译质量下滑的原因之一，这种现象到了20世纪90年代后期稍有改善"（Kong，2005：126）。

大众文化具有很强的时代性、通俗性和感染力，同时在全球和本土的互动作用下，各国的大众文化产品之间相互借鉴、相互模仿，形成了一个流动式的生产机制。当代中国的大众文化产业也深受欧美和日韩的影响。大众文化商品中所传递的信息就变成人们的一种象征交换和生活方式。"跨文化个体或群体之间不仅在身心情感上逐渐趋同，同时在意识形态上也相互渗透，目标个体或群体是在有意识的情况下感受到自己被他者所影响，或渗透到他者的思想中，但同时也能唤起自我意识和寻找自我的定位"（Robinson，2013：170-175）。目标群体将大众文化中所感受到的这种"超真实"②状态（Eco，1987：3-58；Baudrillard，1994；Firat & Dholakia，1998：72-73；Gane，2010：95-97）与真实的生存现实相混淆，甚至有时候现实的真实性被质疑，也许"超真实"的才应该是真实的。"超真实"指随着大众媒介的发展，电视、电影、图书、杂志等静态和动态的图像不断地出现在人们的生活中，让人们日益觉得自己已经成为虚拟世界的一个部分。人们的生活目前无法脱离手机、互联网等沟通工

---

① 全中国一共有568个出版社，其中219个比较好的出版社主要集中在北京，占总出版社数量的40%，剩余的349个省级出版社分布在各个省。此外，一些国家部门还有自己的出版单位。（Xin，2005：33）其中，出版文学、艺术和翻译类的出版社一共有50个，例如人民文学出版社、作家出版社、上海文艺出版社、上海译文出版社、译林出版社、漓江出版社、中国青年出版社、花城出版社、长江文艺出版社和河北教育出版社。（Xin，2005：44）

② "超真实"（hyper-reality）是鲍德里亚现代哲学中的关键词（Baudrillard，1994：12-13；高丽春，2007：252），也被其他后现代主义学者所使用（Eco，1987：3-58；Firat & Dholakia，1998：72-73；Gane，2010：95-97）。

具，因为人们的大部分生活已经被"超真实"性所占据。"超真实"就是非真实的虚拟事物与真实世界的相遇和碰撞。当真实变得非真实的时候，或当非真实变成真实的时候，甚至人们有时无法分清楚哪些是真实、哪些是非真实的，就是一种"超真实"状态。当目标译叙文本拟象能够替代源叙事文本拟象的时候，目标读者就能体会到其中的"超真实"感，这种感觉可以说相当于源文读者在读源叙事文本时的感觉，也可以说是一种在目标文化中根据目标读者的认知和感受建构的"超真实"感。

当代中国的日新月异与高速发展正好为这种"超真实"的实现提供了演绎的空间。在这一实现过程中，发展中的社会对人们提出的发展需求，与大众文化中的"超真实"情况不谋而合。换言之，整个世界都在现实中制造"超真实"，同时现实又被追求"超真实"的欲望力量所改变。翻译作为一个"动态形成"的场域去促成一个"超真实"的空间，目标个体或群体通过购买等方式消费这种"超真实"，一方面是为了应对中国本土高速发展变化中提出的新要求，另一方面是追求一种生存或生活方式，因此目标译叙文本的"动态形成"正是在这样一种疆域中被重构。

三、为什么选择西方自传体译叙作为研究对象？

无论在中国内地还是港澳台地区，西方自传体译叙都占据一定的市场。目标消费市场为了满足各群体和各领域的象征交换需求，在自传体目标译叙文本的翻译和出版方面做出了目的性调整，这种差异化的再生产方式，催生了不同翻译版本的出现。如果把大众文学自传商品看作一种象征物，人们通过消费方式交换的当然是自传作品中的各种人生体悟、情感思想、生活经历、成功经验、励志精神、梦想实现和伟大成就。有研究者认为西方大众文学自传体叙事主要承载五种象征交换价值：①经验借鉴价值；②情感交换价值；③精神励志价值；④人生哲性思考价值；⑤真理价值（Meng，2011）[①]。

[①] "真理价值"是孟培（Meng，2011）在她的博士学位论文"The Politics and Practice of Transculturation: Importing and Translating Autobiographical Writings into the British Literary Field"（《文化翻译的政治与实践：中国自传体写作在英国文学场域中的引进与翻译》）中提出的一个概念，即翻译自传其中的一个目的就是传递或建构让目标读者信任的真理价值，源叙事文本中的真理价值与自传体目标译叙文本中的真理价值也许会有差异。

从这五种自传象征交换价值的角度可以看出，目标文化在新中国成立之后的 60 年间对自传的一种诗学建构，同时也框定了在目标读者心目中自传的意义。这种诗学空间形成的原因，一方面是政治经济学层面的，另一方面是本土文化在时代发展过程中的需求。①借助"他者"的经验反思自我的生存之道，是个体或群体适应本土变化的一种本能反应。

西方自传作为全球化时代的一种大众文化的消费商品，将传主个人的经历、情感和人生思考有选择地设计、包装和销售，以及对西方大众文学自传的引进和翻译，为目标消费者创造了与西方传主相遇和接触的机会。翻译解构和重构了西方自传的语言、文化、民族性等疆域，拉近了自传传主与目标读者的距离，让目标读者通过目标译叙文本的字里行间去体悟自传文本中的跨文化世界。

目标读者的这种体悟是一种"身心"的自我反射（Robinson，1991），然而置身于当代中国发展大环境中的目标读者，在这种自我反射的过程中折射出其生存的社会文化心理和需求。目标读者或消费者可以从自传传主身上发现和找到自我，通过翻译让自我与大洋彼岸的人物相遇和结缘，并参与到自传翻译的全球化派生网络之中。西方自传经过翻译的"动态形成"场域进行本地演变，满足目标个体的需求，从而由个体到群体参与到当代中国式现代化改革的进程中。

在后现代主义消费社会中，人们不可能将自己与各种形式的拟象（simulacra）② 分离开来（Baudrillard，1994）。随着互联网、移动电话、影视新闻等新信息传播媒介的出现，拟象文化已经成为现代人生活的一个部分，人们的很多时间被拟象原则所统治，并且思想、情感和经验游离在真实与非真实的"超真实"状态中。本研究关于"拟象"概念的运用在两个方面：①人们很多时间是通过各种影视媒介途径去认识所谓的真实世界。在后现代主义社会中，目标读者是基于这些拟象的认知，从而建构目标文化的语境想象（一种"根状派生网络语境"的形成）。②"当拟象非常接近于真实的时候，就可以模拟出一种真实。"（Butler，1999：25）如

---

① 笔者梳理了西方自传六十多年中（1949—2011）的外国自传汉译情况。关于此部分的研究论文成果见笔者发表的论文《西方自传的译介情况：1949—2010》（载《中外论坛》2012 年第 6 期）。

② 拟象（simulacrum 单数/ simulacra 复数），或译成仿象、类象。鲍德里亚（Baudrillard，1993，1994）指通过模拟产生的影像或符号。例如，电影就是对真实的一种模拟或拟象。例如，各种互联网、影视、新闻、杂志等都是人们生活中真实的拟象。

果把自传源叙事文本看作代表自传传主的人生拟象，且自传的目标译叙文本也能和源叙事文本一样很好地呈现自传传主的形象，那么自传目标译叙文本作为一个新的拟象，在目标系统中就可以替代自传源叙事文本的权威性，或者说，自传目标译叙文本仿真出了自传源叙事文本的效果，并且在读者接受层面让读者感到了故事的真实性。

读者阅读某个人的自传作品是希望能够通过与传主之间建立某种象征交换关系。这种象征交换关系体现在多个层面，并且与自传的主题和功能有着密切的关系。例如，具有励志主题的自传象征交换了一种成功经验的借鉴，具有情感主题的自传象征交换了一种人生感悟经验的借鉴。除了各种自传类的主题外，自传的功能也具备某种象征交换特色，例如，海伦·凯勒的自传《我的生活》被翻译成多种版本，其中作为中学生指定的课外参考书译本发挥了其教育功能，象征交换了一种知识习得的经验。目标读者从自传中获取有价值的经验，并在现实生存环境中尝试性地进行效仿。自传第一人称的自我叙述功能，拉近了读者与主人公的交互主体对话距离，强化了自传故事的真实性效果并满足了本土个体的发展需求。

在这种经验参与和交换过程中，意义和价值被构建。大众文化在当代中国语境下的自我定位和自我发展，释放着巨大的精神转化能量，并且"市场经济意识形态带来80、90年代'人'的意识，自我意识的充分觉醒。中国人在前所未有的深度和广度上肯定着'人'的尊贵地位，肯定'人'的丰富需求，同时进入对"人"的前途、命运，乃至'人'本身的深入思考，这就为以抒写心曲、思考人生为特色的散文文体包括自传的流行提供了广阔的空间"（杨义、江腊生，2011：396）。

一方面，受经济全球一体化影响，当代中国特别是改革开放后的中国需求的不仅仅是文化物质层面上的多元发展，而且在改革和提升物质层面的过程中，更需要与西方人生存方式和价值观追求的对话与交流。西方自传文学翻译以传播个人经验为基础，为中国读者在发展的语境中提供了一条效仿西方模式的途径，引入关于政治、经济和文化的各种人生哲理思考，对于转型时期寻求迫切发展的中国人而言，提供了直观的经验借鉴。另一方面，在市场经济的运作模式下，个人写作和自传体叙事以及它们的翻译作品都成为消费时代的一种大众文化商品。

大众文学自传商品的生产和传播更加贴近通俗化和平民化，并且"在我们的社会中，有一个与职业经验、社会资格、个体发展有关系的方面，那便是'再循环'（recycling）①"（Baudrillard，1998：100）。人们在各种竞争机制中不断追求更高、更好的自我价值提升，无论是白领、教师、商人、公职人员还是普通的打工族都希望能够跟上潮流，不落后于社会的发展步伐，因此，这些人的消费欲望带动了文化再循环，并且参与到了大众文化的生产过程中。大众文化与精英文化和高雅文化的最大区别在于它能为个体提供追求梦想的机遇，任何人都有机会成为成功人士，并拥有自己的财富。当然，在浮夸表象的成功背后，人们更希望了解自传传主背后成名的辛酸血泪史。自传的私人故事被公众化之后成为一种大众文化的时尚追求，人们在这种公共交流中分享他人的经验。翻译作为"动态形成"的场域，在目标文化中延异了自传象征的再循环，分享了跨文化经验，超越了故事事件真伪，同时也消解了国界意识的分化。自传可以被看作传主身体的一种外化表征形式，无论目标读者出于什么目的，对自传偶像的膜拜、对传主坎坷经历的同情，还是在传主身上找到自己的身影，目标消费者都会选择去消费和交换自己想要的价值取向。在译者层面，译者与传主进行身心交换，借助自传传主的故事从而对自我欲望外化进行本地映射。

四、西方自传体译叙形成文本内聚差异性的原因有哪些？

西方自传体译叙"动态形成"不同的文本内聚差异性，其中有三个主要的核心原因：①自传体译叙所发挥的社会文化功能不同，以及所服务的消费人群不同，导致了其在"动态形成"过程中存在多个版本，并且聚合了不同的内聚差异性。②在竞争机制下，为了争取图书市场和消费者的购买力，各个出版社都选择重译某部自传。然而，在翻译的过程中，出版社和译者都必须对现有的翻译版本进行考察，并且策划和确定自己的版本有别于其他现有的版本。③在不同地区，例如中国内地和港澳台地区，由于社会文化和图书市场的运作机制不一样，因此会有同一部作品出现多种译本的差异形成现象。

实际上，上述的三个原因都属于"文化挪用"（cultural appropriation）的范畴。由于自传翻译在中国本土扮演了世界性的角色，同时中国在应对

---

① "再循环"概念用俗语解释就是自我充电或进修。

全球主义的时候,希望通过翻译参与到全球化的进程中,并且整个进程涉及自传翻译的"引入与碰撞""接纳与认同"和"吸收与融合"层面的互动过程(王琼,2011)。

通过文化挪用的途径引进西方文化和文学作品,并将其作为一种改造中国本土政治、社会和文化体系的做法由来已久。① 笔者根据德勒兹和伽塔里的思想对文化挪用的解释是,翻译是一种基于实际语用环境的文本试验,那么目标文本在变动形成过程中聚合了各种因素,译者通过调试各种内容变量和表达变量,从而与本土的政治、社会和文化结构之间进行译码和编码,并且形成一种符合时代发展的本地映射,为本土读者寻求自我改革提供了"逃逸路径"。

每个时代都有迎合时代潮流变化的文学作品。这些文学作品在变动形成的过程中进行语言演绎,聚合了时代特色、人文关怀、生存状态,以及情感生活等。文学载体可以作为个体记忆的场所(埃尔、冯亚琳,2012:217),自传体叙事的建构中当然也包括文化的集体记忆和个体记忆。翻译活动促成了文学作品的跨文化交流,也将异域特色的文学作品与目标本地情况进行碰撞和融合。采用"文化挪用"的途径进行翻译的原因之一,是自传文学作品中所承载的信息要比文本本身的形式更加重要。自传文学翻译重在传递叙事模式、情感表达、意识形态、集体和个体记忆,以及各种新颖的事物和概念,这些内容不仅可以在目标实际语用环境中发挥文学功能,还会形成自己的异质化本地映射。

由于自传体叙事作品作为一种大众文化的消费品,因此各个出版机构为了满足不同需求而纷纷占据图书销售市场。常见于中国内地的现象是同一部经典自传多个重译版本的现象。中国内地和港澳台地区也存在同一原作多种译本的区分。每一个自传体译叙的版本都具有自身的形成特色,并且各版本之间存在着译叙文本内部的差异性,这种内聚的差异构成了区分彼此的一种特征。由于不同译本之间太相近的话可能会引起版权问题,译者和出版社在重构目标文本的特色时,会在文本内部进行各种调整,从而"动态形成"属于自己的文本疆域。

---

① 从刘禾(Liu,1995)和王德威(Wang,1998)撰文谈论翻译对于促进中国晚清和民国现代化转型的作用上可以看出,其研究视角独特之处在于把翻译问题聚焦于"西学东渐"的"文化挪用"问题上,并讨论了西方的范式、叙事模式、意识形态、思想观如何通过语言创新方式引入中国本土,从而为本土读者在寻求现代化道路上提供途径。

五、为什么关注自传译叙文本内部的差异性？

关注自传译叙文本内部的差异性，有助于使研究者认识到翻译是一种导致目标文本多元"动态形成"的现象。多元"动态形成"的含义包括两个基本内容：①翻译不仅仅是纯文本之间的转换，同时涉及译者身心因素和目标文本的"动态形成"环境的各种因素；②翻译自传体译叙时，翻译对等元素的选择取决于各种相关的异质联结因素。

西方自传翻译作品作为一种大众文学商品，通过跨文化交际的方式与目标读者进行直接的对话。目标读者可以通过阅读西方自传翻译作品，聆听西方传主"亲口讲述"故事，甚至与他们进行交流和对话。自传传主以一种"商品"的形式被包装、设计和宣传，并且有目的性地满足各种潜在消费者①的需求。自传体目标译叙文本在"动态形成"新关系时，涉及各种形成因素之间的互利共生解构和重构现象。例如，译者与自传体源叙事文本之间需要相互依赖，译者与目标文化中的各种形成因素之间需要相互利用，翻译行为扩大了自传传主在目标文化中的名誉，使得目标读者对自传中的"他者"有了相遇和对话的机会。翻译"动态形成"的场域实际上是在一种互利共生的基础上促成的。译者或传播者为了借助西方的元素满足目标文化中的本土需求，从而对自传疆域进行选择性的解构和重构。这种"全球和本土"之间的翻译策略，不仅满足目标文化的需求，而且有利于自传传主名誉的外延和传播。"叙述自我"或"文本自我"的建构者（们）可以是一（多）个作者、译者及其他参与人，不同的文本操纵者在其特殊的语用环境中"动态形成"多种"叙述自我"。自传的翻译产品，取决于自传翻译过程是如何解构自传体源叙事文本疆域的形态，并且促成自传体目标译叙文本疆域在各种新关系下的不确定性和多元可能性的重构，特别是自传体目标译叙文本的形成需要满足目标语在现实世界中的实用价值和功能。

自传文本在传译过程中成为中西文化交汇的想象场域，并且服务于现实世界的直观参照。目标读者可以在现实生活的痕迹当中找到自传的文本

---

① 当下的自传有激励读者的教育目的、个人经验传授的习得目的、揭露假象背后的真相目的、个人私密情节的公众化目的、个人成功背后辛酸历程的倾诉目的，等等。总之，翻译和出版自传主要是满足传主的商业利益和社会需求。

性，也可以在文本的裂缝中找到现实中的实物。自传体目标译叙文本的形成需要经历互利共生的过程，其关键在于以何种形式通过翻译"重述"并呈现这些内容，以实现既有利于满足目标文化的需求，又尽可能营造出一个模拟的自传世界的目标。

从自传体源叙事文本拟象流变到自传体目标译叙文本拟象，翻译活动是通过一个流动的场域创建、生产和传播各种"超真实"的体验方式，目标个体或群体消费者是翻译网状派生空间中的参与人，他们决定着自传体目标译叙文本的根状派生网络语境，也将自己置身于这个语境之中。目标副本拟象并不是独立存在于目标文化中，而是变成与其他形式话语拟象一样的生命体。拟象可以是图片、影音还有文字，但归根结底都是各种叙事话语。换言之，我们所谓的真实世界是被各种话语所建构的，这些话语之间有一种互利共生关系，正是在这种相互影响和相互依赖的关系中，才具备促成新关系的条件。如果把新闻、影视、报纸、杂志等各种话语拟象看作一个个广袤的高原，那么自传体目标译叙文本拟象的出现则又增多了一个广袤的高原。要想解读一个广袤的高原，就必须在各种广袤的高原之间游牧和穿越。多个广袤的高原的聚合构成了目标读者对自传故事世界的历史事件和人物的"超真实"体验。西方大众文学自传作品中的世界、情感、经验和各种人生回顾与反思都在翻译的流动空间内被重新建构和定位。自传传主的世界和生命对目标个体或群体消费者而言，这是一种"超真实"的体验方式，目标个体或群体正是在这种"超真实"中，去改变自己在现实生活中的生活方式和塑造自我个性和自我形象。

自传商品中的这些象征意义是通过市场化的方式包装、设计、生产和营销来实现的。消费市场定义了自传商品的建构模式，目的是实现消费者通过购买的途径交换自传象征。自传翻译涉及目标消费市场的时代需求，出版机构需要了解目标消费者的需求，考量自传题材能否适配当下的主流意识形态。出版机构通常会根据目标市场的实际情况对引进自传的翻译提出一些相关要求，并且以此告知译者翻译的目标及其要求。因此，从有选择地引进自传到翻译和出版自传的整个过程，都是为了满足市场运作的游戏规则，并且最为关键的是让目标消费者能够交换自传象征。从大众文学自传引进、翻译和出版方面看，自传体源叙事文本和自传体目标译叙文本之间，不是单纯的语言文字对等，也并不完全是社会文化因素对等，而是一种翻译再生产层面的象征交换价值对等。自传中的象征意义是多元和动态的：如果目标市场需要突出自传中的教育象征意义，则自传翻译就会着重对教育象征意义的建构；如果需要突出传主的伟大成就，那么自传翻译就会在自传的人物塑造艺术色彩上进行偶像化的渲染。总之，翻译作为一种网状派生空间，促成了自传商品翻译中的这种动态的象征交换价值对等关系，并且这种象征交换取决于目标消费者的实际需求。时代的不同和社会文化功能的不同，影响着翻译网状派生空间中自传商品形成的方式。西方自传的翻译不仅为自传传主在目标语境中赢得名声，而且个体叙事，包括西方政治、经济和文化时空语境下的个人历史、个体经验、个人情感等因素跨越疆界，选择性地进入目标实际语用环境中，并形成新的关系。

如果把自传体源叙事文本看作对"原物"或"原真实传主"的一个副本，或一个译者互文认知建构的拟像，则自传体目标译叙文本就是这个"副本的副本"（the copy of the copy）（Parr, 2005：250；Smith, 2010：196 - 198），一个新形成的"拟像世界"。这个新副本（自传体目标译叙文本）不需依赖原物或原真实传主的存在就可以在目标个体和群体之间产生拟像，因为它是以源副本（自传体源叙事文本）的拟像为起点，根据差异原则进行的再生产。新副本（自传体目标译叙文本）所仿真的世界模糊了原物或原真实传主与源副本（自传体源叙事文本）的拟像建构之间的关系，让目标读者认为新副本（自传体目标译叙文本）与源副本（自传体源叙事文本）有着同等的关系，代表着原物或原真实传主的真实性。实际上，无论是源副本（自传体源叙事文本）还是新副本（自传体目标译叙文本）所生成的拟像都不能代表原物或原真实传主的真实性，因为它们都是对原物或原真实传主的一种模拟，区别在于源副本（自传体源叙事文本）依赖于"原物"或"原真实传主"的存在模拟真实，而新副本（自传体目标译叙文本）拟像不需要原物或原真实传主的存在就可以模拟真实。新副本（自传体目标译叙文本）拟像有着自己独立的生命和力量，它可以在目标个体和群体之间发挥"超真实"的作用。目标消费者会通过象征交换的原则去购买自传，因为自传传主或自传中的精神对消费者而言是一种值得追求的象征。

目标读者从自传体目标译叙文本中体验到的拟像"超真实"性，取决于他们在目标环境的生存发展状态。当代大众文学自传的内容迎合了中国本土的发展需求，目标读者可以直接在自传中获取经验，进行象征交换，并通过各种逃逸路径在现实生活中进行实践。自传本身就具备时代性、民间性、通俗性、励志性、心灵性、经验性和私密性等特色，与其他虚构文学作品相比显得更加真实或更能够反映现实生活的真实一面。自传作品中的成功案例和多变人生，为目标读者建构了一个拟像，让目标读者感受到自传中的"超真实"世界与自己的生存环境紧密相关，甚至对自传中的事件深信不疑，当真实与非真实的界限模糊不清的时候，恰好促成了"超真实"的状态。

各种有关自传体叙事中的人物、场景和事件的拟像，是目标个体和群体通过互文认知及其对自传故事世界的根状派生网络语境的建构。在全球化科技的时代里，新闻媒体、影视节目、报刊、杂志等动态和静态的图像信息、文字信息和音频信息等冲击着人们的生活，产生出的拟像不断地展现在人们面前，就像是一个个此起彼伏的高原，人们在各种拟像话语中体验所谓的真实世界，同时这些纵横交叉的拟像碎片又编织成一个认知和感知网络。目标个体和群体根据其生存环境中的各种拟象之间的联结、相遇和碰撞，推理出自传文本中的根状派生网络语境。不仅如此，根状派生网络语境的建构还受到社会文化因素、诗学空间、意识形态、审美经验、政治话语、经济话语和学术话语等的影响。这些元素在翻译的"网状派生空间"中相互碰撞、抵抗、跨越、融合和转变。根状派生网络语境的形成是动态性的，不稳定的，译者会借助他（她）的认知和感知派生体验维度去框定自传故事世界及自传传主的形象。例如，当人们阅读某个名人自传时，绝大部分人并没有亲身与传主有过接触，也无法回到当时的历史文化场景中，只能是通过媒体、影视、报刊、杂志等拟像碎片的聚合去获取对传主的信息和理解传主所描述的故事世界，并认为自传中的故事就是真实世界所发生的事件。

此外，自传中的民族性、异域性、地方性，以及时间、空间、地理和其他物质化的因素都通过翻译移植到目标语境中，丰富了目标文化中的他者想象，并在目标文化中继续和实现这种梦想。自传翻译是一种推进和拓展本土诗学边缘的试验，或一种文本化的离散移民。笔者认为，西方自传体叙事中存在很多异化成分[①]，如姓名、地名、地方语言文化特色等内容，并且在汉译时，为了重构一个真实的他者自传故事世界，译者必须采用各种翻译策略保留自传中的异化成分。从翻译实践的情况看，目标文本

---

① 笔者认为韦努蒂（Venuti, 1995）所提出的"归化策略"（domesticating strategy）和"异化策略"（foreignizing strategy）是一种存在二元对立的翻译哲学观，强调翻译所达到的宏观效果。例如，"归化就是把外来文本的陌生程度降到最低"（Shuttleworth & Cowie, 2005, 59），"异化就是保留原文中某些异国情调的东西来故意打破目标语惯例"（Shuttleworth & Cowie, 2005, 79）。

是一个杂合文本，其中既有归化的成分，也有异化的成分。笔者从德勒兹和伽塔里的哲学视角切入，认为一个自传体目标译叙文本是一个聚合体，由各种异质元素组成，其中，归化和异化的概念只能停留在文本内部的异质元素中作为归化成分和异化成分来看待。即使归化或异化是一种翻译策略，最终也只能从文本中的归化成分和异化成分来对其进行评价。

从象征交换价值对等层面看自传翻译，关注的是自传体目标译叙文本形成的实用目的性。揭示这种目的性有必要从译者、目标读者接受和目标形成环境三个方面去分析。自传体叙事聚合了各种真实的现代性特征拟象，例如，在精神意义层面上有当代西方的人文关怀、创新拼搏精神和意识形态价值观念，在物质空间意义上则营造出一种生活模式和生存状态。随着碎片化的各种动态和静态的信息流动，潜移默化地影响了当下人们的互文感知和认知建构。即便传主不是当代人物，读者也会利用动态的影视化想象空间去建构自传故事。因此，无论是译者还是目标读者，对于自传的语境建构均存在演绎性。

译者在建立象征交换价值对等关系时，结合出版机构的市场化定位及要求，把自己当作目标群体的一员（Robinson 2012：143–153）。译者朝着这些目的试图建构一个自传体目标译叙文本拟像，期待目标读者群体可以通过消费的方式体验自传故事中的"超真实"性。在这个过程中，译者不仅将自己的认知和感知疆域融入自传体目标译叙文本拟象的形成过程中，同时把目标环境中的现实因素也带入进来，目的是希望自传体目标译叙文本能在目标环境中显得更加实用和真实。后现代主义和解构主义把自传体叙事的文学性和历史性都归结于其文本性，历史真理在根状派生网络语境中被多元地叙述建构，而文学艺术又取决于叙述者对叙述模式、叙述技巧和可读性层面的关注。译者在选择、组织、渲染和修饰自传文本时，对自传进行了重新编排，并且加入了自己的意指和欲望，让读者感觉所述的内容是真实发生的。这种叙述现实的艺术形式，对于不同题材的自传和不同身份的传主有着不一样的目的和功能。例如，有些自传的目的是讲述传主成名背后的辛酸苦辣，以此揭示人生的坎坷、成功的喜悦，乃至生命中的遗憾。由此可见这类自传的主要功能是激励普通大众坚持不懈的努力和为走向成功道路提供宝贵经验。还有一些自传的写作目的是树立传主在普通大众心目中的权威形象，或把一些非主流的真相传递给读者，这类自传的功能也非常直接明了，它主要是作为一种政治化的宣传手段，有些是为了巩固传主的政治地位，有些则是为了揭发政治内幕或丑闻。

从目标读者的接受层面看，目标读者是在目标环境中去互文感知和认知自传体目标译叙文本的根状派生网络语境，通过动态的根状派生网络语境去体悟自传文本的故事世界，并将目标译叙文本拟像与自我生存环境的真实性联系起来，把自传拟像中的非真实性带入目标真实世界中，让自己游离于这种"超真实"状态中。自传拟像世界中的各种精神体验和物质空间都与目标读者的现实生活非常贴近，并且自传对于目标读者而言有着特殊的经验借鉴价值。因此，目标读者通过消费途径交换自传商品中的象征价值，并且希望自己能够通过自传拟像体验其中的"超真实"性，赋予自己更多的人生经验或让自己在非真实与真实之间进行人生的试验。

一言以蔽之，自传文学在翻译网状派生空间中进行叙事文本的疆域解构和重构，所有的变动元素都糅杂在一起，并"动态形成"多元译叙文本内部的差异性，目的是满足消费主义市场运作的机制和目标消费者通过自传拟像体验"超真实"性的实际需求。中国改革开放的市场经济模式、经济全球化和消费主义时代促成了西方自传体叙事翻译的象征交换及自传体目标译叙文本的形成条件，并且这些条件对于译者诠释文本时的根状派生网络语境建构和逃逸路径派生起到了决定性的作用，促成了异质化的自传体目标译叙文本本地映射的"动态形成"。

第二节　研究视角

第一节讨论完研究背景后，接下来我们将探讨中国"双簧"表演理论和法国德勒兹和伽塔里的"动态形成"哲学思想及其在本翻译研究中的应用。

"双簧"作为一种深具文化底蕴与艺术魅力的曲艺表演形式，是文艺学中一个独特的理论研究对象。在文艺学的语境下，"双簧"被视为一种集合作性、创新性、表演性与审美性于一体的综合性艺术形式，深刻反映了社会文化、人性探索与美学追求的交融与对话。这种特殊的表演形式，恰好可以用于阐述自传体译叙的翻译现象。"双簧"理论对自传体译叙的翻译提供了宏观层面的理论诠释。这不仅包括了"译者－作者"合作式的自传体译叙声音的建构层面，还有自传拟像生成层面，以及其所营造出的"超真实"性效果层面。在微观层面的理论融合中，本研究采用了后现代主义哲学家德勒兹和伽塔里的"动态形成"哲学思想。这一思想内涵丰富，需要一定的篇幅去深入探讨。

后现代主义哲学家德勒兹和伽塔里的"动态形成"哲学思想，主要探讨人与人、人与事、事与事之间在网状互动的建构过程和特定的差异条件下另辟蹊径，演变形成的一种新关系或者促成的一种"融汇创新"的现象。本研究将运用"动态形成"哲学思想作为一个视角，探究西方自传体源叙事文本在当代中国全球化消费主义语境下形成的多个自传体目标译叙文本现象。本研究采用网状多元分析法①分析源叙事文本和目标译叙文本在建立动态对等时所派生出的"异质联结"② 关系，并且探讨这些异质联结关系在"动态形成"目标文本时所导致的文本"内聚性"③，即目标文本是由各种多元异质因素所聚合而成的一个产物，并且赋予目标文本意义一种特殊的内在诠释空间。这种文本内聚性及其形成的特殊的内在诠释空间，主要体现在探讨目标文本的内聚差异性、内聚联贯性和内聚合理性问题上。德勒兹和伽塔里的内聚性哲学思想把焦点放在探讨事物内部微观层面上的细分变化，及其所导致的在宏观层面上的区别变化。例如，一本书或一部电影需要重写或重拍，则作者或导演将其中的叙事元素重新进行排列组合，或在细分的过程中与原来的版本加以区别，从而"动态形成"新的作品。同一个故事就出现了新旧两个版本，但所讲述的故事则基本一致。内聚性哲学思想强调在重复中产生差异，并在差异的条件中进行重复，同时在差异之间寻找相关的联系。

---

① "网状多元分析法"（rhizoanalytic approach）是笔者根据德勒兹和伽塔里的根状派生网络（rhizome）哲学思想提出的一种适用于自传体译叙文本分析和研究的研究方法，同时也是"自传翻译理论"的一个组成部分。英文"rhizoanalytic approach"的术语概念被戴安娜·曼斯尼（Diana Masny）采用，并以"Rhizoanalytic Pathways in Qualitative Research"一文发表在2013年第6期的 Qualitative Inquiry 上。然而，这篇文章与本研究所建构的分析方法完全不一样。本研究中采用的中文译名"网状多元分析法"源自笔者的翻译。

② 德勒兹和伽塔里认为，语言、思想、事物等（根状派生网络）是由各种"异质联结"（heterogeneous connections）而聚合成的多元性（Deleuze & Gattari, 1987/2004: 8, 26, 111 - 112, 276, 398）。

③ "内聚性"（immanence）是德勒兹和伽塔里的后现代主义哲学中的关键词（Deleuze & Guattari, 1987/2004: 170 - 171; 226 - 227; 294），指事物在其微观层面上的异质性聚合关系。例如，一本书是由各种内在的叙事元素所聚合而成，一个面包是由面粉、牛奶、黄油、水所聚合而成等等。每一个事物在每一次的"动态形成"过程中都聚合了不同的异质性因素，并且同时赋予了事物一种内在的解释性。在哲学及其他相关领域，"immanence"被翻译成"内在性"（陈永国，2003；姜宇辉，2010）。"内聚性"与"超验性"（transcendence）是相对立的，因为超验哲学强调一种阶级性，例如人与上帝之间的关系，人超越自我的最高境界则是变成不朽。

翻译的一个特性是"文本的疆域解构与疆域重构"①，即在源文本疆域、译者疆域和目标文本疆域之间建立根状派生网络式联结。例如，自传源文本可以被看作一个疆域，读者根据自己的认知和感知路径进入自传源文本的故事世界。读者解构了自己的身心疆域，并与自传中的故事疆域之间形成了一种网状关系，在阅读故事过程中，自传中的情节和内容不断地与读者的身心因素相遇和碰撞，派生出了一条条无序的"逃逸路径"，流变成一种新的关系、一种阅读的体会和诠释。罗兰·巴特（Barthes，1979）区分了"作品"（work）与"文本"（text）的概念。他认为，作品是一个实体（例如一本在书架上的书），而文本则是一个虚体，是诠释者在阅读时感知到的产物。文本是不确定的和多元的，每次对作品的诠释都会产生不一样的文本。文本是翻译学最常用的一个术语，而本研究根据德勒兹和伽塔里的哲学思想，采用了"文本疆域"这个术语概念。"'文本到疆域'的概念，是一种从静态到动态的变化过程，从文字表征到空间意义上的转换"（Bosteels，1998：145-174）。文本是一个由文字符号组成的表征结构，而文本疆域是一个开放式的空间，其中聚合了多种叙事元素，并且这些叙事元素是由诠释者的认知和感知派生网络所支配的。换言之，只有当诠释者和文本同时存在并产生互动的情况下，才会形成一个文本疆域。文本疆域的边界和形态是不确定的，因为文本疆域是根据实际的地形地貌而形成的，例如各种异质性叙事因素的搭配组合就像是一幅有着江河山川的地图，诠释者根据自己的偏好去发现和探索这个领域，对源叙事文本疆域的地貌形态进行解译，最终形成自己建构的一个路径图式。然而，译者与读者不同的地方在于，译者不仅需要自己解译这个疆域，同时作为建构者在目标文化中根据目标文化的实际情况重构这幅地图，实现再疆域化过程的本地映射。文本疆域与文本的另外一个非常重要的区别在于，文本疆域主要是强调源叙事文本、译者、目标译叙文本之间形成的内聚差异性，特别是译者如何将源叙事文本中的各种异质性叙事因素进行解构，通过不断细分的方式重构自传体目标译叙文本疆域时，将其与源叙事文本进行区分。文本的疆域解构与重构和传统语言文字层面翻译的译码与

---

① "疆域解构和疆域重构"（de/reterritorialisation）是德勒兹和伽塔里的后现代主义哲学中的关键词（Deleuze & Guattari，1987/2004：10-11，36-37，68-70，110-111）。陈永国译为"解域和重新分域"（2003：138），姜宇辉翻译成"解域和再结域"（德勒兹，伽塔里，2010：11）。

编码有所不同。因为译码与编码是在源文本语言文字表征和目标文本语言文字表征之间建立的二元对等关系，而文本的疆域解构与重构涉及译者和翻译文本的异质性形成因素之间的多元动态对等网状关系建构①。

　　源文本疆域是一个根状派生网络体，由多元异质联结元素所构成，因可称之为源文本疆域。同样，根据德勒兹和伽塔里的哲学思想，我们也可以把译者看作一个由情感、记忆、经历、话语、知识等因素交织而成的多元聚合体，即译者疆域，而并非指单独一个人。当译者诠释源文本时，两个疆域之间的异质性因素开始进行相遇、碰撞并产生联结。译者可以通过任意路径进入源文本疆域中进行诠释，并将这些异质联结元素与自己的感知（affect）（Deleuze & Guattari，1987/2004：xvii；Parr，2005：11）和认知（percept）（Parr，2005：204）网络（译者疆域）嫁接与融合，通过译者的这种移情作用，译者疆域和源文本疆域之间的异质性因素开始交织，并派生出一条条逃逸路径。这些逃逸路径是译者在诠释建构源文本意义时形成的，并且源文本只有通过逃逸的方式才能获取新的生命。译者根据这些无规律的和交织在一起的逃逸路径有选择地在目标文化中派生和聚合成各种可能性的译本，"动态形成"多个不同的目标文本疆域。

　　本研究在展开论述之前，先举两个与"动态形成"思想相关的例子。第一个例子是当某个人想在另外一座城市加盟一家餐饮店时，根据该公司加盟规定，所有加盟的店主必须按照公司旗舰店的装修和经营模式进行操作。店主在模仿源旗舰店的设计和运作方式时，可以根据店铺的实际情况进行差异化的调整。纵览全球各地的麦当劳、肯德基和星巴克，虽然在整体风格上都比较统一，但没有任何两家店铺是一模一样的。店铺之间总是会存在一些差异，甚至在经营的食品和饮品上也存在差异。这个例子充分说明经营者将源旗舰店的各种异质性元素，包括建筑材料、结构设计、灯光效果、设备机器等解构了之后，又在目标环境中进行了动态派生和重新建构，最终聚合成新的加盟店。因为公司对加盟店的严格规定和要求，所以目标环境中的新加盟店也只能根据其实际的地形地貌和环境进行重新整合，但是并不能掺杂过多的自由发挥元素，否则就违反了加盟条例。多个加盟店的崛起，形成了全球范围的大网络体。第二个"动态形成"的例子是，一位肖像画家在照着模特的照片进行绘画。由于模特不能长时间保

---

① 德勒兹和伽塔里的后现代主义思想，突破了传统翻译学的二元观和静态语言线性转换的树状思维，采用的是一种多元动态的横向网络式思维（Parr，2005：13）。

持一个姿势，所以她选择把摆好的姿势拍成相片给画家，照片本身就是模特形象的一个副本。画家按照这个副本，重新把模特的肖像搬到画纸上。画家在重构肖像时，可以选择很多种方式，既可以先画出轮廓，也可以先从脸部的某个具体部位画起。每一笔线条都是从照片上的某个点逃逸到画纸上的某个点。各种复杂的逃逸路径构成了一个轮廓——由多元异质性线条元素构成的轮廓。画家除了线条以外，还运用了涂抹、调色、上色等方式最终展现出了一副"逼真"的肖像画作。画家只有画得好和画得像，才能为他争取到金钱的回报。同一位画家当然也不可能画出两幅一模一样的肖像，何况不同的画家。值得深思的是，这两个反映"动态形成"哲学思想的例子中有一处共性，就是一种规则性和信赖性的契约。公司的加盟规定约束和限制了新店主在店面设计和运作上的自由发挥，并且必须尽可能地还原源店的情况。画家是因为他的画工和技巧赢得了模特的信赖，模特相信画家会忠实而且逼真地将她的形象画出，并且用一种金钱交换的方式达成了这种契约。本研究根据这两个"动态形成"的例子引申出了翻译的动态对等问题，例如，源文本与目标文本应否对等、有没有自由发挥的余地、在什么条件下要对等，这些问题实际上涉及译者与客户，以及其所服务机构条例之间的关系。出版社与译者签署的翻译合同本身就已约束了译者的自由发挥，要求按照源文本的内容和结合目标情况进行翻译，译者被授予这项工作，其赚取的稿酬也是因为聘用译者的单位或客户相信译者自己能够认识到他（她）所应承担的责任。从"动态形成"哲学视角看，文本可以被解构、拆散和重组成任何形式。然而，"动态形成"过程中的翻译活动和创作活动之间的区别在于译者必须按照某种规范进行翻译，因为译者需要履行翻译任务和责任，另外客户对聘用单位和译者也建立起一种信赖契约。换言之，译者、客户和翻译或出版机构三者之间形成了一种翻译契约。源文本与目标文本之间是一种动态的根状派生网络关系，但是它们之间的对等关系的建立正是在这种翻译契约下进行的。源文本意义的派生不是完全随机的，而是在翻译契约的限制条件下进行重复式的派生，并且在派生的过程中纵横交错地形成了属于自己的本地映射。一个目标对等的选择取决于译者的认知和感知，以及目标文本内部的建构和目标对等本身所派生出的社会文化异质联结。

上述两个例子说明，无论是一个词组，还是一个句子，或者是一篇叙事文本的翻译，都是通过一种动态派生网络的互动关系而产生的目标文本。例如，将"Economy"翻译成"经济"，派生出了中国传统社会思想中的"经世济民"概念。"Culture"原本派生出"成长"和"培育"的概念,翻译成中文的"文化"却又派生出中国传统经典《易经·象书》中的"关乎其文,以化成天下"的社会哲学思想。因此,翻译对等关系的建立取决于源文本和目标文本两者所派生出的异质联结关系。在这样的一个动态网络中,不断地形成各种新词汇和新术语的聚合。当一个概念形成并被广泛使用之后,就在整个根状派生网络系统中结成相对稳定的新的块茎体,并且具有再次生长派生的生命力。

  笔者真正感兴趣的地方在于:既然翻译是一种根状派生网络关系,那么每一次重复翻译就应该出现一种随机的和"动态形成"情况。即便是翻译相同的源文本概念,也可能会导致多种目标文本派生关系重组的现象。用简单的话说,就是同样的一句话,可以有多种表达方法,每一种表达方法之间意思虽然相近,但是存在着细微的差异。例如,当海伦·凯勒描述自己刚刚开始学习语言的时候,她说道:"I had now the key to all language, and I was eager to learn to use it."源文本的上下文语境是,不到七岁的盲聋人海伦刚刚学会拼写单词和运用语言进行沟通,她在掌握了一些使用语言的窍门之后,希望能够熟练地运用它。源文本中的"key"派生出的含义是"钥匙""关键""窍门""开窍"等,"all language"泛指"语言",并非指各种语言,或者说是一种"用语言沟通的方式"。然而要想翻译"I had now the key to all language"这半句话,并不能取决于其文本本身,而是要根据后半句的意义进行目标联结的建立。后半句,"and I was eager to learn to use it"的意思是海伦非常渴望"学会"使用语言,那么这恰好证明她现在还没有学会运用语言,而只是掌握了学习语言的基础或窍门,因此在分析了源文本疆域中的派生网络,并且对这句话的各种异质联结元素的重新组合之后,最终确定了其含义。对于这样一句话,不同的译者会"动态形成"各种目标文本,并且在译叙层面上存在各种细微的差别。例如李汉昭译成:"现在,我已经掌握了语言的钥匙,急于想加以运用。"① 王家湘译成:"现在我拥有了通向语言的钥匙,我急切地想学会运用它。"② 林海岑译成:"如今,我已经掌握了语言,便急于学会运

---

  ① [美]海伦·凯勒:《假如给我三天光明/Three Days to See》,李汉昭译,华文出版社2013年版。

  ② [美]海伦·凯勒:《假如给我三天光明》,王家湘译,北京十月文艺出版社2010年版。

用。"① 常文祺译成："如今，我已经掌握了学习所有语言的关键，而且我渴望学以致用。"②

这四个译文分别反映了四位译者对源文本的理解情况，并代表了四种译叙方式。每个目标文本都与源文本建立了动态对等关系，以及形成了各自的"根状派生网络语境"③。派生网络式的动态对等关系体现在目标文本语言形成的细分差异上，译者在多个可能性译本的排列组合中选择和建立一个符合自身感知与认知标准的对等关系，并且每个译本都具有自身独特的本地映射。由于不同版本的本地映像是由不同的异质联结元素所聚合而成，因此也构成多个目标文本之间的区别，以及"动态形成"一种内聚的差异变化，即每个目标文本既有源文本的对等基因，也有不同的具备自身内聚联贯性和合理性的异质性元素。

李汉昭、王家湘和常文祺的译本准确地反映了源文本的意思，而林海岑的译本省译了"key"的成分，使译叙的意思变成海伦已经掌握了语言，但是还要再学会运用它。当然根据译叙文本的上下文语境，目标读者也可以推断出其隐含意义。然而，本研究所关注的是，虽然这四个目标文本是由不同译者所译叙，并且在某种程度上与源文本有着动态对等关系，但是每一个"文本之我"都指涉自传叙述者海伦·凯勒本人，那么这些目标文本又是如何差异化重构一个22岁盲聋女性海伦回忆她7岁之前那段刻骨铭心经历时的多元声音呢？因此，笔者认为，通过运用根状派生网络的哲学概念不仅可以分析目标文本在语言层面上在多大程度上与源文本对等，而且还有助于分析译叙文本中故事进程的差异性、连贯性和合理性问题。目标文本的"动态形成"具有一种根状派生网络的特征，深入挖掘和探讨这种特征，可为翻译的动态对等性增添一个德勒兹和伽塔里式的后现代主义诠释；同时，本研究以自传体译叙作为研究对象，力图分析和探讨代表自传传主的多元目标译叙声音的"动态形成"情况及其根状派生网络的特征。

在深入研究德勒兹与伽塔里的"动态形成"哲学思想后，笔者深感

---

① [美]海伦·凯勒：《假如给我三天光明》，林海岑译，译林出版社2013年版。
② [美]海伦·凯勒：《假如给我三天光明》，常文祺译，浙江文艺出版社2007年版。
③ "根状派生网络语境"指从源文本或目标文本所派生出的逃逸路径和异质性联结聚合而成的一个语境。译者在诠释文本的语境时，具有一种演绎性特征，因为联系文本的异质性元素不断地产生变化，动态重组成各种意义空间，包括场景、人物、事件的动态演绎特征。简而言之，译者脑海中浮现出像电影般的故事情节，具有一种动态的演绎特征。

其对于揭示同一源文本与多个对等目标文本之间的关系，以及这些目标文本间差异化形成的独特价值。为了清晰阐述笔者的观点，首先需要明确三个核心概念：它们分别是"动态形成"、"根状派生网络"，以及自传体译叙。

一、"动态形成"的概念

后现代主义理论无论是在研究视角、研究方法，还是在研究范式的转换上都为翻译学提供了多元化的研究模式（Koskinen，2000：33；Bandia，2006：45-57）。翻译学作为一门独立开放的学科，一直以来都试图通过跨学科的途径发现、诠释和解决各类翻译问题，力图从各个学科的视角反观翻译现象的本质。

后现代主义哲学家德勒兹和伽塔里的"动态形成"哲学思想是这二位学者的核心思想之一，在整个西方后现代主义学术领域独树一帜（Colebrook，2010：134；Lorraine，2011：1；Marks，1998：19；麦永雄，2013：51）。德勒兹和伽塔里的后现代主义哲学思想不是一套封闭的哲学体系，而是一个开放式的系统，可以允许多元的解读，其对数学、建筑学、法律、科学、经济学、美学、电影学、政治学、文化研究等众多领域都产生了一定的影响（Hickey-Moody & Malins，2007：1-2）。

德勒兹是一位后现代主义哲学家，伽塔里则是一位军事心理分析师和社会科学家，两人在1969年相识，并开始了思想的碰撞（Dosse，2007/2010：1-3）。德勒兹和伽塔里在合作期间出版了多部作品，让他们感到最满意和最具有创新性的力作是1980年出版的《资本主义与精神分裂（卷2）：千高原》（*Mille Plateaux：Capitalisme et Schizophrénie*）[①]。德勒兹和伽塔里摒弃了当时的历史主义传统及黑格尔式的解读，而选择了一条属于他们自己的"动态空间"理论。贯穿整本书的核心哲学思想之一是"动态形成"哲学思想。"动态形成"哲学思想包括了德勒兹早期的"差

[①] 法文原版（1980）：*Mille Plateaux：Capitalisme et Schizophrénie*；英文版（1987）：*A Thousand Plateaus：Capitalism and Schizophrenia*，由布赖恩·马苏里（Brain Massumi）译，康特纽姆（Continumm）出版社出版；中文版（2010）：《资本主义与精神分裂（卷2）：千高原》，由姜宇辉译，上海书店出版社出版。

异与重复"①（difference and repetition）思想（Deleuze，1994）、"根状派生网络"思想、"疆域解构与疆域重构"思想、"游牧思想"（nomadology）等。

本研究以《资本主义与精神分裂（卷2）：千高原》（以下简称《千高原》）一书为理论基础，运用德勒兹和伽塔里的"动态形成"哲学思想重新诠释翻译，试图以此为翻译学话语注入新的理论解释力。

"Becoming"一词由德勒兹和伽塔里提出之后，在华语后现代主义学术领域内，常被翻译成"生成"②（陈永国，2003：162；德勒兹、加塔利著，姜宇辉译，2010：326；麦永雄，2013：37），"流变"③（杨凯麟，2010：271-296；李育霖，2009：19；庄士弘，2012；马俪菁，2012：71-95），"变向"（李育霖，2009：18），"形变"（黄崇福，2008：10），"变成"（黄璘毓，2008：1），也有学者翻译成"形成"（吴冠军，2010：137；郑少雄，2013：A08）。

笔者将"becoming"翻译成"动态形成"或"形成"，从词的组合上看，"动态形成"是一个复合名词，包括动态和形成两个层面的意思。笔者都认为在翻译学中采用"动态形成"的译法更为恰当，理由是：①"动态形成"一词表达了德勒兹和伽塔里的"becoming"哲学含义。"动态形成"哲学理论主要基于德勒兹的"差异与重复"思想，即在差异中进行重复，并在重复中产生差异，这个过程强调的是一种变动，即动态性的变化。重复不同于传统意义上的模仿或复制，其潜在无限的可能性，派生出新的开端，并在各种流动的内聚关系中不断地重新排列组合，衍生出新的关系。因此，"变动"是德勒兹和伽塔里哲学中的一个思想重点，笔者认为应该将其突出。②汉语中的"形成"指通过发展变化而成为某种事物或出现某种情况。例如，太阳系的形成、物种的形成、概念的形成、地形地貌的形成、性格的形成，以及语言的形成等。"形成"除了作

---

① 在西方古典哲学中，柏拉图认为重复是一种模仿和复制，黑格尔认为重复中的差异性只发生在对同一性的否定当中，或同一性的矛盾之中。例如，当两个事物之间存在差异，暗示着一个事物否定了另一个事物的某些元素，并且当人们默认两个事物之间是同一性的情况下，才引导出两者之间的差异本质矛盾。

② 在翻译研究中，不采用"生成"的译文是为了避免让人联想到乔姆斯基的"生成语言学"（generative linguistics）、"生成语法"（generative grammar）等概念。

③ 姜宇辉（德勒兹、伽塔里，2010：126）把"variation"翻译成"流变"，因此如果把"becoming"也翻译成"流变"，就会产生术语使用的混乱情况。

为名词以外，还可以作为动词。例如，形成习惯、形成规范、形成关系等。"动态形成"哲学思想基于一种横向动态的网状思维，并不是强调事物变化后的形状或面貌，而是强调事物之间，或人与事物之间的一种派生互动建构过程。对于德勒兹和伽塔里而言，事物的"动态形成"没有最终状态，而是一直在其内部进行变动的差异与重复，并且演变成新的事物。换言之，任何事物的形成都不可能是其最终的状态，而是不断地在变化。当两个不同的事物相遇和碰撞时，就会促成新事物的变动形成。例如，当生活素材与作家相遇和碰撞时，就会变动形成为小说；遇到导演时，就会变动形成为电影；遇到广告创意人时，就会变动形成为广告；等等。所以，我们也可以说当源叙事文本与译者相遇和碰撞时，就会变动形成为目标译叙文本，而目标译叙文本永远都不能代表最终的翻译版本，在历史、社会、文化和人为的各种差异性条件下，都有可能重复变动形成新的目标译叙文本，即故事内容不断地在其内部进行重复性的排列组合，变动形成新的差异化目标译叙文本。

本研究主要运用"动态形成"哲学思想诠释译者、源叙事文本与目标变动形成环境之间的内聚网状派生关系，以此了解促成目标译叙文本变动形成的互动建构过程。因此本研究采用"动态形成"（或本文有时会采用简化用词"形成"）的译文，相比"生成""流变""变向""形变""变成"要更为恰当一些。

二、"根状派生网络"的概念

"根状派生网络"是德勒兹和伽塔里后现代主义"动态形成"哲学思想的主要概念之一（Deleuze & Guattari，1987/2004：11）。在国内及港澳台地区的研究德勒兹和伽塔里的学术领域中，"rhizome"被翻译成"块茎"（陈永国，2003：129）或"根茎"（德勒兹、伽塔里，2010：1）并被广泛使用。笔者想将此哲学概念运用到翻译研究当中，为了达到更好的交际翻译目的，将其翻译成"根状派生网络"。这样翻译主要考虑到两层因素：①词根"rhizo-"的本意是指植物的"根部"或"根茎状"，翻译成"根状"是为了保留这个词原本的植物性特征；②派生的含义指从源事物中延伸出来，产生异质联结并形成分化。派生网络是指事物延伸和分化后形成的新网络关系。因此在译文中选用"派生网络"一词是想突出"rhizome"的核心隐含意义。

德勒兹和伽塔里对"根状派生网络"总结了六种特征（Deleuze & Guattari，1987/2004：7-28），笔者将这六种特征列举出来，并结合翻译现象进行解释。

（1）和（2）联结和异质性原则（principle of connection and heterogeneity）。根状派生网络中的任意一个点都可以与其他点产生联结，而且必须促成联结。点与点的联结可以跨越各种疆域。例如，一个概念可以从政治疆域跨越到经济疆域，从艺术疆域跨越到医学疆域，甚至还可以从个人的情感认知疆域跨越到文本疆域。

（3）多元性原则（principle of multiplicity）。事物或人都被看作一个聚合体，而一个聚合体是由多元性构成的一个疆域。例如，一本书就是一个聚合体，其中，故事情节、场景、人物、情感等多元因素构成了故事世界的疆域；一个人也是一个聚合体，如年龄、经验、情感、认知等多元因素构成了人的认知和感知疆域。任何事物或人都被视为根状派生网络，并且具有一种多元性特征。根状派生网络中的多元因素分布在一个平面上，没有等级和范畴之分。根状派生网络是开放式的，其形态多变；同时，疆域之间可以相互联结，没有任何等级界限和范畴局限。

（4）非指涉性断裂原则（principle of asignifying rupture）。根状派生网络的任意一个部分可以被中断、瓦解和嫁接，并且延续原有的某条路径重新派生，或者联结新的路径重新开始。

（5）和（6）绘图法和转印法（principle of cartography and decalcomania）。根状派生网络是动态性的，因此不局限在某个固定结构性的模型当中。根状派生网络犹如在绘制一张地图或映射图，其形成情况完全取决于人或事物与现实实际情况元素之间所接触后而形成的动态试验。换言之，绘图需要根据实际的地形地貌勾勒出一幅映像图，并且可以不断地进行修改和变动。根状派生网络存在多条路径，人们可以通过任何一条路径进入其映像图中。

根据根状派生网络的上述六种特征情况，笔者试图将其概念运用于对翻译现象的解释，为翻译的动态性对等问题提供一个后现代主义的诠释。

第一，源文本疆域是一个聚合体和根状派生网络，由多种故事元素和语言元素聚合而成，并且置身于某个社会文化场域的网络之中。各种联结和围绕源文本疆域中的元素所派生出的异质性成分，包括各种话语联结、互文联结、读者感知和认知网络联结等，都具有不确定性和动态性。换言之，源文本疆域是一个开放的根状派生网络，其可以与任何人或事物进行碰撞和产生联结。由于时空的变化，源文本疆域中的各种联结会产生断裂、嫁接和重组的现象，因此不同时代或不同的读者也赋予源文本不同的诠释意义。源文本的表征是显性和稳定的，如印刷在纸张上的文字，但是与其相关的各种潜在的联结却是隐性和动态的。只有诠释者与源文本接触的时候，才会通过源文本的表征派生出各种异质联结，并且试图诠释出其意义。

此处需要说明的是，根状派生网络是一个无中心的概念。所谓无中心主要体现在两点：一是任何人或事物都与其他的人或事物相互关联；二是操纵者可以取之网络中的任意一部分作为开端，甚至将其当作中心。如果从社会文化的大网络来看，源文本的存在当然不是中心，而是整个大网络中的一部分，但是当译者选取其作为开端的时候，可以认为它就是目标文本派生对象的中心或参照物。然而，当目标文本重构之后，形成了新的根状派生网络时，这个所谓的源文本开端或中心终将会结束其临时性的地位。因此，在根状派生网络的系统当中，无论是以源文本为中心，还是以目标文本为中心，都只是暂时且相对的概念。至于目标文本是否忠实或不忠实于源文本，取决于译者的意识和决策。如果译者希望目标文本更加贴近源文本的意义，就会努力建立更多的相似联结点；反之，如果译者操纵程度过大，则会派生建立更多和更广泛的联结点。然而，笔者更为关注的翻译现象，其"忠实"或"近似"的目标文本也并非单一存在的，而且具有多元性。换言之，同一个源文本可能存在多个忠实或近似的目标文本。即便译者将其随意创造成分降到最低的时候，围绕源文本所派生出的近似目标联结也存在多元性，由于每一个目标联结点之间都会存在着诸如社会、文化、政治、经济等方面的差异。因此，翻译对等的忠实性和近似性，并不意味着目标文本的单一性。多个可能性的目标文本之间在细分上存在差异，并且各自又存在自身的派生联结，这些异质联结是区分不同目标文本之间的主要因素。

第二，翻译行为是一种在实际语用环境中进行的文本试验。一个目标文本的形成受到众多"动态形成"元素的影响。每一次重复式的翻译，包括重译或修改，都导致目标文本内容对源文本内容的动态性变化。既然源文本是一个开放式的根状派生网络，那么译者可以从任一的路径进入文本当中，并以某种姿态对文本进行诠释。译者的诠释过程是将源文本疆域中的元素与译者感知和认知网络进行联系，并且"动态形成"一种本地映像。如有多个译者翻译同一篇源文本，则会产生各种异质化目标文本的本地映射。德勒兹和伽塔里哲学中的"感知"与其他哲学所谈的"情感知觉"（feelings 或 emotions）有所不同。"感知"概念指事物在相遇和碰撞之后的"动态形成"过程里，通过各种逃逸路径将欲望派生到各种聚合当中，并且改变了其原本意义的结构关系，同时还因此重新编织或形成新的欲望强弱程度。感知是在事物转型或演变过程中发生的，是一种试验性的欲望表达，而认知则是在各种感知的变化情况下形成的一种结果。译者的诠释过程，就是一种与源文本之间的感知互动，译者将自己的身心因素与文本中的元素进行相遇和碰撞，派生出新的逃逸路径，形成了新的认知理解，并且在转换和重新表达的过程中，将这些感知的欲望体释放到目标文本中，重新编织了各种欲望表达的强弱程度。"译者身心因素"概念是源自罗宾逊（Robinson，1991）的翻译身心学。然而，本研究根据罗宾逊的翻译身心学理论，从德勒兹和伽塔里的视角把"译者"看作一个"碎片式的聚合"，其中包括译者的各种身心元素的聚合。换言之，"译者"的概念并不是一个有血有肉的真实人物，而是一个存在于话语或隐喻中的概念（Tan，2012；谭载喜，2012）。译者的身心特质是其经验、情感、认知等一系列因素聚合而成的，在翻译时，这个聚合中的部分因素被转移到目标译叙文本的形成中。

译者的感知和认知网络与源文本疆域之间的相遇、碰撞和联结"动态形成"一个新的网络，而其动态性特征主要取决于联结过程中派生性的强弱程度。派生性越强，目标文本对等元素的可选择性就越多。翻译对等并不局限于某个等级之间或某个范畴之内。例如，某个英文概念可以跨越各种目标语中诸如政治的、经济的、文化的、科技的、医疗的等方面的疆域。所有原本在一个相对封闭的疆域之中的概念通过翻译行为被瓦解，并且在新的环境下重新聚合。译者好比一个机器发明家，把几个不同的机器拆散，将零部件放在一个平面上，然后根据某个蓝本重新组装。一篇源文本是由各种语言成分所聚合而成，并且每个成分又存有多元和异质性的联结。因此，翻译对等的动态性具有一种非指涉性断裂原则，某个英文概念不是指定了某个中文概念，即一对一的对等关系，源文本与目标文本的对等关系也不是停留在其两者的表征层面，而是译者根据自身的认知和感知网络对源文本疆域中的语言元素进行斩断、选择和嫁接，在众多的异质元素中进行合理的筛选，即一种一对多的对等关系。例如，根据根状派生网络的联结和异质原则，源文本中的某个约定俗成的单词是一个信息联结点，如"bus"，其汉语中的近似派生关系常见的有"公交车""巴士"

"公共汽车"。每一个派生出的目标信息点又存在其他的派生联结，如在广东地区人们经常说"搭公交车"；"巴士"是"bus"的音译，在港澳地区广泛使用，派生出港澳地域文化的一些特色，像"双层巴士""小巴"等；"公交车"和"公共汽车"在中国内地的语言规范上更加贴近"bus"的含义，其派生出中国内地的一些文化特色。总之，译者在建立对等关系的时候，特别是在多种可能性中做出某个译本的选择时，必须考虑其他派生出的异质联结元素，包括与源文本相关的联结和与目标文本相关的联结。当语言搭配的排列组合的可能性变得越来越多时，就会强化意义派生的动态性，源文本中的各种语言信息点则会与译者的认知和感知网络杂糅在一起，并且通过译者的媒介进行调适，从而在目标语中寻找合适的联结点。例如，"This is the happiest time of my life"的译文至少存在五种或更多的翻译可能性，每一种都会派生出不同的异质联结，并"动态形成"各种根状派生网络语境。例如，"这是我一生当中最快乐的时光"；"我从来未曾如此幸福过"；"此时我欣喜若狂"；"我的生命此刻充满了喜悦"；"没有一种狂喜之情可以与此刻相提并论"。

由此看来，源文本表征和目标文本表征（从 A 到 B）之间的对等现象体现了一种二元特征，但是德勒兹和伽塔里的根状派生网络则强调的是一种潜在于从源文本疆域转变到目标文本疆域过程中的多元联结特征。源文本语言信息点与译者的感知和认知网络进行联结，并随之派生出各种异质性目标语言元素，导致了多种可能性的出现。译者最终选择和产出的目标文本则是在这些异质性目标语言的可能性中寻找一个合适且可以接受的表达。换句话说，目标语言中的异质性和可能性因素决定了翻译对等成分的选择。恰恰是目标语言元素的异质性和可能性决定了翻译对等动态性的灵活度、合理性、可译性和接受性。因此，根状派生网络中的六种原则主要用于描述源文本与目标文本动态对等过程中的潜在联结现象。

第三，翻译过程中的诠释、选择、决定、对等关系的建立都是由译者进行操纵的。目标文本与源文本是否对等或不对等因译者而异。根状派生网络中的六种原则不能替代译者做出选择性的决定，其只能用于描述从源文本到目标文本转换过程中的各种网状派生现象。至于译者是忠实于源文本，还是做出更大的创造性改动，只能根据根状派生网络中的联结关系映像图情况反映出来。译者根据源文本的表征，从源文本的根状派生网络中获取意义，斩断和选择有必要的联结，并且与目标语言进行重新嫁接和派生，最后勾勒出一副带有译者特质的目标文本本地映射。对于一些复杂的文本翻译现象而言,"根状派生网络"的联结走向和异质性元素的碰撞可能变得更加繁琐,各种疆域之间的界限也将被打破和跨越。

总之,德勒兹和伽塔里的"动态形成"哲学思想的主要特征是"根状派生网络",而在不同的时空中,不同的条件下,以及不同的译者之间,"动态形成"的目标文本可能性是多元的。翻译对等的动态性也取决于源文本和目标文本派生关系之间的各种异质因素。运用"根状派生网络"的概念可以解释翻译过程中从源文本"动态形成"目标文本所经历的一种派生式、发散式和动态式的过程,并且正是这种特性促使不同的目标文本在"动态形成"的过程中产生了各种内聚的差异性或一种汇聚了异质性差异的内在性。每个目标文本都"动态形成"属于自身的特色,但同时又都近似于源文本的内容。人们对于翻译版本的好与坏不能清晰地做出判断,而只是能体会到版本之间的细微差异,从而将其区分开来。所谓的差异化目标文本,实际上就是各种异质联结重新聚合而成的目标文本本地映射。笔者认为,德勒兹和伽塔里哲学中的"重复与差异"概念也能进一步说明目标文本"动态形成"的翻译问题。因为译者重复式的诠释源文本,则在每一次的诠释重复中,都会与上一次的情况之间产生一些差异性,并且译者每次的重复条件也存在差异,所以如果译者不需要为某个源文本提供更多的目标文本选择的话,则无需对其进行重复。每次重复的过程,就派生出多种差异化的目标文本选择和各种异质联结。重复不是一遍又一遍的经历相同的事物,而是在每次重复的过程中受到外在差异条件影响,同时产生新的差异;换言之,每次重复经历所谓相同的事物,实际上都与上一次的情况之间存在差异。重复是一种创新,一种新的发现,或是一种与实际情况变化密切相关的试验。在重复过程中,新的经历、情感和认知会不断涌现,甚至导致事物的变异和转型。事物在形成过程中是一种在差异条件下进行重复和在重构过程中产生差异的情况。没有差异条件的存在,也无从谈及重复。重复不是复制,而是在事物变化的过程中进行创新。重复不是一种线性的回归性过程,而是每次重复的起点和终点都存在多条路径的变化。

三、"自传体译叙"的概念

本研究除了运用德勒兹和伽塔里的"动态形成"哲学思想探讨翻译现象外,还将自传体译叙作为研究对象。在理论探讨方面还借用了后现代主义自传叙事学理论①的一些概念。后经典叙事学采用后现代主义途径看待叙事学问题,但同时也保留了一些经典叙事学的内容。翻译学在采用叙事学跨学科式的研究时,不应该局限于其原本的范式或理论概念的划分,而是要根据翻译学的问题重新建构理论。因此,采用后现代主义叙事学的说法(包括经典叙事学、后经典叙事学,以及后结构主义叙事学的内容)在理论运用范畴方面更为广泛。本研究在分析和研究自传体译叙文本时,选取了后现代主义自传叙事学的理论元素作为分析工具,对经典叙事学理论、后经典叙事学理论、后结构主义叙事学理论和后现代主义自传理论中的理论元素从后现代主义翻译学的视角进行改造。

自传体译叙指自传体叙事的翻译,或泛指各种第一人称自传式书写的

---

① 本研究中用到的后现代主义自传叙事学理论包括"经典叙事学理论"(classical narrative theory)、"后经典叙事学理论"(postclassical narrative theory)、"后结构主义叙事学理论"(poststructuralist approaches to narratives)和"后现代主义自传理论"(postmodern autobiography theory)。"后现代主义叙事学"(postmodern narratology)又称"后结构主义叙事学"(postclassical narratology),自20世纪60年代在法国出现,到了80年代之后在西方盛行,其主要特征是把叙事文本看作一个开放的和基于语境意义的概念。后现代主义叙事学主要受到德里达(Derrida)、福柯(Foucault)、巴特(Barthes)、拉康(Lacan)、利奥塔尔(Lyotard)、克利斯蒂瓦(Kristeva)、德勒兹和伽塔里(Deleuze and Guattari)等后现代主义哲学家的理论思想影响。后经典叙事学不是脱离经典叙事学而是用新角度和新方法重新看待叙事问题。后现代主义叙事学与后经典叙事学的主要区别在于,后现代主义叙事学是一个比较宽泛的概念,其涵盖的后现代主义问题更广泛。具体详见 Herman 等(2005);申丹、王丽亚(2010);Currie(1999/2010);柯里(2003)。

翻译。在叙事学中,"自传体叙事"① 的概念涵盖多个种类,其中包括传统意义上的"自传"(autobiography)、"自传体小说"(autobiographical fiction,第一人称自传形式的虚构故事),"自我与传记杂合叙事"(Auto/biography,在传记或非第一人称叙事中插入的自传体叙事,如传记中传主的一篇亲口书信、日记或演讲)等。

在自传研究中,"合作式生平书写"(collaborative life writing)或"合作叙事"是一种常见的情况(Lejeune,1989:185-215)。例如,名人会雇佣一些"代笔人"(ghostwriters)② 帮助他们完成自传的撰写工作,并且在此期间这些代笔人会与传主或其代理人之间进行多次的交流与合作。有些自传在出版时会明示这层关系,向公众承认代笔人的撰写功劳,而有些自传出于各种目的,如让读者相信自传叙事的可靠性和真实性,并为了获取更多的经济利润,则会隐藏代笔人的身份或话语痕迹,将所有的功劳都给予自传传主。

"合作叙事"的概念对于自传译叙而言有着一定的启示,即自传译者的翻译行为可以被看作代笔的一种形式。自传译者可以被自传作者、自传代理人或出版社等机构所雇佣,并且可以通过或不通过与自传传主之间的

---

① 在后现代主义多元化的理论范式和多样化自传书写实践中,自传定义的界限显得越来越模糊。西多妮·史密斯等(Smith and Watson,2010)一共总结了六十种自传体叙事类别,其中常见的有"日记"(Dairy)、"书信"(Letters)、"游记"(Travel narratives)、"体育自传"(Sports memoir/Jockography)、"回忆录"(Memoir)、"个人散文"(Personal essay)、"口述历史"(Oral history)、"自传体小说"(Autobiographical fiction)、"自我心灵治疗/自助类叙事"(Self-help narrative);其他类别的"自传体叙事"还有"辩解自传"(Apology)、"创伤自传"(Trauma narrative)、"奴隶自传"(Slave narrative)、"精神自传"(Spiritual life narrative)、"生存者自传"(Survivor narrative)、"自传病志"(Autosomatography)、"忏悔自传"(Confession)、"家族叙事"(Genealogical stories)、"女性自传叙事"(Woman autobiography)、"女权自传叙事"(Feminist narrative)、"第二人称自传叙事"(Autobiography in the second person)、"第三人称自传叙事"(Autobiography in the third person)、"诗歌体自传"(Poetic autobiography)、"人种自传"(Autoethnography)、"死亡自传叙事"(Autothanatography)、"自传物体/物品类叙事"(Autotopography)、"自传体神化叙事"(Autohagiography)、"合作式生平书写"(Collaborative life writing)、"信仰转变叙事"(Conversion narrative)、"生态自传叙事"(Ecobiography)、"少数族裔生命叙事"(Ethnic life narrative)、"自传沉思叙事"(Meditation)、"自传监狱叙事"(Prison narratives)、"自我画像叙事"(Self-portrait)、"系列自传"(Serial autobiography)、"自传证据"(Testimonio)等(Smith and Watson,2010:253-286)。除了史密斯等人的总结以外,随着网络和通信科技的发展,博客、微博、微信、自传漫画等形式的叙事也属于自传体叙事的一个组成部分。

② "Ghostwriter"翻译成"代笔人",引自邵有学(2007)、《朗文当代英语词典·英汉双解》(*Longman Dictionary of Contemporary English*)(商务印书馆1998年版,第638页)的其中一个词条释义。

亲自接触和对话，从而完成自传的翻译（用另一种语言书写）。译者的功劳在多数时候都会被明示，而在某些情况下也会被隐藏。

合作叙事的概念实际上对自传的"元定义"（metadefinition）提出一个挑战，即自传不一定是由传主本人亲自撰写，还可以是由其他人代写。这样一来，彻底解构了"auto"和"biography"的含义，而使其变成了一种概念上的"heterobiography"（多人混合建构的传记）（Misch, 2007: 66）。因此，所谓"自传"这个概念就成了一种"话语指称"（discursive designation），它指向的是传主（一个身份符号），而不是真实作者，或者自传也只是作为一个"文本自我"（textual self）或"叙述自我"（the narrating I）而存在，谁都有可能去建构这个"我"。然而，从普遍的社会心理和社会规范的角度看，"自己讲述自己的真实事件"与"他人讲述自己的真实事件"反映了不同的"叙述声音"（narrative voice）（Chatman, 1978: 151; Genette, 1980: 413; Gibson, 1996: 146; Lanser, 1992: 3）、不同的"叙述视角"（narrative perspective）（Gombrich, 1980: 237-273; Guillén, 1971: 283-372; Nünning, 2000: 332; Pfister, 1988: 246-294; 申丹、王丽亚, 2010: 88-111）和不同的"叙述聚焦"（narrative focalisation）（Abbot, 2002: 79; Bal, 1985: 132; Genette, 1980: 151; Lothe, 2003: 121; 申丹、王亚丽, 2010: 88-111）[①]。

自传研究的后现代主义视角消解了自传原本封闭式的意义，同一个叙述自我可以在不同时空中被建构。把叙述自我当作一个自传建构对象时，存在以下三种情况：①自传作者本人在回忆和撰写自己的时候，把自己当作一个叙述对象，以自己的口吻（第一人称叙述）选择性地将自己认为"可叙述的"（narratable）（Brooks, 1984; Miller, 1981）的事件编排成故事；②自传译者在翻译自传的时候，把源自传传主当作一个译叙对象，

[①] 在叙事学研究中，关于"叙事视角"和"叙事聚焦"两个概念说法纷纭。申丹（2010: 88-89）指出："随着越来越多的作家在这方面的创新性实践以及各种形式主义流派的兴起，叙述视角引起了极为广泛的兴趣，成了一大热门话题，也被赋予了各种名称，如'angle of vision'（视觉角度），'perspective'（眼光，透视），'focus of narration'（叙述焦点）等。"因此，很多叙事学派对这两个概念的认知有着相互重叠的地方。2005年出版的《劳特里奇叙事理论百科全书》（*Routledge Encyclopedia of Narrative Theory*）对这两个概念进行了系统的梳理，详见"perspective"（Herman et al., 2005: 423-425）和"focalisation"（Herman et al., 2005: 173-177）相关内容。本研究者认为："'聚焦'应该指更加具体的叙述观察，例如焦点地强化或淡化，远或近，静或动等"，而根据申丹、王亚丽（2010: 90）对"中文里的'视角'一词所指明确，涵盖面也较广，可用于指叙述的各种观察角度，包括全知的角度。"

"仿真"（simulate）① 自传传主的口吻，同时也掺杂了译者自己的声音，根据源自传文本的叙述自我建构，重新建构一个新的目标——"译叙自我"。目标译叙文本是对源叙事文本的一种仿真，其在目标文化中呈现或替代源叙事文本的功能，让目标读者感到目标译叙文本中所呈现的自传世界与源叙事文本中的自传世界相同；③传记作者把自传传主当作一个叙述对象，以传记作者的口吻（第三人称叙述）选择性地将传记作者认为可叙述的事件编排成故事。有时候为了增强传记的真实效果，传记作者还在传记的第三人称叙述中插入很多传主（第一人称自传体叙事）亲口说的话语，如上面提到过的日记、书信和演讲等。传记作者为了记录故事的真实性，在很多时候会和传主进行密切的沟通；除此之外，还会对与传主相关的人进行采访。由于传主的记忆也有模糊和失误的时候，因此传记作者在撰写的实证过程中有时比传主本人所亲口讲述的故事还要可信。例如，*Steve Jobs：A Biography* 的作者沃尔特·艾萨克森（Walter Isaacson）在该书前言中写道："我总共与他（乔布斯）进行了40余次会面……在为期两年的访问中，他与我越来越亲近，也越来越愿意向我吐露心声……他会因疏忽引起记忆错误，我们都会如此；但有时候，乔布斯是在向我和他自己编织现实在他头脑中的印象。为了验证并充实他的故事，我采访了100多人，包括他的朋友、亲戚、对手、敌人以及同事。"［艾萨克森，2014（修订版）：XVIII］

显然，自传体叙事的作者是多元的，无论是传记还是自传，它们之间的区别在于，自传与传记都是以真实自传传主本人作为叙述对象，自传体叙事代表自传传主本人的一个副本，而自传目标译叙文本则是以源自传体叙事为基础，代表的是一个副本的副本（the copy of the copy）（Parr，2005：250；Smith，2010：196-198）。自传、传记和自传翻译都属于合作叙事的范畴，厘清这个概念之后，我们可以更好地认识自传创作与自传翻译之间的区别。正是在这样的理论思索下，笔者认为同一个自传源叙事

---

① "模拟"（simulation）是鲍德里亚（1994）的后现代主义哲学理论中的关键概念，主要指通过"类比"的方式从而再现一个"模拟"的事物。例如，飞机驾驶员在训练驾驶飞机的时候，通常会在"模拟飞行器"中训练。迪斯尼主题乐园就是对动画片中的世界进行模拟。

文本既然可以被一个或多个译者合作建构，或者被不同的译者"重译"①成各种版本，那么自传目标译叙文本在多大程度上接近或偏离源自传叙事文本？自传目标译叙文本内部在译叙层面上与自传源叙事文本之间存在哪些差异？不同版本的自传目标译叙文本之间又存在哪些译叙差异？这些译叙差异的形成具体又受到了哪些条件和因素的影响？本研究将针对上述问题逐一展开探索和讨论。

第三节　研究目的与范围

一、研究目的

本研究的目的是建构自传体译叙的翻译理论，一方面，采用中国"双簧"表演理论诠释探讨"作者—传主"合作式的自传体译叙声音、自传拟像生成，以及自传拟像在目标文化中所呈现的"超真实"性效果问题。另一方面，采用法国后现代主义哲学家德勒兹和伽塔里的"动态形成"思想，探讨自传体译叙形成中的差异美学和动态诗学，考察译文在实际语用环境中的"动态形成"问题。自传在译介到目标语境时，受到了本土实际条件的影响，并在文本层面"动态形成"了各方面的变化。通过考察这些变化进一步分析自传目标译叙文本的差异化"动态形成"过程，将有助于研究者认识这一领域的翻译现象本质。目标译叙文本的差异化"动态形成"，不单只是译者在语言文字转换层面的操纵，还包括目标译叙文本在翻译网状派生空间中的各种本土因素。本研究采用网状多元分析法，从后现代主义"动态形成"哲学视角切入，对比和梳理源自传体叙事文本与目标自传体译叙文本在译叙层面上的变化，并且探索这些变

---

① 本研究采用的"重译"（retranslation）概念，来自秀邦·布朗雷（Siobhan Brownlie）的一篇文章"叙事学理论与重译理论"（Narrative Theory and Retranslation Theory）（Brownlie，2006：145 – 170）。布朗雷（Brownlie，2006：156）指出："传统的'重译'概念主要谈论的是根据不同时期的社会规范和意识形态而进行的重新翻译。'重译'的概念应该更加广泛，并且还应该包括在同一时期的多种版本的重译现象。"很显然，布朗雷提出的这个解释是一种反对传统"线性"思维的看法，因为每个时期都存在多元的社会规范和意识形态，研究者并不能将某个目标译叙文本锁定在某个特殊时期的单一规范和意识形态上。"重译"的现象应该是在多元规范和意识形态下"动态形成"的，同一个时期内都会出现满足于不同目的的各种版本重译的现象。

化与其形成的派生联结和异质性因素的关联，从而提供一个德勒兹和伽塔里式的诠释，进而综合分析自传体译叙文本的"动态形成"因素，旨在说明西方自传体叙事的翻译在当代中国本土的实际语用环境中的形成情况。

二、研究范围

本研究共选取了三个研究案例。第一个案例是海伦·凯勒（Helen Keller）自传 *The Story of My Life* 在中国内地同时代的三个版本的"重译"案例。第二个案例是沃尔特·艾萨克森（Walter Isaacson）的 *Steve Jobs: A Biography* 在中国内地和中国台湾地区两个译本的"自我与传记杂合叙事"案例（"传记"中插入的"自传体译叙"文本）。第三个案例是从翻译身心学视角切入探讨美国旅华作家彼得·海斯勒（何伟，Peter Hessler）自传体叙事文 *River Town* 在中国大陆和中国台湾地区两个译本中的历史语境的疆域解构和重构。

第四节　研究问题与方法

一、研究问题

本研究围绕以下两个方面的问题展开相关探索和讨论：

（1）运用中国"双簧"表演理论与德勒兹和伽塔里的后现代主义"动态形成"哲学思想，探究自传体目标译叙文本作为一种大众文学商品在目标消费主义环境中如何"动态形成"负载差异的目标译叙文本，以及分析和探讨目标译叙文本的异质化本地映像在目标实际语用形成环境中具体受制于哪些因素，译者需要如何对待和处理这些因素。

（2）通过运用德勒兹和伽塔里思想框架下的网状多元分析法对自传体译叙进行文本分析，同时进一步探究网状多元分析法是如何被运用于诠释自传体目标译叙文本在目标消费主义环境中的本地演变和差异化"动态形成"过程的。

二、研究方法

翻译研究中通常采用跨学科的研究范式（Snell-Hornby，1988/1995；Munday，2001：181-196；Mason，2009）和基于文本分析的研究方法。笔者根据德勒兹和伽塔里的"动态形成"哲学思想建构一个适用于自传体译叙文本分析研究的网状多元分析法。该分析方法需要笔者把翻译学和自传叙事学理论中的一部分概念改造成适用于自传体译叙文本的文本分析工具。此外，笔者还需通过各种身份视角的转换诠释译叙文本的变化关系。

网状多元分析法的用途主要是针对自传体译叙文本"动态形成"的内聚差异性问题，从源叙事文本与差异化的目标译叙文本之间的译叙层面入手分析，结合与其相关的动态派生因素进行综合性地探讨，从而为自传体译叙的文本疆域解构与疆域重构过程提供一个诠释。

后现代主义自传翻译理论是一个话语的聚合，在分析和探讨文本层面的翻译问题时，各种用于解释自传翻译现象的后现代主义翻译理论观点，需要通过一种更合理有效的方式进行描述和运用。为了挖掘翻译文本变化中的后现代主义理论性，笔者试为翻译学研究建构一个德勒兹和伽塔里式的文本分析研究模式。所谓德勒兹和伽塔里式的文本分析研究模式，就是将德勒兹和伽塔里的"动态形成"哲学思想和术语进行改造，并结合翻译学理论，用于解释自传体目标译叙文本的"动态形成"翻译现象。

笔者将分以下几个步骤进行文本分析：

（1）收集和归纳自传体源叙事文本和自传体目标译叙文本的基本信息，包括源作者情况、文本类型、出版情况、形成条件、翻译目的、译者情况、文本情况、出版情况、目标读者情况、形成条件等。

（2）从自传体源叙事文本和自传体目标译叙文本的内容上选取可分析的文本数据，并逐个进行实证推理分析。在分析过程中，笔者需要进行视角身份角色转换，即笔者"动态形成"译者、读者、文化批评者等，并从不同的角度和姿态对比看待翻译文本。

（3）文本数据，在自传体源叙事文本与自传体目标译叙文本中的各演绎推理内容变量与表达变量上进行细分，并且演绎推衍出动态派生关系，特别是聚焦于译叙层面的可叙性、连贯性和合理性上的派生关系；与此同时，还涉及译叙声音、译叙视角和译叙对焦的探讨。在此基础上进一步结合译者的认知和感知网络因素，以及形成环境和条件的因素进行分析和探讨。

（4）在理论思索方面，为自传体译叙的文本疆域解构和疆域重构过程提供一个中法融合的理论视角诠释，即中国"双簧"理论与德勒兹和伽塔里的"动态形成"哲学思想的融合，探讨自传体源叙事文本疆域、译者认知和感知疆域和自传体目标译叙文本疆域之间的互动建构过程，包括平滑空间和纹理化空间的互动、根状派生网络语境的建构、逃逸路径的派生、目标环境的形成条件、自传体目标译叙文本的本地映射形成情况等。

由于在具体分析自传体译叙文本时，涉及一些译叙分析术语和工具，因此有关网状多元分析法的具体内容详见本研究第三章第四节"动态形成"哲学思想视角下的网状多元分析法"。

第五节 章节介绍

本研究第一章"绪论"探讨了选题背景和研究视角，研究目的和研究范围，同时提出研究问题，并阐明了研究方法。笔者试图在翻译学的后现代主义研究领域引入德勒兹和伽塔里的"动态形成"哲学思想，并且以当代中国的西方自传体译叙作为分析案例，探索各种目标文本中翻译对等的动态性及其派生联结关系的翻译现象，并希望能为翻译研究增添一个新视角和研究范式。

第二章是"文献综述"，本章主要梳理、归纳和总结了后现代主义哲学思想与翻译学的宏观研究，以及后现代主义视角下的自传研究和自传翻译研究层面的发展状况。与此同时，本章还总结了德勒兹和伽塔里的"动态形成"哲学思想。在翻译学中的运用，以及后现代主义叙事学在翻译学领域内的界面研究情况。

第三章是"理论框架"，主要探讨自传翻译研究的理论建构，其中包括中国"双簧"表演理论视角的诠释，德勒兹和伽塔里的"动态形成"视角下的自传体译叙理论，以及与其相关的网状多元分析法。自传翻译理论作为一个文本分析的研究模式，将德勒兹和伽塔里的"动态形成"哲学思想、鲍德里亚的后现代主义消费主义理论与后现代主义自传叙事学理论进行融合，试图建构一个适用于本研究后现代主义视角下的自传翻译研究的理论。在"动态形成"哲学思想视角中,融入后现代消费主义理论是为了针对大众文学自传体叙事目标和基于译叙文本"动态形成"的情况而建构一个合适的自传翻译理论框架。同时通过运用"网状多元分析法"对自传体译叙文本及其派生形成关系进行了详细的、综合性的分析和诠释。

第四章是"案例研究"。本章选取三个自传体叙事案例进行分析。第一个案例是海伦·凯勒的自传 *The Story of My Life* 在中国内地同时代的三个版本的"重译"案例。第二个案例是沃尔特·艾萨克森所写的乔布斯传说 *Steve Jobs: A Biography* 在中国内地和中国台湾地区两个译本的"自我与传记杂合叙事"案例("传记"中插入的"自传体叙事"文本)。第三个案例是从翻译身心学视角切入探讨美国旅华作家彼得·海斯勒(何伟)*River Town* 在中国大陆和中国台湾地区两个译本中的历史语境的疆域解构和重构。

第五章为"结论",其中包括了两个方面的内容:一是本书主要研究发现与结论;二是讨论新形势下翻译学应该如何进行跨学科研究,从而更好地运用新的理论和方法来阐释新环境下的翻译现象。

第二章 文献综述

本章主要梳理、归纳和总结后现代主义哲学理论的研究视角与研究范式,在翻译研究、自传研究、叙事研究等领域的相关成果。本章首先宏观地述评了后现代主义哲学理论对当代翻译学的启示,然后集中讨论德勒兹和伽塔里的后现代主义哲学思想在翻译学中的运用现状。与此同时,还梳理了后现代主义视角下自传研究和自传翻译研究的现状,并在归纳和总结目前已有研究重点的基础上概括性地论述叙事学与翻译学的接面研究方法,通过这些文献综述和讨论,为本研究的理论建构奠定基础。

第一节 后现代主义哲学理论与翻译学

描写翻译学自20世纪70年代逐渐开始取代规定翻译学并发展至今。它注重文本的实证研究,侧重于目标系统的形成环境和语言文化规范,采用跨学科研究方法从不同角度论述目标系统中相关的历史文化翻译现象。翻译研究者们(Even-Zohar, 1979; Hermans, 1999; Pym, 1998; Toury, 1995)把翻译现象看作满足目标系统的历史文化需求,目标文本被视为是特定时期的产物,其形成过程受到目标系统的诗学、意识形态和语言文化规范影响。虽然描写翻译学为翻译研究开辟了新视角和新研究方法,但其问题在于把翻译现象归结于一种历史文化的"元叙事"[①]之中,特别是

[①] 元叙事(metanarratives):后现代主义理论家让-弗朗索瓦·利奥塔(Lyotard, 1984)在他撰写的《后现代主义状况》(*The Postmoden Condition*)一文中提到后现代主义主义理论旨在反对西方世界中存在的"元叙事"垄断,而推崇的是"小叙事"的创建和传播。"元叙事"也称作"宏大叙事",通常指在某个领域具有所谓的普世价值,或者追求某种唯一真理,而"小叙事"则针对具体问题中存在的矛盾性、不稳定性和未知性进行探索(Sim, 2011: 7-8)。利奥塔的"元叙事"垄断和"小叙事"的创建与传播对于翻译的后现代性而言有着一定的启示,这也为翻译的后现代主义视角奠定了基础。刘军平(2004)在他撰写的《超越后现代主义"他者":翻译研究的张力与活力》一文中也谈到了此问题。

把某个目标文本看作代表某个时期的历史和社会文化表征,把研究视角投放到一个具有固定语言规范、具有中心和边缘、具有文化稳定性的一种宏观历史文化诠释中去,忽略了目标文本在形成过程中的各种互动创新建构过程,译者身心介入因素所导致的差异,以及其文本内部微观层面上的张力变化。例如,各种叙事元素的重新排列组合,各种情感强弱程度的变化,等等。

自1980年翻译学的文化转向以来,翻译理论的发展受到整个人文学科的影响,并且已经涉及一系列属于后现代主义理论领域的研究和探讨。根茨勒(Gentzler, 2001: 187-203)在他撰写的《当代翻译理论》(*Contemporary Translation Studies*)的最后一章重点谈到翻译学的未来发展应该会在后现代主义领域的范畴继续深化。考斯肯仁(Koskinen, 2000)认为:"整个翻译学科已经能看出有后现代主义理论的雏形。"这个所谓的雏形应该指翻译学借用各种后现代主义理论对翻译现象进行理论化,巩固翻译学作为一门独立学科的地位,并且试图与其他人文学科的学术发展齐头并进。翻译学的发展如同其他人文学科一样,正在被后现代主义理论的学术话语所重构。目前,国外和国内在宏观层面总结后现代主义与翻译研究的成果颇多,国外有阿罗约(Arrojo, 1998)、班迪亚(Bandia, 2006)、巴斯乃特和特里维迪(Bassnett & Trivedi, 1999)、狄斯达(Dizdar, 2011)、考斯肯仁(Koskinen, 2000)、根茨勒(Gentzler, 2001)、戈达德(Godard, 2003)、皮姆(Pym, 2009)、罗宾逊(Robinson, 1997b, 2002)、斯内尔霍恩比(Snell-Hornby, 2006)、韦努蒂(Venuti, 1992, 1995)等人的理论成果。国内在2000年之后的研究成果主要有孙会军(2000)、吕俊(2002)、王宁(2002)、王东风(2003)、刘军平(2004)、陈永国(2005)、陈友良和申连云(2006)、刘卫东(2006)、葛校琴(2006)、张艳丰(2006)、宋以丰和刘超先(2006)、宋以丰(2008)、刘介民(2008)、管兴忠(2012)、何妍(2014)等发表的作品。

从后现代主义理论角度研究和探讨翻译现象主要聚焦于以下三个方面:

(1)后殖民翻译理论,强调(被殖民者)目标文化利用目标文本的重构途径去对抗和挑战(殖民者)源文本中的话语权威性,同时强化自我本土文化意识。目标文化(文本)象征着对源文化(文本)的一种权威性和权力的反叛(Robinson, 1997a; Tymoczko, 1999; Niranjana,

1992；Bassnett & Trivedi，1999）。巴西"食人主义翻译理论"就是站在去殖民化和反对欧洲文化价值观主宰的立场而形成的一种翻译理论。坎波斯兄弟（Augusto & Haroldo de Campos）采用"食人"这个比喻来说明将他者的文化内容吞噬消化后，通过翻译在目标文本中注入本土文化特色（Snell-Hornby，2006：60；Milton & Bandia，2009：12）。从后殖民翻译话语中延伸出的理论还有女权主义和性别翻译研究，这些同样也是通过翻译颠覆或改造有关女性的各种话语（Godard，1990；Simon，1996；Flotow，1997）。

（2）解构主义翻译理论强调意义的不确定性、不可译性、差异性和异质性，反对同一性、二元性、相似性和忠实性（Derrida，1978；Davis，2001；Dizdar，2011）。解构主义翻译理论主要源自德里达的解构主义思想。解构的基本含义就是对原有结构的瓦解或消解，原有结构和意义一旦被消解，目标文本和意义也就不可能忠实于源文本及其意义，能指和所指之间的关系不可能那么单纯，目标文本永远都无法准确地表达与源文本一致的意思，差异性永远都存在，并且意义不断地在延异，因此也就存在不可译性的问题。然而，德里达的不可译性观点并非建立在实际翻译操作层面，而是一种形而上学层面的探讨。在此问题上，德勒兹和伽塔里的哲学思想与德里达完全相反。德勒兹和伽塔里认为不存在不可译性，因为一切都是在实际层面"动态形成"的，一切都是在重复中产生差异、派生出新关系、聚合成新的事物的，因此任何文本都应该是可翻译的。罗斯玛丽·阿罗约（Arrojo，1996，2004）从解构主义思想的角度认为，翻译是促成新意义产生的过程，而非忠实地表达源作者的意图，翻译过程是一种"转变"的过程，译者则是促成这个转变过程的主要参与人。

（3）除了后殖民翻译理论和解构主义翻译理论以外，翻译学中还出现了一些其他的后现代主义理论视角。确切地说，由于哲学理论、文学理论和文化研究均受到后现代主义理论思潮的影响，借用这些跨学科的概念讨论翻译现象时，也赋予翻译学一种后现代性。例如，翻译操纵学派提出的意识形态和权力关系（Bassnett & Lefevere，1998），巴赫金的对话理论和杂语性，霍米·巴巴的"第三空间"和杂合文本（Bhabha，1994），克里斯蒂瓦的互文性理论（Kristeva，1980），全球化与翻译研究（Cronin，2003；Wang，2004；Eoyang，2007；Wang & Sun，2008），文化翻译研究（Spivak，2000），译者身心学（Robinson，1991，2003，2011），等等。

后现代主义思潮影响了整个20世纪以来的人文学科，同时也影响了翻译研究的发展。将后现代主义理论视角和研究范式运用到翻译学，最关键的问题在于这些理论是否适用于解释翻译现象。班迪亚（Bandia, 2006: 45 - 57）就后现代主义理论话语对翻译研究的影响问题谈道："后现代主义理论对翻译研究的贡献功不可没，特别是在性别研究、少众文学研究、后殖民研究和翻译伦理研究和实践方面。"笔者认为，并不是所有的后现代主义理论都可以与翻译学融合，因为翻译学是一种基于"经验主义"（experimentalism）和"实用主义"（pragmatism）的实践性活动和文本实证性分析学科，翻译理论的形成必须适用于能够解释实际层面的翻译现象；并且，将后现代主义理论运用到翻译学时，也必须结合翻译的实际问题对理论进行改造，从翻译学的视角出发，去探索翻译中的后现代主义性，而绝对不能直接套用现成理论，以至偏离翻译学问题的核心。

本研究总结了后现代主义理论与当代翻译学的现状，认为后现代主义理论对本研究所涉翻译学问题的启示主要体现在两个方面：①球化视野下的翻译研究；②后现代主义理论对翻译现象的重新诠释。

在全球一体化和科技加速发展的时代里，翻译学应当关注翻译活动在新语境中作为一种跨文化交际途径所扮演的重要角色。世界各地的现代化进程和竞争导致各种资源的重新分配和跨国经济实体的建立，海外留学和移民潮又突破了种族血缘关系和民族地域性意识的疆界，在多元文化碰撞和交融的新语境里，信息传播的过程体现了后现代主义特征。翻译不仅仅创建多元的目标文本，而且还给予多元现代化模式，让各种语言版本的产品在其目标环境中发挥作用。翻译的场域孵化了信息、知识和思想的交流，满足了跨文化语境下人与人交流的欲望本质，翻译把人类所创造的精神文明和物质文明编织成一个网络。这个网络是开放的和动态的，目标群体希望通过翻译编织和弥补其文化缺失，但同时也可能存在各种阻力和抵抗，如审查制度、文化抵触和经济抗衡等。

在全球化时期，人们的生活方式、阅读方式、消费方式、交通方式、通信方式等都潜移默化地改变人们的认知模式、时空概念和情感交流；大众文化的消费主义取代了传统的高雅文化，影视和文学的通俗性和娱乐性取代了以往的经典，个体网络小区化模式淡化了正统、权威的宏大叙事；科学技术的不断创新改变了人类的生活方式和价值观，所有这一切变化都为新时代的政治、经济和文化提出了新要求，而人们应该更广泛和深层次地思考翻译学在应对新局面的挑战时，要如何才能更好地服务于新时代的发展，并且探索新模式下的翻译学理论。

在推动全球化和翻译学的后现代主义理论研究方面，王宁（Wang, 2004）主张采用文化研究的语境去探索翻译学。翻译学走向全球化已成为趋势，而用文化研究理论去重新诠释翻译现象也是必要的出路。传统的翻译学对于翻译教学和实践有帮助，但却不能将翻译学与大人文学科同步且推向国际的学术舞台。随着英语世界的文化信息日益丰富，目标系统通过翻译对外来信息选择性地挪用，翻译活动更多是将这些文化资源进行转型和创新，特别是选择性地服务于本土的意识形态。欧阳祯（Eoyang, 2007：78-92）认为在全球化的后现代主义世界里，边缘与中心的概念是流动的，陌生化与熟悉化也是相对的和动态的，自我与他者及主观与客观的界限变得越来越模糊，同时强调，在21世纪人们应该具备"全球化的思维和本土化的行为"①。孙艺风（Sun, 2009）认为全球化时代下的翻译活动是不可避免的，但是全球化的扩张并非是导致世界趋同的做法。翻译给予了全球主义在本土的演绎空间，本土知识唤起了应对全球同一化的方法，全球性在翻译过程中被重新定位和建构，因此全球化并非只是单纯的西方化和霸权主义，而本土的策略也不可能完全地将异域性归化，翻译作为跨文化交际的形式促进了全球与本土之间的互动。

翻译在21世纪发挥着其特殊作用。在大量和频繁的翻译活动中，解决语言和文化层面的鸿沟已经不再是翻译的首要任务，因为在面对一个有活力的、有生产力和有创新能力的后现代主义世界里，新的词汇和文化模式可以不断生成，并且持续性突破传统的规范，群体之间也培育出了较强的文化接受和文化适应能力，目标文本的形成场域对不同类型的翻译也存在多种"态度"，有的更加宽容，有的非常严格，有的寻求规范化，有的自身寻找生存空间。总之，除了传统的文本对比研究以外，研究者们更应该关注目标文本的形成过程与目标群体、目标系统、目标形成条件等之间的内聚性差异互动和联系。这种研究途径替代了传统翻译学侧重宏观性的诠释，即把翻译问题假设性地置放在语言、文化、社会、历史等宏观框架下去讨论。任何目标文本的形成都不可能具有普遍性，因为这些所谓的宏观框架是由各种小叙事或微观因素而构成的，换言之，宏观系统是一个多元概念，是各种微观因素的一个聚合，目标文本在权力张力下妥协、征服、抵抗、渗透和影响宏观系统，当微小力量汇聚起来或多个小叙事集合起来，最终会导致宏观系统的转变。翻译学采用微观或小叙事视角去探索

---

① "全球本土化"（Glocalisation: act local, think global）（Eoyang, 2007: 78-92）。

翻译问题，实际上是对所探索的宏观研究领域做出的贡献。在应对跨文化交际的障碍时，译者利用各种互文的可能性把目标语诗学系统中的语言碎片重新聚合，这个互文过程甚至可以跨越时空，这样的意识流动是无法原封不动地再造源文本的叙事世界，而是在目标文化中编织一个异族文化诗学空间的想象体。文本中的人物、情节、意象、情感、韵律、语气都只是一个流动的意识，在特定情况下可以形成规范，但是相对于源文本而言，目标文本永远都是不稳定的，随时可以被新的目标文本所替代，也同时可以有多个变体版本的存在①。

翻译学不仅可在全球化的理论视野下进行翻译研究，还能借助后现代主义批评的视角，深入挖掘翻译本体中的后现代主义特色。翻译学试图采用各种跨学科研究视角、方法和途径对翻译问题进行探索，其中后现代主义批评也对翻译学有一定的启示。采用后现代主义批评的理论视角并非彻底颠覆和反对传统理论视角下的翻译观，而是对翻译提出新的思考方式，为翻译研究提供新途径和新研究范式的转换，甚至还为后现代主义哲学领域做出贡献。后现代主义已经渗透到语言、艺术、影视、音乐、建筑、科技、大众文化等各个领域，并且影响人类的生存模式和生活方式，然而，有关于翻译领域的探索还处于初期阶段。

当后现代主义理论把翻译本体作为对象探讨时，对于翻译学而言，影响最大的莫过于重新定义和产出新的翻译学术语、概念，以及研究范式的转换。新术语的产生来自于对翻译概念的反思和探索。术语和概念的变化是让人们能够更深层次和更广泛地认识翻译与翻译学的存在价值，为翻译学学科奠定更坚实的基础。一部分学者致力于探索翻译本体理论的前沿性，也采用了后现代主义理论或批评的话语。虽然这些学者中没有明确说明其使用的是后现代主义理论，但是笔者认为，根据其思想脉络和论点应该把他们也归入后现代主义翻译理论的范畴内。后现代主义开放式的翻译学研究并不是超越和摒弃传统意义上的翻译学，而应该是"新与旧"视角互动的关系。旧的问题也可以从新的视角重新诠释，而新的问题也可以借助旧的问题展开研究。本研究所要关注的是前者，即如何采用后现代主义批评的新方法去重新审视和诠释传统翻译学中的翻译问题。谭载喜（2012：12–19）就翻译本质的绝对性属性与相对属性的认知问题展开了

---

① 芭尔巴拉·弗克尔（Barbara，2007）探讨了诗歌翻译的再创作性，并涉及翻译的后现代主义问题。

探讨。此研究突破了传统二元翻译转换的思维,其后现代性在于强调翻译转换过程中翻译对等关系的建立是一种产生差异变化的动态现象,并且目标文本具备一种介于源语言和目标语言之间的相对独立的"第三形态"①。此研究折射出的后现代主义特征则强调,翻译是一种具有动态的、没有固定指向的、多元意义生成的、形成差异性的、去范畴化的和去标准化的行为。

另外,翻译的文本异质性重构属性可以归因于两大因素。首先是译者的介入因素。诠释学翻译理论(Steiner,1998)应该被看作后现代主义翻译学的一个部分。该理论认为,译者作为翻译过程的核心参与者,其以不同的诠释力度和角度对文本进行的操纵是无法避免的事实。蔡新乐(2005:35-39)在谈到翻译本体论的时候也强调应该在人与翻译的关系问题上进行形而上的理论反思。谭载喜(Tan,2009/2012)从译者身份比喻的角度诠释各种翻译活动的本质。这种新颖的研究视角本身就具备后现代性的研究方法。研究者把译者看作一个多元的概念,并突破了对译者的客观单一性认识,从各种关于译者的比喻当中去分析其背后的哲学联系和翻译活动的性质。赫曼斯(Hermans,2007)谈到了目标文本中存在译者的话语显现。译者的参与因素是无法削减的,并且主要功能是为了调节两种语言文化系统之间存在的差异。译者的话语显现在文本中以不同的表现方式存在,可以出现在注释当中、正文内部,以及前言、后记等部分。罗宾逊等学者(Robinson,1991;Nikolaou and Kyritsi,2008)提倡的翻译身心学更加聚焦式地讨论翻译中的差异性主要源自译者的身心性和情感因素。除此之外,罗宾逊(Robinson,2011)在翻译身心学的后期思考中把"译者与文本"的身心关系延伸到了"译者、文本及目标群体"的三重身心互动交流上,使得其理论更加具备后现代主义的特征。

其次,翻译的这种文本异质性重构属性也可以归因于两种语言文化系统的不对称性,以及目标文本的实际形成环境和条件。然而,从后现代主义角度值得我们关注的并不是二元对立观下的两种语言文化系统之间的差异性,而是目标文本形成过程中这些异质性因素是如何影响目标文本的形成过程,并且成为目标文本无法削减和不可分割的组成部分的。在翻译的解构和重构过程中,源语文化特征和目标语文化特征相互影响、相互渗透,最终形成了独特的目标文本。

---

① 第三形态与霍米巴巴(Bhabha,1994)的"第三空间"或"杂合"概念相同。

属于后现代主义理论和批评范畴的翻译研究依然非常活跃和广泛，本文无法将其全部归纳和总结。总而言之，在探讨翻译的后现代性问题上，后现代主义批评重新诠释了翻译本体的传统概念，通过对这些概念的总结和归纳，可以从中得出后现代主义理论对翻译学做出的以下四点贡献。

（1）翻译行为解构了源文本的语言结构，去掉了源文本叙事内部的各种中心建构，在某种意义上可以说是对源文本的一种颠覆。这种颠覆反对能指、所指的统一性，结构的稳定性和意义的绝对性，提倡阅读的多元化和目标文本的杂合性和多元形成。解构性的颠覆并非破坏或毁灭，而是防止源文本在一段时间内被僵化和淡化出人们的视野，并且促使目标文本可以在新的思想、文化、道德体系中重新获得生命。

（2）源文本和目标文本的关系由纵向等级式思维转向了横向网络式思维。源文本不再被视为目标文本的权威和主人，也不是翻译过程的中心。目标文本的产生过程借助了各种网络式的互文关系，在各种相遇、碰撞、转换和融合的动态过程中"延异"和产生出新的意义，或建立新的异质性语义关系。换言之，源文本的意义是开放的和不确定的，目标文本是在重复源文本意义的同时产生出新差异化的意义。把目标文本意义看作源文本意义的"延异"，是因为两者在某个条件下建立对等关系的同时又以共生的方式区分了彼此的生存空间。

（3）译者的介入削弱了源文本的权威性，并且打破了源文本和目标文本对比分析的二元关系。译者在不同的时空关系下，以不同的姿态介入文本当中。由于目标文本受到源文本的影响，译者的再创作性受到了挑战，这使得目标文本和源文本之间在既矛盾又统一的关系下产生"翻译焦虑性"。这种翻译焦虑性始终存在，因为源文本和目标文本之间存在无法弥补的差异性。即便是对源文本非常忠实的译者也必须通过自身的身心性去消解解释的对象，按照自己的理解和感受对解释对象进行改造或改写，把源文本中存在的张力、冲突和矛盾通过翻译行为释放出来。

（4）差异化的目标形成条件和目标形成环境为目标文本提供了新的生存机遇，按照不同路径和渠道与目标环境中的各种因素相结合并建立新的关系。

第二节 后现代主义视角下的自传研究和自传翻译研究

一、后现代主义自传研究

从后现代主义视角探讨"自传理论"的研究硕果累累，许多自传理论研究学者对关于自传研究的后现代主义理论做出了梳理和归纳，为后现代主义自传理论提供了一个研究地图。其中，具有代表性的三部研究成果是：①詹姆斯·奥尔尼（Olney，1980）编辑的论文集《自传：理论和批评论文》（*Autobiography*: *Essays Theoretical and Critical*）；②特来弗·林·布奥顿（Broughton，2007）编辑的四卷论文集《自传：文化和文化研究中的批评概念》（*Autobiography*: *Critical Concepts in Literary and Cultural Studies*）；③西多妮·史密斯和茱莉亚·瓦特森（Smith & Watson，2010）撰写的《阅读自传：如何诠释生平叙事》（*Reading Autobiography*: *A Guide for Interpreting Life Narratives*）。前两部研究成果全面地精选了后现代主义自传理论，而史密斯和瓦特森撰写的理论著作不仅系统地归纳和总结了后现代主义自传理论研究，而且还为自传研究的后现代主义途径开辟了新的研究视角和研究范式。这三部研究成果是本研究建构自传翻译理论的理论基础，因此有必要将其中的核心研究思路予以归纳和综述。

随着后现代主义理论在自传研究中的发展，传统自传的概念、自传实践活动、自传行为和自传文本的定义不断地受到挑战。笔者梳理了这三部著作中有关后现代主义自传理论的要点并列举如下。

（一）开放式自传体叙事本文诠释

20世纪70年代至90年代，后现代主义和解构主义理论介入到自传的研究中。随着后现代主义和解构主义思想的延伸，不仅传统自传定义的地位被动摇，甚至传统意义上的自传类别研究也被解构主义所摒弃（Gilmore，1994：3）。自传被视为一个开放式的和无法封闭的文本，是各种个人或集体的记忆、情感、经历、历史，在作者的精心叙事安排下糅合而成为一个网络场域。因此，"后现代主义和解构主义视角形成的一个共同的自传理念：不存在真实的作者，只有文本的自我，而且文本的自我是独立于任何历史和参考数据的"（王成军，2006：180）。随着当代自我书写实践的各种演变，自传体叙事的种类日益丰富，自传批评和自传理论也经历了各种转向①，并且挑战和颠覆了传统自传的概念和定义②。根据菲力浦·勒热纳（Philippe Lejeune，1989）的《自传契约》③理论观点，"自传的契约"不是指自传文本内部的特征和功能，也不是把自传文本与真实传主之间进行比较核实，而是一种阅读模式的契约。笔者认为，这种基于读者或译者的阅读模式为后现代主义自传翻译理论的建构奠定了基础。译者需要从修辞、叙事、话语等方面权衡如何让自传作者与目标读者之间建立自传契约关系，让目标读者在无意识中信任自传所传递的真实性。对于翻译学而言，自传类别的定义和研究的问题并不是翻译学所应该关注的问题，而如何在解构和重构自传或自传体小说的过程中对叙事文本中各种叙事元素的重新排列组合，以及挖掘其背后的本质意义和翻译现象才是翻译学所探索的领域。在这一点上，王成军（2013）在《从"自传契约"到"新自传契约"》一文中谈道："我们不能因为新的自传种类的出现而否定自传文类的美学传统，甚至将小说的秩序原理混同于自传的秩序原理。事实上，我们应发展勒热纳'自传契约'的内涵，用'新自传契约'来概括后现代主义自传的秩序原理。"王成军的论点是通过挖掘和发展"自传契约"的内涵，从而对自传和自传体小说之间作区分。笔者认同王成军的观点，并认为从读者的阅读认知模式角度看，读者会有意识地识别自传和自传体小说中的"真实性"叙事，因为读者和自传作者之间存在

---

① 在后现代主义或解构主义转向之前，自传批评和自传理论经历了启蒙主义、自由主义、人道主义、浪漫主义、达尔文主义、心理分析和语言哲学等转向（Smith & Watson，2010：193）。这些理论转向的共同特点是把"自我"看作一个整体，人们在其中自我发现，自我创造和自我认知。

② 菲力浦·勒热纳认为他的定义框定的是一种"自传本体"，目的是区分自传本体与其他自传变体之间的关系。例如，自传体小说、自传诗歌和日记等。勒热纳的定义颇有些结构主义的色彩，但是他的《自传契约》这本书却是一部"基于读者诗学"的后现代主义理论著作。在自传作者和读者之间的信任契约中，历史事件的精准度是无法保证的，但是自传契约的目的是让读者能够在一个合理的条件下接受和理解自传传主的个人生活书写。

③ 菲力浦·勒热纳是法国著名的自传研究学者。他的自传理论著作是用法文撰写的，其中《自传契约》（*Le Pacte Autobiographique*，1975）是其自传理论的代表作之一。中文版的《自传契约》（2001）是由杨国政翻译、三联出版社出版的。保罗·约翰·埃金（Paul John Eakin）在1989 年将菲力浦·勒热纳多年来的自传理论汇编成《论自传》（*On Autobiography*）一书，由凯瑟琳·利瑞英译（Katherine Leary）并纳入"理论和文学历史"（*Theory and History of Literature*）丛书中的第 52 卷。

着一种契约信任关系。然而，如果从翻译学的视角看此问题，情况颇有些复杂。目标文本如何通过译者的间接转述保证叙事文本中的每一句话都与源文本保持一致？问题的关键在于翻译过程有可能遮盖、制造、捏造、扭曲、轻描淡写自传中的真实性，而同时又不那么容易让目标读者感觉这种操纵的做法。换言之，具有双语能力的目标读者只有在比较源文本和目标文本的过程中才能发现所谓的真实性。

（二）自传体叙事的文学性和历史性均属文本性

乔治·古斯多夫（Gusdorf，1956 引自 Olney，1980：28–48）在《自传的条件和局限》（*Conditions and Limits of Autobiography*）一文中解构了传统自传的意义。他强调自传的建构在于其艺术性，而非精准的历史性。这也意味着自传是作者对自传传主的一种阅读或写作模式，自传中的历史真实性也只能留给历史学家们去考证。然而，对于解构主义学者们而言，"历史"的传统线性概念已经发生了本质的变化。解构主义自传理论之所以把自传的"历史性"放在第二位或不重要的位置，是因为后现代主义历史哲学的特征是反中心主义、反基础主义和反本质主义的，所以追求故事的历史事实不是自传的"最高原因"，自传的寓言也不可能忠实地描绘事实本身。杨耕和张立波（2009：14–15）在阿特兹（Derek Attridge）等（1989）所著《历史哲学：后结构主义路径》（*Post-Structuralism and the Question of History*）的总序中写道："解构主义历史研究中重要的是文学性而非科学性，隐喻、比喻和情节取代了如实性、概念性和解释性规则。没有事实，也就没有真理，世界被看作真实的还是虚构的，这无关紧要，理解它的方式同样如此……后现代主义历史哲学家废除了'真实的'叙事与'虚构的'叙事，'科学的'历史编纂学与'诗学的'历史编纂学之间的区分，把历史学完全归结为情节编码和文学修辞。在后现代主义历史哲学中，历史只能作为话语或文本而存在。"

罗兰·巴特（Barthes，1977）的自传《罗兰巴特论罗兰巴特》（*Roland Barthes by Roland Barthes*），也颠覆了传统自传的惯例和成分。这本书是由人生、记忆、叙事、编年史、第一人称代名词等各种碎片式的元素拼贴而成的文本。书中没有叙事连贯性，没有系统，也不存在固定的结构。他主要是想通过此书说明自传体叙事的主体性是一种不可能的幻觉，是零散、分裂和去中心的，说到底只是一个文本的产物。我们总是谈到自传的主体性，但是又无法把虚构的主体性幻象落实到文本的实际层面，这无疑会引起很多不必要的争论。

由此，不难理解为什么解构主义学者们要摒弃自传文本中的历史客观性和真实性。自传的历史性无法脱离其文本性，其个人历史的叙述话语是一种意识形态的产物，并且具有丰富的想象力。人们本应该关注当代自传作品及其翻译产品的"真理价值"和"历史意义"，反而在消费时代被其呈现出的时代化、民间化、通俗化、励志化、心灵化、经验化和私密化等特征所取代。法国传记学者安德烈·莫洛亚（André Maurois，1986：28）在《传记面面观》（*Aspects of Biography*）中写道："追求历史的真理是学者的工作，追求个性的表现则是艺术家的工作。"（莫洛亚）"真理"只是一种话语表征，而自传（传记）本身又是具有呈现历史真理和文学艺术的双重特性。

（三）自传体叙事中的叙述自我可被多人建构

《论自传》的第一部分的第一章收录了《自传契约》的一个部分，其中勒热纳（2001）给"自传"下了一个"严格"的定义：当某个人主要强调他的个人生活，尤其是他的个性历史时，我们把这个人用散文文体写成的回顾性叙事称作自传……任何作品，只要同时满足了每个方面所规定的条件，就是自传。保罗·约翰·埃金（*Eakin*，1989：viii）在《论自传》一书的前言中提到，勒热纳的自传定义出于三种偏见：①把自传看作一种散文体形式；②关注自传体叙事中的时间性特征；③倾向于一种心理学的分析。王成军（2006）则认为勒热纳的定义涉及三个不同方面的因素：①语言形式是叙事和散文体；②所探讨的主题是个人生活与个性历史；③作者与叙述者和人物属于同一人，采用的是一种回顾式的叙述视角。

勒热纳对自传的定义把自传的撰写方式限制在自传作者本人，而随着后现代主义多种自传书写形式的出现，自传的书写方式和参与者形式突破了传统自传的定义。保尔·德曼（de Man，1979：919 – 930）的一篇文章《失去原貌的自传》（"Autobiography as De-Facement"，或译为《自传作为一种毁容》）认为，自传体叙事的过程不是自我塑形，而是自我毁容的过程，或者是"面容失认"（prosopopeia），即自传中呈现的实际上是一个想象的人物表征。保尔·德曼质疑自传体叙事的主体性，认为自传体叙事中的"自我"仅仅只是一种语言结构①。我们当然也可以说自传体叙事是一种文本建构的表征形式。既然自传体叙事是一种文本建构，那么自传体叙事的真实性和虚构性就显得并不是特别的重要。自传体叙事的文本建构是开放式的，不可能被封闭，因此自传体叙事也有多种建构的可能性。自传体叙事的文本永远都无法呈现一个真实的作者，因为其本质不是认知，而是一种转义结构（metonymy）。自传的重要性不在于它揭示出可靠的知识，而且它不可能有结束和被整体化。作者永远都只能通过语言去建构一个部分的本文"自我"，无法也不可能有任何一部自传涵盖所有人生当中的细节。

德里达（Derrida，1985）解构了"唯一真理"（the Truth）的说法，而认为只有"碎片性的事实"（truths，小写 t 和加个 s）。这点模糊了"事实"与"虚构"之间的界线。既然真实作者建构的"叙述自我"的故事并不是唯一的真理，那么也就意味着任何人都可以以第一人称叙事的立场，在文本内部刻意地建构一个"叙述自我"。德里达的观点是一种反自传类别的观点，模糊了自传、传记和小说之间的界限。路易·A. 伦扎（Renza，1980：268-95）却认为自传既不是虚构的，也不是非虚构的，更不是两者的混合体。自传可以被认为是"一种自我指涉表达的自我定义模式，是作者允许或阻碍自我表征的面子工程"（Martin et al，1988：166）。同样，福柯（Foucault，1988：16-49）从权利批评的视角强调了（自传传主）"身份"的话语建构。他分析了一个多元的和分散的"自我"，并且这个多元分散的"自我"是在特殊历史规范的真理中形成自我认知建构的。如果德里达谈论的是自传叙事的建构本身，那么福柯侧重的则是形成自传叙事建构的外在权力张力和环境因素。此外，巴赫金（Bakhtin，1981：263）的对话理论和"杂语共生"（heteroglossia，或"众生喧哗"）概念替代了自传体叙事中"我"的唯一或整体概念。自传体叙事中的"我"在对话时，有着多元杂合的声音，其中蕴含着一个口语化的多元意识形态和社会信仰体系。无论是拉康、德里达、福柯，还是巴赫金，都从解构主义的视角挑战了传统自传体叙事的"唯一性"。换言之，

---

① 保尔·德曼（de Man，1979）和罗兰·巴特（Barthes，1977）的诠释都彻底解构了自传体叙事的理论范式，尤其是瓦解了自传"主体性"的概念。如果自传文本可以存在多种叙事语言的建构，其主体性到底是什么。这点对于讨论德勒兹和伽塔里的"多元性聚合"概念有着一定的启示。

自传作者可以不是自传叙述者本人，也可以是由他人或多人进行操纵式的建构，同时，自传本身的故事内容非常难以断定真实与虚构之间的界线，因此也就把自传看作（自我）阅读模式下的一种自我指涉表达而已。

（四）自传体叙事的故事世界存在多元建构的途径和方式

自传作者在撰写自传时存在多种叙事声音，如叙事视角和叙事聚焦的变化，甚至有时在各种声音、视角和聚焦之间游离。例如，自传作者一开始可能是代表自己个人的观点，但后来又转向某个他认为应该代表的群体（如妇女、儿童、种族等），甚至在撰写的内容和结构上也存在变化，一开始想写一部自传，后来却变成了三部曲，等等。自传作者是在不同的意识流和叙事框架中有选择地呈现自己的故事内容，因此自传体叙事的建构存在着一种"自我演绎性、定位性和相对性"（performativity, positionality and relationality）（Smith & Watson, 2010: 214-251），并且这三者的关系决定着自传体的"记忆建构"（memory）、"经验建构"（experience）、"身份建构"（identity）、"时空建构"（spatiotemporality）、"身心建构"（embodiment）和"施为者建构"（agency）（Smith & Watson, 2010: 21-61）。

后现代主义及解构主义视角下的自传理论观关注"真实传主"与"文本自我"之间的差异性，以及这种差异性在读者认知框架建构中的不断延异。文本自我的建构是一种碎片式的拼贴，作者则是第一人称叙述者的操纵者。自传作为一种大众商品，其创作目的和营销策略都框定了其文本形成的状态。无论是自传的历史性成分还是文学成分，最终都是通过叙事模式和叙事情节的精心安排而表征的。解构主义反对作者是唯一自传作品创作人的单一性，关注的是自传建构参与人的多元性，自传历史叙事的碎片性和断裂性，以及不同阅读模式下的互文性。

二、后现代主义自传翻译研究

有关自传翻译研究可以简单分为两个部分。①基于自传文本的翻译研究：研究者们把自传作为文本对象去研究，或作为例子以支撑自己的理论学说；②自传翻译理论研究：研究者们探讨和总结出一些自传翻译的理论性学说或观点，虽然这部分的研究非常少，但是现有的研究成果还是为自传翻译研究作出了贡献。

自传翻译的研究主要集中在后现代主义翻译理论的范畴。这些研究大部分出现在翻译文化转向之后。笔者在归纳、梳理和总结过去 30 年来所涉及自传翻译的研究观点后发现，大部分研究都在班迪亚所框定的后现代主义研究范围内。国内外都有关于自传体书写的翻译研究，绝大部分国外的研究主要关注从本土语言或边缘文化译介到英语和主流文化的过程，以及本土的价值观和意识形态是如何在英语主流社会、政治，以及跨文化交流的框架和诗学范式中呈现的。在英语主流的语境中保留本土自传的民族性、地方性和他者性，也是译介这类自传的主要目的之一。然而，对从英语主流文化译介到中国本土的自传的研究非常之少。

（一）基于自传文本的翻译研究

1. 少数自传文学与英语主流范式

阿非居库（Afejuku，1990）探讨了非洲自传的群体叙事模式与西方现代自传的个体叙事模式和叙事规范之间的冲突与协调问题，特别是非洲本土的早期群体文化记忆是如何通过"英语"记载、再现及传播给新一代受英语教育的现代非洲人的。阿非居库所探讨的是一种文化翻译，即如何把传统的自传范式转变为现代自传范式，或者更确切地说，是如何在现代自传的叙事和阅读框架中建构非洲自传中特有的集体文化认同的。

费尔南德斯（Fernández，1999：115 - 128）讨论了译者是如何通过翻译布克·华盛顿（Brooker T. Washington）的自传《超越奴役》（*Up From Slavery*），从而以个人的视角为西班牙人的落魄教育情况发出正义的声音，借助书中黑奴力争受教育的权利来批评西班牙现有的教育体制。译者是著名的西班牙作家马基纳（Eduardo Marquina）。西班牙语译本的题目"*De Esclavo a Catederático*"直译是"从奴隶到教授"，与英文源文本的题目相比更清晰地总结了传主一生的轨迹，反映了他的人生经历。译本中包含了一篇很长的译者前言，主要内容是译者的介入操纵了文本的目的和功能，把美国黑奴故事中的成功的典范移植到了西班牙。除了长篇前言以外，译本还包括大量注解。这些注解中主要包含美国文化名人、地名、大学名称及大学具体地点的描述，都是译者有意想灌输美国教育模式和文化内容的做法。

苏妮沙·拉尼是两部澳大利亚原住民自传作品的译者。她（Rani，2004）通过自己亲身的翻译实践经验，总结了翻译澳大利亚原住民自传作品的困难。这两部澳大利亚原住民自传作品旨在反对两个多世纪以来的白人殖民统治,批判由此导致的原住民的权利、文化、语言和身份的流失。译者在翻译时,不仅仅立足于文本转换,而且也着重语境重构。文本中的文化特色表达、方言的使用、多种诠释、语言的复杂性、文本中存在的无声之处等,都涉及译者与作者之间的协调。因此,当一个文本深入根植于某个政治、文化、社会和经济状况的时候,对于这个文本语境背景知识的了解就相当重要。

特茨·鲁克(Rooke,2004)的专著探讨了阿拉伯自传中个体身份的现代性重构,特别是把阿拉伯自传翻译到各种欧洲语言中时,如何把握好两个世界的沟通桥梁。他认为,阿拉伯自传中的现代性建构与欧洲的现代性身份认同有着相互交迭的共性。阿拉伯世界与欧洲世界由于政治原因而被分隔,而翻译自传是沟通两种文化最好的方式之一,通过它能够让群体之间产生共鸣。

2. 性别与自传身份的不同建构

卡比·哈特曼(Hartman,1999:61-82)探讨了《玛丽·巴士基尔采夫日记》(*Le Journal de Marie Bashkirtseff*)在19世纪末出版的两个译本,即塞拉诺(1889)和布兰德(1890)的译本。这两个译本分别呈现了巴士基尔采夫两种对立的女性形象,从而折射出两个译本在接受层面的差异性。译者对源文本中女性形象的身份认同,决定了目标文本中不同女性形象的建构。塞拉诺在她译本中微妙地删去了作者对女性地位的愤怒话语,例如女性应该与男性平等之类的话语。不仅如此,她还删除了很多关于宣扬女性主义的段落和讨论。塞拉诺的删节译本再现了一个在意识形态层面完全不同的巴士基尔采夫形象。另外,布兰德的译本再现了另一种巴士基尔采夫女性形象。布兰德的自我女性意识观念,使得其译文更贴近巴士基尔采夫的本意。她的译本中加入了大量的自我见解,使得译文像布兰德眼中的巴士基尔采夫。笔者认为,对于自传主人公形象的翻译重构,不可能是完全"透明"的,所有的建构或多或少都带有译者的主观性和偏见。透过不同译者的身心欲望,巴士基尔采夫日记的各个译本呈现出多样的女性形象。

(二)自传翻译理论研究

1. 基础研究

彼得·纽马克(Newmark,1988:39)在《翻译教程》(*A Textbook of*

Translation）第四章"语言功能和文本类别及类型"中，把自传、散文和个人书信归纳为具有"表情类功能"的文本。除了自传体叙事之外，想象力和情感丰富的文学作品，以及权威性的声明都属于表情类功能的范畴。纽马克把自传体叙事归纳到表情类功能之下的目的，在于要说明他提出的"语义对等"理论。他认为，自传体叙事类的文本要尊重作者的语言，并且翻译时要得体，所以应采用语义对等。纽马克从文本功能的角度划分自传的翻译颇显"规定性"，它假定自传源文本是一个作者权威性强和文本需要高保真度的前提条件。语言学途径的翻译理论的局限，也许就在于把一个多元开放的文学模式变成了甚至可以说绝对化到一个具体且单一的模式。这样一来，就把其他自传体叙事类别存在的可能性给剔除在翻译研究的视野之外了。

人文学科的文化转向为自传翻译开辟了较大的研究空间。基特尔（Kittel，1991：25-35）从文化传播的视角，以《本杰明·富兰克林自传》（The Autobiography of Benjamin Franklin）为例，探讨了自传译本在18世纪的英国、法国和德国三种不同政治文化框架下的翻译情况。从源文本、目标文本和译者等各个方面的因素，反映出当时英国、法国和德国之间的不对称社会文化关系，以及当时波动的意识形态情况。

与基特尔相似的研究还有勒菲弗尔（Lefevere，1992：59）在他的代表作《翻译，改写以及对文学名声的操控》（Translation, Rewriting, and the Manipulation of Literary Fame）的第五章中专门以《安妮·弗兰克的日记》（The Dairy of Anne Frank）为例探讨了不同语言和政治意识形态框架中的自传文学翻译和重写建构问题。当安妮得知自己的日记可以出版时，便从一个无名人士变成一个作者。因此她早期撰写的日记，为了迎合意识形态、诗学和赞助人等方面因素，需要重新写作和翻译。

陈美红（Chan，2007：199-131）以《希拉里回忆录》（Hildary's Memoir: Living History）为例，探讨了中国大陆与台湾地区不同话语场域话语框架对《希拉里回忆录》的目标文本在不同地区形成过程中的冲突与问题，以及中国的审查制度问题。王惠（Wang，2010）从翻译的语篇协调的角度，探讨了《希拉里回忆录》在中国内地与台湾地区的两个翻译版本中的文本故事世界建构，以及该文本所建构的话语与宏观社会结构之间的协调张力。

波科恩（Pokorn，2005）指出，译者在翻译宗教忏悔自传时所面对的种种问题，特别是译者在语际层面试图进行交流时，却往往不能很好地把握或预测其译本在目标语中所产生的功能。例如,《玛格丽·肯普自传》(*The Book of Margare Kempe*)是一部中世纪的忏悔性自传,主人公是一位纯洁的女性,但她因屡次拒绝男性的暧昧,而被不同的人嘲笑和讥讽。然而,自传中主人公的内心反应却出乎常人的意料。因受到当时宗教思维的禁锢,她认为,真正的精神升华包括看破红尘的超脱,而与其相背离的思维是,忏悔赎罪就是干脆在世俗之中去面对和承受侮辱。然而,当代译者需要把主人公玛格丽需要的这种讥讽和侮辱充分发挥出来,因为这样才能够真正地体现出玛格丽欲求通过这种方式来净化自身的思想。这种思想对于当代读者来说,看似发狂,但译者的任务却恰恰在叙事层面上尽可能地不让读者这样认为,因为主人公赎罪思想在当时是颇为认真的。两个不同的时代、两种不同的语境,使得译者在考虑到自传中主人公的本意时,还受到了当代意识形态框架的约束。

赫曼斯(Hermans, 2007:52 – 76)在《众舌之会》(*The Conference of the Tongues*)第三章"反讽的回声"("Irony's Echo")中谈到希特勒自传《我的奋斗》(*Mein Kampf*;英文译名:*My Struggle*)的德文原本和荷兰译本之间的差异,主要是由译者与自传传主在意识形态、伦理观点及距离关系上的冲突与不合,从而导致目标文本中译者与自传叙述者站在不同立场下发出的两种杂糅的叙述声音。译者的翻译姿态,对译者在目标文本中的演绎性及其形成过程起到了决定性的作用。

布雷尔利(Brierley, 2000:105 – 112)是一位作家、编辑和自传译者。她在《难以揣摩的自我》"The Elusive I"一文中深入探讨了涉及自传翻译的要素。

第一,布雷尔利借用弗莱的文学批评理论,认为"想象力"是译者解读自传的核心因素之一。特别是自传语言中的情感表达,是译者发挥想象力的对象。在合适的时间说合适的话,是一种美德,这一点要比把整个真相都说出来要好,或者有时甚至干脆不需要提及真相。

第二,布雷尔利认为,自传是虚构小说的一种形式,因为它具有虚构和想象的成分,并且对于作者而言,撰写自传与撰写小说所创作的艺术性和花费的精力是一样的。自传是作者选择性地把所发生过的事件和经历拼贴在一起,是散文体小说的一种重要形式,正如奥古斯丁建构了《忏悔录》(*Confessions*)的传统自传形式,而卢梭又重新建构了现代《忏悔录》的自传形式一样。因此,自传是被"设计"出来的产物,它所谓的"真相"也是被构建出来的。自传或自传翻译中的选编过程均可以在有意识或无意识下进行。

第三，布雷尔利认为，自传与回忆录的最大区分，是自传建构自我身份，而回忆录多数是构建他者和复原过去的事件。自传与回忆录身份建构的侧重点和创作范式有所不同，这也是译者需要注意的地方。然而，笔者认为，布雷尔利的论点是基于传统自传和回忆录题材范式加以区分的，而随着自传体书写方式、方法和范式不断地变化和创新，自传和回忆录之间的界线不应该划分得那么泾渭分明。但是，布雷尔利所提出的"自我"和"他者"身份建构的侧重点问题，对于自传叙事视角的定位而言却具有一定的价值。

第四，布雷尔利还论述了诗学空间与文学传统中的自我书写。从自传的叙事建构当中可以看出，自传存在的特殊语境以及自传框架所隐设的种种标准。不同的诗学空间与文学传统对如何建构自我有着重要的影响。除了政治、文化、社会等种种因素的影响以外，不同时代的读者品位也决定了作者或译者怎样建构自传"自我"。

第五，"自传契约"（*The Autobiographical Pact*）是勒热纳（1989）提出的一个检验自传真实性的理论概念，其主要含义是自传作者在文本中会试图与预期读者形成一种契约关系。简而言之，自传契约就是写作与阅读最后达成默契，让读者阅读自传时，更加相信自传中所叙述的内容是自传作者亲身讲述的真实经历。然而，布雷尔利所选择的自传案例却与勒热纳的自传契约概念相互矛盾。她选择了1890年出版的司汤达（Stendhal）自传《亨利·勃吕拉传》（*The Life of Henry Brulard*）作为论述对象，特别是司汤达的自传中充满了很多浮夸其词的虚幻自恋描述，让读者感到自传的不真实。通过比较《亨利·勃吕拉传》的两个译本，即1925年的艾莉森·菲利普斯和吉恩·斯图尔特（Alison Phillips & Jean Stewart）版本，以及1958年的奈特（B. C. J. G. Knight）版本，从而探讨其自传翻译叙事视角上的变化和文体上的变形。总体而言，布雷尔利的这篇文章虽然没有对自传翻译深入地进行理论探究，但她却以一个自传翻译实践者的身份，提出了自传翻译所涉及的一些重点问题。

2. 自传译者的认知与心理研究

奎尼（Quinney，2004：109 – 129）把译者作为研究对象，结合心理学和翻译学的跨学科研究方法，考察在翻译过程中译者身心层面上的传递、排斥和自我意识发觉。译者的认知和情感因素，介入自传或回忆录的翻译过程，并起到了决定目标语的选择作用。该研究主要以翻译过程研究为主，考察译本形成过程与译者主体介入之间的互动关系，更进一步地证明了译者在译本形成环节中起到的主导关键性作用。相较于多数只关注翻译产品或只关注文本分析的研究，此研究提供了新的研究方法和研究视角。

帕斯卡里·尼古拉和玛丽亚－温妮莎·奇瑞西（Nikolaou & Kyritsi, 2008）合著的《翻译自我：语言和文学间的经验和身份》（*Translating Selves: Experience and Identity Between Languages and Literatures*）一书以大量实际案例和论述扎实的理论基础清晰描述了译者在翻译不同语言和不同文学作品时的自我身心参与的情况，例如译者有意识和无意识的移情作用，以及他（她）的个人特质、记忆、经验等反映在目标文本当中的现象或情况等。

戴维·阿米戈尼（Amigoni, 2009: 161 – 172）探讨了约翰·阿丁顿·西蒙德（John Addington Symonds）在翻译的《本韦努托·切利尼自传》（*The Autobiography of Benvenuto Cellini*）时激发了译者本人的自传书写特性。译者作为一个活生生的人，在翻译（某个）自传时，会不可避免地将自己的身心情感融入或转入文本的再创作过程之中。译者只有全身心地投入文内，才能够更深刻和更好地体会文本中的意义。

实际上，译者的身心情感与目标文本形成的关系最早是由道格拉斯·罗宾逊（Robinson, 1991）提出的。罗宾逊提出的"翻译身心学理论"（the somatics of translation）强调译者对文本的介入和操纵是基于他（她）对文字本身的情感反应或移情作用。这个观点是他后期理论主要基础，特别是有关在人本交际理论方面的应用（Robinson, 2001, 2003, 2006, 2011）。罗宾逊的研究虽然没有论及自传翻译的内容，但是认为译者与自传传主之间有着一种交互主体性的作用。译者是根据自己的身心状况，例如用经验、情感、意识等因素去解读和表达具有丰富情感叙事的自传作品。译者在这个交互主体的对话中，也许表现出赞成或反对自传叙述者的观点，甚至这还会对自传的目标文本建构有着决定性的影响。

3. 自传的历史和真理价值研究

穆雷和刘祎（1994）探讨了美国著名记者埃德加·斯诺的前妻海伦·福斯特撰写的 *My China Years*（《我在中国的岁月》）的三个译本中的历史真理价值。这三个译本分别是：《旅华岁月——海伦·斯诺回忆录》（世界知识出版社1985年版），《一个女记者的传奇》（新华出版社1986年版）和《我在中国的岁月——海伦·斯诺回忆录》（中国新闻出版社

1986年版)。穆雷和刘祎(1994：18)的观点是,"海伦的自传不只是一个人的个人传记,而是对一个国家、一个政党在一段特定时期的历史的回顾。因此,翻译这样的著作,不同于翻译普通的文学作品,译者首先应有极端负责的态度,对历史负责,对作者负责,也对读者负责"。曹国辉和李俊杰(2002)以及兰弗森和兰玺彬(2005)也都对《毛泽东自传》(*The Autobiography of Mao Tse-Tung*)的两个翻译版本的发表过程进行了考证,并将主要研究重点也放在各种翻译版本中所建构的个人和历史真理价值上。

孟培(Meng,2011)在英国爱丁堡大学完成的博士学位论文《翻译转化中的政治与实践：英国文学场域下的自传体写作引进与翻译》("The politics and practice of transculturation：Importing and translating autobiographical writings into the British literary field")主要考察六部中文自传体书写在英国语境中的社会、文化及施为者等制约目标文本形成的外部因素。[①]孟培除了考察这六部自传在英国文学界的接受和形成过程外,主要关注的是英译自传重构中的"真理价值",即当代中国的问题是如何在英国的政治、社会、文化和诗学空间中的东方想象中与实际文本内容之间做出各种商榷和建构的。

总体而言,笔者认为可以对自传翻译的研究成果做以下三点总结。

(1)自传翻译的建构过程受到了各种时空差异条件的影响,主要包括译者的身心介入、目标语读者的期待,以及目标系统的社会、政治、文化因素和诗学框架的影响。

(2)在时空差异条件下进行翻译转换,导致源文本与目标文本之间的差异因素形成关系。例如,自传体叙事的范式转换,功能与目的的转换,语境重构和异域元素的再现,性别与身份的重构和真理价值的重构,等等。

(3)目标文本中的差异因素主要包括叙事视角、叙事声音、叙事对焦和叙事文体层面上的不同。

---

① 这六部中国的当代自传分别是：薛欣然的《中国的好女人》《天葬》,译者为Esther Tyldesley；郭小橹的《我心中的石头镇》,译者为Cindy Carter；马健的《红尘》,译者为Flora Drew；卫慧的《上海宝贝》,译者为Bruce Humes；虹影的《饥饿的女儿》,译者为Howard Goldblatt。

第三节 德勒兹和伽塔里的哲学思想在翻译学中的运用

德勒兹和伽塔里的哲学思想进入翻译学领域应该是在20世纪之后。由于他们的哲学思想有着零散式、开放式和反结构系统式的特征,因此,不同领域的研究对德勒兹和伽塔里哲学思想的运用也不一样。笔者在本节将先对当前德勒兹和伽塔里的哲学思想在翻译学中的运用进行归纳,然后再针对本研究课题展开进一步文献综述。

韦努蒂(Venuti,1996:91)借用了德勒兹和伽塔里的哲学思想,把语言看作一种符号的聚合和一种权力关系的场域,每一个聚合点都围绕着各种文化因素和社会机制。戈达德(Godard,2000)通过翻译德勒兹和伽塔里的哲学著作和处理复杂难懂的哲学术语,从而激发了她对翻译本体研究问题的反思。她认为德勒兹和伽塔里谈论的"翻译"是一种具有"创造性"的翻译,任何概念在各种解构和重构的情况下都是可译的,翻译就是一种产生异质性联结和重新排列组合的过程。霍普金森(Hopkinson,2003)针对德勒兹和伽塔里合著的《千高原》中提出的"块茎"(rhizome)概念的三种属性,即联结性、异质性和多样性,解释了翻译过程的本体现象。霍普金森在她的讨论中谈到了"文本的形成"(becoming-text),她的论点是在强调反对阶级化、层级化和中心化的基础上探讨的。霍普金森还认为"块茎"是一种"空间"的概念,拓展了文本之间的局限,同时把视觉艺术等元素也纳入了文本形成的过程。立宛(Levan,2007)从德勒兹和伽塔里的哲学思想中的三个概念[即"中介"(mediation)、"转型"(transformation)和"接触"(contact)]探讨了翻译的过程。立宛的讨论可以总结为以下三点:①翻译需要中介者的参与,其以不同的方式与文本进行互动。②翻译是语言符号之间在实际语用环境下的一种转型。疆域的解构指文本的变形、进化和改变,而疆域的重构指目标文本转变成为新的聚合。③译者与文本之间有着情感和认知上的接触,是一种美学层面的相遇,因为"接触",所以促成"流动形成"。科津(Kozin,2008)也试图借用德勒兹和伽塔里的哲学思想构建一个解释翻译的理论。科津认为翻译是一种符号转换(trans-semiotic)的现象。翻译不是导致转变,而是转变本身,通过各种符号之间的连接,翻译在实际语用环境中制造拟像。波利（Polley，2009）在加拿大多伦多大学哲学系完成的博士学位论文《接触的机遇：德里达及德勒兹和伽塔里的翻译观》（"Opportunities of contact: Derria and deleuze/guattari on translation"）比较和探讨了德里达及德勒兹和伽塔里的翻译哲学思想观。他的主要观点如下，德里达认为语言不可能再现"他者"，因此存在"不可译性"。德里达的解释没有把语言放置到实际的语用环境中去探讨，因此对于翻译的实际问题而言没有提供有力的解释。而德勒兹、伽塔里与德里达最大的区别在于，他们把翻译放置到实际语用环境中进行探讨。德勒兹和伽塔里特别强调语言形式与现实世界的关系，认为翻译的行为不仅提供了语言文化接触的机遇，而且，语言本身和其所描述的世界都将经历新一轮的转型。

笔者力图从德勒兹和伽塔里的"动态形成"哲学思想视角对翻译学进行重新阐述。"动态形成"哲学思想是德勒兹和伽塔里（Deleuze & Guattari，1987/2004）的后现代主义哲学体系中的核心概念之一。笔者认为，这个概念对于描述翻译本体的过程特别是目标文本的形成过程，有一定的解释作用。但笔者同时认为，德勒兹和伽塔里的"动态形成"哲学思想观点不能直接套用到描述传统意义上的翻译本体的转换过程，而要对其进行理论改造和融合，才能使其对翻译研究更具有意义。因为，德勒兹和伽塔里所强调的"转变"是一种泛指的"符际"之间的转换，而不是基于文本层面的转换。

第四节　后现代主义叙事学在翻译学中的运用

叙事学学科的发展与翻译学颇为类似，都是从早期语言结构主义的理论范式逐渐转向后现代主义理论的领域。当代叙事学研究主要采用跨学科式的研究范式（Heinen & Sommer，2009）拓展叙事学的研究范围，并且促使叙事学在其他研究领域得到灵活的运用。

本研究从选取后现代主义叙事学理论中吸取理论养分，并将其中有价值的理论概念改造和纳入适用于论述自传体译叙文本的"动态形成"研究框架中。由于后现代主义叙事学和翻译学的研究范式不一样[①]，因此在

[①] 莫娜·贝克（Baker，2006）在《翻译与冲突：叙事性阐释》一书中把各种叙事元素放置于一个社会交际的理论框架中。本研究的研究方法方面亦受到这本书的启发。

文献综述方面，本研究把"译叙成分"作为分析源文本和目标文本的文本分析工具。

自传体译叙文本包括多种"译叙成分"，其中三个核心成分是译叙声音、译叙视角和译叙对焦。这三者的关系主要是分析自传体叙事文本中"谁在说，说给谁听，谁在看，谁在被看，以及所说的内容和看到内容是什么"。例如，在自传体叙事的翻译过程中，需要明确界定上述译叙成分，即自传传主是叙述者，他（她）在叙述自己的故事给（目标语）读者听，自传传主的叙述姿态和叙述方式决定了他或她看待问题的视角，以及问题的具体内容是怎么样给（目标语）观众看的。

实际上，由于自传体叙事的特色主要以纪实题材为主，因此从现实主义和心理分析的角度看，自传作者通常都会选择两个主要途径建构叙事：一是描述自己的内心活动，包括自己的思想、情绪、感受，让自己的内心世界外化，从而达到一种心灵净化的宣泄，甚至让自己的思想升华成为一种人生的哲性思考；二是借助某个具体事件和其他参与人的关系来发表自己的看法，批判人和事的状况，以及自己在事件中所产生的各种情感表达。本研究认为，如果想要读懂自传叙述者的内心活动表达，并且联贯、客观地看待自传叙述者所描述的事件，需要采用译叙声音、译叙视角和译叙对焦三种分析工具对自传体译叙文本进行综合分析。

一、译叙声音

在翻译学中，有关于"声音"的研究和探讨颇多。具有系统性研究的成果有克里斯蒂娜·泰瓦克斯基 – 史拉夫（Kristiina Taivalkoski-Shilov）和米拉姆·苏莎特（Myriam Suchet）（2013）主编的《翻译中的文内声音》（*La Traduction des voix intra-textuelles/ Intratextual Voices in Translation*）[①] 论文集。在这部论文集中，泰瓦克斯基 – 史拉夫在前言中系统地总结了当下翻译学的七大类有关"翻译声音"的研究，这些研究分别把"翻译声音"看作：①作者和译者的写作风格；②译者在目标文本中的话

[①] 此论文集是 2011 年 3 月由人文科学之家基金会（Fondation Maison des sciences del'homme）在法国巴黎举办的"翻译中的文内声音：概念，话语和实践"会议之后编辑而成的。"文内声音"主要指文学文本中叙述者和人物的声音。Kristiina Taivalkoski-Shilov & Myriam Suchet (eds). 2013. *La Traduction des voix intra-textuelles/ Intratextual Voices in Translation*. Montreal：Vita Traductiva Éditions québécoises de l'œuvre.

语显现;③译者、编辑、审查员或其他施为者对文本的细微或明显操纵的痕迹;④口译和多模态翻译中的真人发声;⑤译者或口译者在争取自己的社会地位和话语地位的权利声音;⑥叙事结构、意识形态、视角和多声与杂语的文本特征等因素决定了源文本和目标文本中的文本主体位置;⑦对比分析中的语法结构转换与翻译声音再现。总之,这些有关"翻译声音"研究之间的共性都涉及身份、社会角色和权力的问题。(Taivalkoski-Shilov,2013:Introduction:1)

除了以上提及的研究之外,还有三篇论文可以被纳入第七部分的研究中。摩洛哥作家穆罕默德·楚乌库里(Mohamed Choukri)自传的英文版和法文版翻译中两种有截然不同的声音(Davies,2007)。作家穆罕默德·楚乌库里是一位名不见经传的作家,而英文译者和法文译者都是非常知名的作家。英文版本采用了通俗易懂的翻译风格,使用了很多短句,为目标文本留有大量隐含意义空间,并且比较倾向于异化的翻译策略;而法语版本采用的更多是归化策略,使用了复杂的语法结构和很多专有术语。这两个版本的翻译呈现出截然不同的穆罕默德·楚乌库里声音。其他两篇论文也是从文本的语言特征入手,讨论翻译转换后所导致的翻译声音的变化,但是更有说服力的是它们都是基于语料库的研究,采用了定量研究方法。怀特菲尔德(Whitefield,2000)选取了1990年至1995年在加拿大发表的法译英文学散文语料库,从强调结构(emphatic structure)、文本连贯和叙事主体的定位三个方面探讨语言结构层面的移位元是如何影响整篇文本的内容,并且如何影响了叙事声音的建构,以及叙述主体和受述人之间的关系。罗萨(Rosa,2003)选取了20世纪下半叶三部狄更斯小说的14个葡萄牙译本作为其语料库,采用描述性研究方法的框架,结合叙事学、批判性话语分析和评估理论,综合分析了翻译转换对"叙述者－人物－受述者"之间的权利关系问题,以及其所导致的叙事声音建构的影响。

从翻译声音研究的各种探讨来看,文学叙事作品中的语言文化特征上的差异,目标文本形成的社会文化场域和形成条件,以及译者、参与人和各种施为者的介入等,都促使翻译行为对目标文本产生变化。这些"变化"从对话理论、修辞学和叙事学的角度看,主要指翻译叙述声音建构的变化。

总结翻译学的各种"声音"研究,有助于本研究进一步运用译叙声音作为对大众文学自传体叙事研究的理论工具。

二、译叙视角

翻译学中的译叙视角研究，通常指译者建构叙述者或人物在叙事文本中的位置和状态，或者说译者建构的叙述者或人物从什么角度观察故事，以及故事所能看到的范围。译叙视角与译叙声音不能完全分割开讨论。通常，叙事目标文本中重构的译叙声音代表着一种立场或视角，所以译叙声音中所谈及的翻译问题同时也涉及译叙视角问题。于是，此部分将不再重复列举之前所谈及的译叙声音中连带的译叙视角问题。

多罗斯亚（Dorothea，1992）论述了各个德国译者在翻译福楼拜的《包法利夫人》（*Madame Bovary*）时采用的自由间接引语，即再现人物的语言或思想时把人物的表达与自己的表达融合在一起的一种说话方式，并建构了各种创新的译叙视角。从此研究可以看出，无论是间接引语还是任何形式的间接式的表达，都有可能建构一个不一样的叙事人物。然而，翻译是否能避免任何间接表达？译者介入文本，无论站在源文本作者、叙述者，或者译者自己的任何立场，都很难避免任何形式的间接表达。这一点对于源文本中的叙事视角和目标文本中的译叙视角二者之间的永恒差异性做出了解释。波苏（Bosseaux，2007）的研究专著《感受如何：翻译中的视角》（*How Does It Feel? Point of View in Translation: The Case of Virginia Woolf into French*）探索了译者在语言层面的选择对叙事结构的影响。她专门关注文本给读者带来的"感受"，并得出目标文本给读者带来的感受与源文本不一样，主要是因为译叙视角变化的结论。波苏采用的是语言学层面的分析，但是她得出的结论对本研究具重要的启发意义。本研究将继续对波苏的结论进行思考，并试图从后现代主义的视角来审视译叙视角问题。

莫娜·贝克（2006）撰写的《翻译与冲突：叙事性阐释》（*Translation and Conflict: A Narrative Account*）实际上已经涉及后现代主义视角下的译叙视角的探索。贝克对于译叙视角的后现代性贡献在于提出了叙事的"建构""框定"和"框架"[①] 三个概念。建构是赋予叙事意义的过程，也是译叙视角形成的过程；框定过程决定了目标读者通过译叙视角框定故

---

① "建构"（framing）、"框定"（frame）、"框架"（framework）三个中文概念引自赵文静（莫娜·贝克，2011：160）。

事事件的范围；框架则是相对静态的一种期待，也可以理解为一种主流意识形态或立场。借用这些概念能够帮助研究者分析出目标文本除了语言层面以外的更多导致译叙视角建构的问题。

三、译叙对焦

关于翻译学中针对译叙对焦本身的探讨并不多。译叙对焦与译叙声音、译叙视角紧密相关，因为译叙声音和译叙视角可以决定译叙焦点的强弱程度，以及各种翻译姿态层面的变化。属于译叙对焦的研究有：①翻译审查研究（Eterio，2008；Cristina，2010；Natascia，2011，谭载喜，2014）；②翻译改写中的各种文本操纵研究（José，2005；Tarek，2009）；③不同时空，不同政治、社会和文化环境中的多版本文本建构研究（Brownlie，2006；Kieran，2011；Bollettieri Bosinelli & Torresi，2012）；④各种人物身份、形象、场景、事件的重新刻画和描述研究等（Frank，2008；Kruger，2011）。除了以上研究外，库歌（Kruger，2009）专门探讨了虚构故事世界中的译叙对焦建构问题，认为目标读者通过文本建构的译叙对焦而进入故事世界。这个观点对于探讨本研究中的"拟像"和"超真实"概念非常有帮助。另外一个关于译叙对焦有趣的研究，是米舍拉（Michela，2011）的研究，他探讨了尼诺·瑞奇三部曲小说中关于各种语言杂合特性与身份建构的关系。在故事中，加拿大和意大利移民操持着一种杂合意大利式英语，从各种语言特色上可以看出故事人物所属的语言群体。例如，加拿大英语、法语、标准的意大利语、意大利式的英语、莫莉萨方言式意大利语。这些语言特征都可以看作叙事层面的对焦和声音。然而，此作品被翻译成意大利语之后，只有少部分的语言特征被保留，因此，目标文本在译叙对焦和译叙声音方面试图做出补偿，但是某些缺失是无法避免的。例如，意大利语的目标文本中很难再现操持加拿大英语和意大利式英语人物话语的区别，所以，在故事的人物群体特征构建方面受到了一定的局限。

总之，译叙对焦指译者对目标文本故事中具体内容建构的各种焦点变化上的调整，译者根据目标系统中实际语用环境对自传体叙事的故事内容和话语构建进行对焦。

第五节 小 结

后现代主义哲学理论对翻译学领域的探索有着很广的空间。在全球化日益发展的今天，网络体思维逐渐成为主流，翻译学作为一门独立学科更需要在研究理论和研究范式上完成历史的自我更新。德勒兹和伽塔里的后现代主义哲学思想正是在全球网络化的时代中体现了其应用价值，他们的"动态形成"理论对于翻译研究有着重要的启示。梳理与总结德勒兹和伽塔里的后现代主义哲学在翻译学中的运用，为本研究开辟新的视角奠定了基础。

有关自传以及自传翻译的大部分研究都在1980年"文化转向"之后逐渐开始增多，并且借助了后现代主义哲学理论的视角，自传和自传翻译的研究成果呈现出多元的诠释。研究者们试图脱离传统封闭式的束缚，而转向一种破旧立新的开放式研究。自传的书写方式、传主的形象塑造方式、自传的叙事建构方式，以及自传的翻译方式等，都在新研究范式下重新诠释了"文本之我"的形成意义。

叙事学理论受后现代主义哲学思想的影响，朝着跨学科式的研究领域进军。叙事学主要是针对叙事文本本身的建构情况进行分析和诠释。这种研究理论框架如果运用到翻译学中，必须对其进行相应的调整，以便适用于探讨翻译叙事的问题。目前大多数的做法都是借用当代叙事学中的一些理论元素，试图对翻译的叙事文本进行分析。对于本研究而言，译叙声音、译叙视角和译叙对焦这三个叙事学理论工具适用于分析自传体叙事的翻译文本建构，因此具有很好的应用价值。

总之，本章对德勒兹和伽塔里的后现代主义哲学思想、自传和自传翻译研究，以及后现代主义叙事学研究的文献进行了梳理和综述，旨在厘清本研究理论框架建构的合理性，为本研究课题的开展奠定理论基础。

第三章　理论框架

本章的自传翻译理论框架建构分为四个部分：①探讨中国"双簧"表演理论诠释下的自传体译叙现象；②从德勒兹和伽塔里理论视角诠释翻译的动态属性本质；③基于德勒兹和伽塔里的"动态形成"哲学思想以及自传叙事学理论两种后现代主义理论的自传翻译研究理论建构；④建构基于德勒兹和伽塔里思想框架下的网状多元分析法的自传体译叙文本分析研究模式。

本研究自传翻译理论框架的建构旨在探究自传体目标译叙文本中存在的"双簧"译叙现象，以及其作为一种大众文学商品的存在形式，在消费主义环境中流动形成负载差异的目标译叙文本的现象，并且通过运用德勒兹和伽塔里思想框架下的网状多元分析法对自传体译叙文本进行综合分析。分析的目的在于探讨西方自传体译叙文本在当代中国消费主义的实际环境中，怎样"动态形成"内聚差异化的目标译叙文本本地映射，并且探讨这种目标文本"动态形成"的内在解释性和具体影响因素，以及译者如何应对和处理这些因素的方法。

第一节　中国"双簧"表演理论诠释下的自传体译叙现象

一、双簧表演的艺术特色

"双簧"，这一独特的民间曲艺表演形式，起源于清朝末年的北京，由艺人黄臣辅所创。它的主要表演形式是一人在前模拟口型和表情动作，而另一人则隐身其后进行说唱的绝妙配合，两者间的默契配合，使得整个表演宛如一体，浑然天成。尽管"双簧"表演艺术并不复杂，也不需要昂贵的道具或服饰来装点，但它的确是根植于中国本土的独特舞台艺术形式。在西方，我们未曾发现与"双簧"完全相同的表演形式。最相近的当属"腹语术"(ventriloquism),即演员手中持有一个木偶,通过真声与假声的变换,模拟出两个角色的对话。然而,"双簧"与腹语术的核心差异在于表演者的参与性和在场性。在"双簧"中,一个演员显性出现,另一个则隐性配合,两者共同构建出一个完整的故事。这种显性与隐性的配合,如同自传翻译的本质,传主的形象在前、译者则隐身于其后,通过译者的声音来模拟传主讲述自身故事的效果。

二、"双簧"表演的艺术特色与自传体译叙现象的吻合

对于自传翻译的译者来说,他们需要隐藏于幕后,确保所有的故事讲述之功归于传主的名誉。从某种意义上说,这是一种寄生与从属的关系。然而,如果译者和传主同时出现在文本中,那么便形成了自传译叙的另一种现象:两种声音、两种身份的并存。这种现象在非自传体的叙事中并不罕见,也与西方的腹语术有着异曲同工之妙。

将"双簧"表演理论运用到自传翻译研究中(Wang,2016:221),最早见于笔者的博士学位论文中的附录,其主要思想是由于受制于自传的自我指涉功能,目标读者在同一文本中感觉到两种声音的混合,即译者的声音和自传作者的声音。自传的自我指涉功能,正如同双簧表演艺术一样,暴露在表面的是传主本人;而隐藏在背后的译者,就算观众可以有意识地识别出译者的声音,但是由于其自我指涉功能,则观众会把所有的话语内容集中在传主身上,将其模拟看作一种整体性的艺术传递。"传主和译者的声音"构成了一个目标语境中的自传拟像,传递了一种"超真实"性,即这种表演艺术非常的真实,仿佛就是传主本人在讲述故事。此外,译者借助传主的身躯,以及利用传主的身份和地位,进行了一种象征交换,将自己"动态形成"为某位名人。自传翻译的"双簧"表演理论涉及译者的身心性、自传译叙声音,以及自传拟像和"超真实"性三个基本概念。接下来,本章将以"双簧"表演理论为视角,借助法国后现代主义哲学家鲍德里亚的符号学,深入探讨自传体译叙这种现象的内涵。

三、鲍德里亚的三个概念与自传译叙"双簧"表演理论的结合

笔者先从法国后现代主义哲学家鲍德里亚的符号学与翻译学的结合谈起（Wang，2016：163－167）。鲍德里亚（Baudrillar，1981，1993，1994，1998）提出的的三个核心哲学概念包括：①象征交换（symbolic exchange）；②拟像（simulacra）；③"超真实"性（hyper-reality）。这三个概念与翻译学之间的理论融合，为超越翻译社会学视角和转向政治经济学视角开辟了新的视野。

自传译本作为政治经济市场中的一种产品或"商品符号"，其存在和价值在很大程度上取决于目标市场对其包装、流通和传播的力度。翻译自传，特别是西方商人自传或中国商人自传，实际上是在目标文化中重新塑造一个符号象征或身份象征，使目标读者在阅读自传之前，就已经对该自传产生了政治商业语境化的理解。由于自传属于非虚构性题材，其故事是传主的亲身经历，并具有真实的参考价值，因此这些传主成功的案例对于目标读者而言，是由叙述艺术所营造的一种话语建构的真实性。这种真实性使得目标读者在阅读该传主自传的过程中，潜移默化地学习到了他的成功经验，为自己的身心体验注入了一种"超真实"性的象征交换体验和跨文化经验。甚至，目标读者还会将这些翻译的自传拟像经验运用到自己的真实环境中，试图效仿这种成功，寄托自己的梦想。在这个过程中，自传译本不仅是一种商品，更是一种文化交流的媒介。它不仅传递了传主的亲身经历和成功经验，更让目标读者在阅读中体验到了不同文化之间的碰撞与交融。这种跨文化经验的积累，不仅有助于拓宽读者的视野，更有助于促进不同文化之间的理解和交流。

在分析自传运营市场的现实情况时，我们首先需要认识到出版社在引进或出口自传时，主要会考虑到市场营销和利润这两个因素。他们会借助传主的名人效应，通过翻译策略来满足目标市场的政治、经济条件。随着地方性宏观政治经济意识形态和社会发展步伐的加快，个人在应对或顺应发展大浪潮的过程中，越来越需要汲取经济全球化的经验，这促使更多的自传体叙事文本被翻译，以满足人们对于全球视野的需求。此外，读者和目标出版商更关注自传中对目标文化有价值的信息。因此，普世意义层面的文本对等标准逐渐被"拟像对等"所替代。在这种观念下，目标文本

被视为一种拟像，而目标读者则通过拟像译本来获取"超真实"性的经验，并将其视为传主的象征交换价值。从"双簧"表演理论的思维角度看，译者的身份被忽略甚至隐身是合理的。因为目标读者更看重自传传主模拟的故事和经验及其"超真实"性，而非过度关注译者的名誉。彼得·戈尔丁和格雷厄姆·默多克（Golding & Murdock，1991：18-19）认为："区别于批判政治经济学视角的是，它的重点恰恰是公共传播（包括流行文化、包括翻译）的象征层面和经济层面之间的相互作用。"

四、译者身心参与和自传译叙声音

"双簧"表演理论在另一个层次上揭示了一个重要问题：译者的身心参与和自传译叙声音。我们不禁要问，译者的声音真的能够代替传主的声音吗？如果我们将传主的声音视为权威和真实，那么译者所构建的传主之声只是众多真实性建构中的一种。真实或真相，从某种意义上说，永远都是一个转喻，所有的声音都只是呈现出部分真实性。这无疑对传统意义上的"忠实"概念提出了质疑。"忠实"并不等同于唯一标准，而是在多元话语建构中呈现出多面的真实性。换言之，忠实是一种模拟的效果，一种"超真实"效果。所有的目标文本都是根据目标环境的规范和条件而"动态形成"的忠实性，这也是动态对等的本质成因之一。因此，"超真实"成为一种尝试接近真实的手段，它不仅模拟对等，而且这种模拟本身被融入目标的局部现实中，使目标读者相信他们所阅读的就是原文内容的真实。翻译促使异化不断产生，这种模拟异化被连接到全球和本地之间的文化发展文本网络中。文本网络不仅制约了翻译生产过程，而且为创造新的"超真实"提供了更大的空间。

根据鲍德里亚的观点，消费已成为"个人层面生产力理性系统化的最高级形式"（Baudrillard，1998：75）。政治经济制度引导消费者表达他（她）的需求和"今天的消费……准确地定义了商品立即被生产为符号和符号价值，以及符号（文化）被生产为商品的阶段"（Baudrillard，1981：147-148）。

当然，当翻译作为一种商品符号时，仅仅从语篇对等的层面来批评翻译是不合适的，而应该首先关注创造一种模拟对等和"超真实"体验效果。模拟对等是目的语读者在认知和身体（即心理和生理层面）都能感觉到的效果。它与罗宾逊（Robinson，1991）提出的"身心对等"有很大的不同，因为身心对等建立在译者的情感基础之上，而模拟对等则更多地是以目标读者为中心的概念，即翻译世界中所揭示的真实被重新映射到目标物理世界的有形现实上。现实总是通过商品的审美性和跨文化的可读性来表现的。目标读者在对翻译作品的阅读中通过模拟以某种方式找到这种真实性。为了获得更好的跨文化阅读能力，除了语言重建，还要求目标读者具有模拟翻译的真实性能力。在某种程度上，"真实"实际上是一种话语形式。目标读者的跨文化意识植根于符号的游牧、碰撞和融合。他者的想象是一种模拟幻觉，目标读者在自己的本土环境中继承、激活和发展这种模拟。

通过翻译模拟的传主声音，仿佛传主自述（在说话）的这种"超真实"性声音，即自传体译叙的声音。自传体译叙的声音在整个文本分析中占据非常重要的位置。确定谁在说话、在说什么、怎么说，是分析文本的最根本问题。例如，如果要求分析海伦·凯勒的自传 *The Story of My Life*，那么必须留意，叙述者是 22 岁的海伦，她讲述关于自己 7 岁的经历。此外，海伦是一个盲聋人，她的叙述充满了对自己内心感受和情感的丰富细致的描述。笔者通过对几个中文译本的细读，发现这些翻译只从表面上考虑自传源文本的回顾性问题，但在深层意义上没有将自传目标文本的构建与叙述者身体残疾的身心表达联系起来。换言之，大多数译者完成了语言层面的语际翻译，侧重于语言转换，却忽视了叙事文本中蕴含的符号学内涵。笔者认为，自传目标文本更为重要的是构建一个"真实"海伦的拟像，而不是单纯语言转换层面的海伦。重塑海伦自传的叙述，不能仅仅依赖于源文本语言文字的建构，而应该从其文字背后所依托的身心表演特征去思考，让目标读者感受到海伦作为一个盲聋人的真实情感体验。当目标读者阅读转述时，他（她）一定能感知到一个与"超真实"的海伦的接触点，即她声音中的每一句话，每一种感觉和每一种情感都应该本能地触发目标读者的认知和感知网络。"海伦"不是一个文本堆叠，而是一个应该被演绎出来的角色。为了展现真实的海伦的声音，同时又能忠实于原版海伦，身体上的投入、表现力和模拟的力量对于这一目标的实现是极其重要的。这正是如同双簧表演一样，译者如何用自己的声音去将前方表演的传主塑造演绎活灵活现，并营造出一种"超真实"的效果。

自传体译叙声音的另一个翻译属性是"自我指称性"。自传作者的身份建构具有特定的象征意义。知名政治家、商界巨头、运动健将、学者等，都在国内外树立了一定的社会知名度和美誉度。许多目标读者在电视、互联网、智能手机或印刷品上都见到过这些标志性的人物。因此，在目标读者阅读这些名人自传之前，他们已经形成了各种"超真实"思维，这些拟像塑造了他们理解翻译自传的能力。翻译的片段、图像、表述等聚集在一起，形成了一种自我参照链接到自传作者的话语。跨叙事的声音是对原著的模拟。在阅读跨叙事声音时，目标读者可能会连续无意识地提到自传作者的身份。由于译者是不透明或半透明的，所以目标读者可能不会越来越注意译者的存在，进而潜移默化地选择相信转述的声音是真实的。因此，自我指称性将翻译的多义性汇聚到自传作者那里，并使翻译差异在模拟过程中保持相对稳定性。这种自传体译叙声音，如同"双簧"表演，真正的声音是由躲在后面的人发出的，而"超真实"的声音效果是在前面表演的人演绎出来。它类似于电影的配音效果，但一旦观众在情感上投入表演或背景中，声音就成为观众沉浸在故事世界中的渠道。无论讲什么语言，模拟的声音都会引导观众跟随故事的发展，同时定义故事的含义。

五、小结

翻译的象征意义包含一系列的重构，例如，文本和副文本的建构、主题定位、定价、设计、营销等。作为翻译产品组成部分的每一点信息都可以成为目标消费者感兴趣的对象。作为一种翻译商品，译者不应该只履行语际转换的职责。相比之下，参与重新制作过程的编辑、出版商、营销团队等都是商品标志的再创造者和操纵者。他们能在这一过程中充分意识到翻译商品的政治定位、市场化、适宜性以及消费者的品味和期望。

翻译的象征价值反映了目标消费者所处社会的特定生活方式。人们对翻译的消费反映了他们与外部世界的跨文化接触。在全球化时代，地方性和全球性之间的界限变得越来越小，西方的经验、思想和文化通过翻译在当地语境中被重新定义。在象征交换中，翻译放大了当地和全球范式之间的差异，促使经济、文化和精神同步的趋势。然而，追求完全同步并不有利于目标系统的实现，因为它投射出失去自我认同的趋势。在翻译商品符号的符号交换中，提倡异质而不是同质。克服文化不可约性和不可翻译性的一种方法是将翻译视为商品符号，并对其进行重新编码，以满足目标读者的需求。

第二节 德勒兹和伽塔里理论视角下的翻译动态转换属性[①]

在上一节笔者通过运用双簧表演理论诠释自传体译叙现象，主要揭示自传译叙与其他翻译叙事研究的特殊之处。在本节中，我们需要采用与以往翻译学理论不一样的视角，更为深入地探索和诠释翻译本体层面的情况。

采用德勒兹和伽塔里的后现代主义思想视角诠释翻译本体现象是对翻译理论思维范式的一种全新的解读。构成翻译本体属性之一的是动态对等关系的建立。翻译具有一种动态变化特征，根据不同的时空和条件进行变化，同时又具有一种转换的特性，因此动态转换属性是翻译本体研究中最核心的内容。整个当代西方翻译理论基本上都在围绕着翻译动态转换属性展开各种理论的建构。因此，我们在形成自传体译叙的翻译理论时，首先要对翻译本体的动态转换属性进行新的诠释，从而发展生成一种新的研究范式。

动态转换属性是翻译学本体研究的核心焦点之一（王琼，2017）。自翻译学成为独立学科以来，对翻译学本体研究的实质性探索未曾间断。语言学途径的研究展现了语际层面的动态转换本质，译者主体途径的研究强调了译者身心层面的动态展演性和美学重构意义，文艺学和社会学途径的研究揭示了造成翻译动态转换的各种目的和条件。本节内容将基于德勒兹和伽塔里的后现代主义哲学思想，在跨语境理论意义层面上突破了早期译论，从文本内部和文本外部存在的差异性、异质因素的多元性、文本聚合的再创造性等方面对翻译动态转换属性展开探讨，并在翻译文本层面、语境层面、译者层面和受众层面阐释翻译文本疆域的"动态形成"属性。

如果试图找一个最接近和最合适的概念去替代"翻译"这个专有名词的话，笔者认为，应该会是"动态转换"。翻译的动态性和转换本质是构成翻译活动、翻译现象和翻译实质的两个基本核心成分。促成翻译行为的前提是跨文化交际中的多元差异因素和各种限制条件所导致语际转换过

[①] 此小节的一部分内容发表在王琼《翻译"动态转换"属性：一个德勒兹哲学的理论阐释》，载《中国翻译》2017年第5期，第11–18页。

程中的"动态对等"关系的建立。语言学途径在结构主义的微观语言层面建构了关于翻译动态转换属性的理论话语。文艺学、社会学和译者研究等途径都在宏观非语言层面揭示了构成翻译动态转换属性的各种理论成因。前者聚焦于文本向心性的探索,后者聚焦于文本离心性的探索。后者的兴起主要归因于前者理论诠释的局限性,然而从翻译理论历史性发展的角度看,文艺学、社会学和译者研究等途径似乎是对传统语言学途径的一种推进式发展。后现代主义的研究途径和范式试图打破这种理论层级的发展关系,把语言学、文艺学、社会学和译者研究领域的理论元素糅合放置在一个内在的平面去思索,并将微观和宏观层面的因素放在一个新的理论范式下重新诠释。

翻译本体研究关注翻译过程所导致的某种变动、变化或变迁。无论是语言学、文艺学或社会学等途径的研究,都离不开对翻译动态转换属性的探讨。多元的研究丰富了翻译动态转换属性的理论内涵,并且正在逐步形成一套独立的诗学话语。

一、翻译动态转换属性现有的相关研究

从整个翻译学研究的图谱看,关于翻译动态转换属性的探讨目前聚焦于以下三个方面:一是语际转换;二是文化译介;三是译者主体。

第一,在语际转换方面可以再分出两条脉络:一条是语言学途径的探讨,另一条是文学艺术途径的探讨。语言学途径主要关注在语际转换过程中语义、语法、语用等层面的分析,而文学艺术途径主要探讨翻译的再创造性。

奈达(Nida,1964:159)是翻译语言学派的代表之一,在探讨翻译的动态属性方面,他提出了"动态对等"理论。"动态对等"理论是相对于"形式对等"理论所提出的。"形式对等"理论强调目标文本要忠实于源文本,尽可能与源文本在形式和意义上保持一致。然而,"动态对等"理论所强调的动态性主要是基于目标读者的期待和翻译的效果。换言之,目标文化和目标读者因素决定译者对源文本的操纵情况。从这个二元对立的关系中可以看出,奈达所强调的动态属性,不拘泥于翻译的高度忠实性,也不需要一定在形式和意义上与源文本保持统一。卡特福德(Catford,1965)、维奈和达贝尔(Vinay & Darbelnet,1995)等人,也都试图通过分析语言层级和语言结构找出源文本和目标文本之间的差异。的确,

他们的研究在语言层面很好地解释了语际转换的动态属性,让人们很清晰地认识到各种语言细节方面的变化。

翻译的再创造观点由来已久,自古罗马时代一直到19世纪都围绕"意译"这个概念展开过探讨。意译是相对直译所提出的,即传递源文本的意思,而不拘泥于表达的形式,这本身就是翻译动态属性最具有说服力的解释。围绕意译所进行的翻译种类很多,如编译、改译、通俗化、经典化、译写等。泰特勒(Tytler, 1797/1997: 209)所提出的翻译三原则,可以被看作最早关于翻译动态性美学层面的探讨。20世纪后半叶,萨沃里(Savory, 1957)在《翻译的艺术》中提出的十二条原则又进一步理论化了翻译的动态属性。帕里斯(Paris, 1961)和埃斯卡皮(Escarpit, 1961)都探讨了"翻译与创作",他们认为翻译是一门艺术,而艺术的表达本质是具有展演性和渡越性的。埃斯卡皮甚至认为,任何概念只要被翻译,那就属于"叛逆"——谁都不能保证任何词或概念能够原封不动地保持它的本色。21世纪,罗弗尔多和珀特格娅(Loffredo & Perteghella, 2006)合编了名为《翻译与创作:创造性写作与翻译研究》*Translation and Creativity: Perspectives on Creative Writing and Translation Studies* 的论文集,其中在广阔的层面探讨了翻译的动态诗学和美学属性,如"自我翻译"的实践、翻译"创作空间"、文类转换翻译等。

第二,文化译介方面对翻译动态转换属性的探讨可以说是百花齐放。在文化学派学者们的相关研究中存在许多相同点,这些相同点可以简单地归结为以下几个方面:他们把翻译理解为一个综合体、一个动态的体系;他们都认为,翻译研究的理论模式与具体的翻译研究应相互借鉴;他们对翻译的研究都属于描述性的,重点放在翻译的结果、功能和体系上;他们都对制约、决定翻译成果和翻译接受的因素,翻译与各种译本类型之间的关系,翻译在特定民族或国别文学内的地位和作用,以及翻译对民族文学间的相互影响所起的作用感兴趣。(谢天振,2015:21)

简而言之,文化学派讨论的是翻译结果的动态属性内涵是什么。例如,功能学派的目的论(Vermeer, 1989)强调翻译的动态属性取决于翻译的意图、目的和参与人。文化因素在目的论中也非常重要,因为弗米尔把文化看作动态的,并且人的行为包括语言的使用,也受到文化的影响。埃文-佐哈尔(Even-Zohar, 1979, 1990)的多元系统论在让相关研究者认识到文化系统之间的异质性关系和语言文化规范的冲突的同时也深刻意识到,目标文本需要重新动态改变文本形成的内在关系。文化转向促使人们认识到翻译的动态性受到各种权力关系的影响。例如，意识形态、诗学系统、赞助人、审查制度、语言规范等（Bassnett & Lefevere，1998；Baker，2006；von Flotow，2007；Venuti，1995，2008；Tan，2015），都影响了翻译转换的动态过程。全球化信息流通也赋予了翻译动态属性在更宏观层面的一种文化互动、文化交流和文化互惠概念（Cronin，2009）。

第三，语言和文化层面上的差异性以及各种权利关系的张力是构成翻译动态属性的主要原因。然而，除此之外，还有一个关键的因素也与翻译的动态属性密切有关，即译者主体方面的因素。诠释学理论认为翻译的结果之所以多样，主要原因是每个译者都有自己的诠释见解（Schleiermacher，1813；Steiner，1998）。译者处于大的社会文化系统中，受到各种社会文化因素的影响，导致多种解读文本意义的可能性。换言之，诠释学强调意义的动态性应该归结于译者的诠释情况。当然，目标文本本身，也可以反映出文化交流（Lambert，2006；15–21）和译者主体差异的动态性。翻译身心学认为源文本和目标文本之间的对等关系是一种情感对等（Robinson，1991）。由于每个个体的个体特性及其所处的宏观场域不同，因此在诠释源文本时，译者会产生不同程度的动态情感表达。

构成翻译本体动态属性的因素还很多，概括而言包括以下十种：①意义的不确定性和多变性；②语言结构的差异性；③语境形成的时空性；④文化系统的多元性；⑤文化互动的流通性；⑥译者个体的诠释能力；⑦译者个体的身心情感反应；⑧目标读者的期待情况；⑨目标系统的规范性；⑩翻译的目的性。

翻译的动态属性将赋予意义更加多元的生存空间。翻译过程不可能只产生单一的意义，源文本也不只是考察目标文本准确性的唯一指标。因而，同一个源文本会并存多种对等的目标文本，这些可能的目标文本在某些条件和范围内是合情合理的。为什么意义在重新排列组合之后，会出现多种合情合理的目标文本呢？除语言和文化因素外，还有什么途径或视角可以把这个问题解释得更清楚呢？

虽然，文化学派特别是改写理论对于上述问题给予了一部分答案，然而，他们的解释还停留在较为宏观的层面，只能够解释翻译产品多样化的历史文化原因，而很少结合文本在微观层面去分析具体的动态变化，特别是分析一部完整的作品或一个叙事片段。文化学派的视角对于某个词或者篇章涉及的背景知识可以给出相关联的文化解释。然而，一篇故事最主要的还是其叙事内部故事情节的连贯性和合理性问题。故事中涉及的文化因素只是其中一个方面,对于故事内容和进程有意义并起到了一些作用,但是不能把所有叙事文本中的动态关系细节都归因于文化或语言因素,除此之外,还有人类生活经验的成分,而正是语言、文化、人生经验等综合元素构成了所谓的故事性。换言之,将语言、文化、人生经验等因素综合起来,并建构一个用于分析的理论框架,是文化学派或改写理论尚未涉及的领域。

笔者认为,仔细分析文本中的各种内在网状关系,会赋予翻译动态转换属性新的解释。例如,某个词或某句话选择这样翻译,并不是因为源文本在某一单词或单句上与其对应,而是根据该词或句在其所处的上下文语境、故事情节、人物情感关系、故事进程的逻辑性中经认知推理而生的。换言之,构成文本意义的异质性元素决定了目标文本选择怎样的表征。因此,从一个新的角度探索翻译动态属性,或许应该从目标文本形成的网络关系切入,分析在这个网状关系中具体有哪些异质性元素导致目标文本产生各种动态的变化,如语言元素、文化元素、译者身心元素等。总之,一个目标文本的形成会涉及很多动态因素,挖掘这些"动态形成"因素和它们之间的各种派生关系,对于翻译的动态属性有不同的解读。鉴于此目的,本研究将运用德勒兹和伽塔里的"动态形成"哲学思想进一步解释翻译的动态属性。

二、德勒兹和伽塔里的"动态形成"哲学思想与翻译学

"动态形成"哲学思想探讨人与人、人与事、事与事之间在网状互动的派生建构过程中,在特定的差异条件下另辟蹊径,融汇创新,演变成为一种新关系或构成一个新的疆域。"动态形成"哲学思想基于一种内在平面的动态网状思维,并不强调事物变化后的形状或面貌,而是强调事物之间、人与事物之间的一种派生互动建构过程。对于德勒兹和伽塔里的"动态形成"哲学思想而言,事物的"动态形成"没有最终状态,而是一直在其内部进行变动、差异与重复,直至演变成为新事物。换言之,任何事物的形成都不可能是最终状态,而是不断地在变化,当两个不同事物相遇和碰撞时,就会促成新事物的变动形成。

在翻译层面,笔者认为"动态形成"哲学思想可以赋予翻译动态转换属性一个新内涵,特别是把语际转换过程看作具有一种多元网状派生的

特征，而非语言表征层面的对等关系的建立。译者是目标文本的生产者，译者在与源文本及各种语言文化因素和条件的互动下，重复源文本的意义，同时也形成差异化的目标文本。

三、德勒兹和伽塔里"动态形成"哲学思想对翻译动态转换属性的新解

后现代主义的研究途径有利于分析并描述特定范围内翻译现象的相关变量，以及这些变量与翻译之间的关系。德勒兹和伽塔里"动态形成"哲学思想，除了在微观层面和宏观层面能够说明目标文本形成与差异变量之间的关系外，更重要的是，它能够把描写翻译学的探索范围重新回归到翻译对等的本体讨论上。运用德勒兹和伽塔里"动态形成"哲学思想重新诠释翻译本体问题，在思维范式上和术语概念上都是新的挑战。例如，像"文本""语境""转换""译者"等概念都被赋予了新的内涵。翻译动态转换属性不再是层级关系之间的转换，或者类型、范畴等结构层面的转换，而是所有的异质性元素在一个内在的平面中（plane of immanence）进行重新排列组合（Deleuze，2007：173-174）。

笔者认为翻译的动态转换属性体现在以下三个方面。

（一）翻译即文本疆域解构与重构的"动态形成"过程

译者通过自身的认知和感知系统与翻译文本的内容相遇、碰撞，并将其嫁接，从而在微观层面"动态形成"一种网状派生关系，构成了一种动态的文本疆域。该文本疆域不是传统意义上的翻译文本，而是种"文本聚合体"（textual assemblage），由各种多元的异质性元素所组成，其中包括语言的、社会文化的、情感的等因素。这些异质元素通过译者的动态诠释过程，形成了一种开放式的网状派生体。在这一过程中，每一个源语言单位与目标语言之间的表达元素相互嫁接，且经过译者认知和感知层面的重新选择、搭配和排列组合，以及根据实际语言环境的地形地貌重构并派生出目标文本的"本地映射"（local mapping）。在微观的动态层面，译者为了让诠释内容找到合适的表达出路，通过摆弄一条条"逃逸路径"（line of flight）展开身心演绎，让目标文本在另一个疆域中派生和编制出新的本地映射。译者和文本之间"动态形成"一种网状对等关系，在差

异的环境中重复式地动态演绎，在演绎中又变动形成各种差异化的目标文本。

根据德勒兹和伽塔里"动态形成"哲学思想对上述翻译（包括翻译过程和翻译产品）的描述和诠释，翻译被看作文本疆域解构与重构的"动态形成"过程，即译者对源文本网状疆域的解构和对目标文本网状疆域的重构过程。无论是文本疆域的解构还是重构，都是一种动态过程。译者在不同时空下诠释源文本，派生出各种多元意义，并且根据目标环境的实际情况"动态形成"差异化的本地映射。

（二）目标文本即动态重复与差异化产品

在翻译转换的过程中，译者主要是在差异的目标环境条件下，对源文本内容进行重复，并且在重复过程中又"动态形成"差异化的目标文本（即翻译产品）。

翻译"动态形成"的过程是在两种语言、社会、文化等差异条件下进行的。译者需要重复源文本的意义，但同时又必须在目标新环境中重新建构意义。在差异的条件下对文本疆域进行解构与重构，必然派生出内聚差异化的本地映射。译者好比实验室里的科学家，每次重复实验所得出的结果，都与前几次的实验结果存在细微差别。网状文本疆域中任意一个联结元素的变化，都有可能导致本地映射在形态上的区别，同时对目标读者所产生的效果也会不一样。

目标文本的"动态形成"，离不开其孵化空间中的形成条件。在一个开放且相对自由和具有活力的目标形成空间里，有可能会"动态形成"多元目标文本。由于目标形成环境中存在一种内在竞争机制，以及一种疆域建构与划分的现象，每一个目标文本都试图在目标形成环境中找到合适自己生存的疆域，而促成这种生存的前提，在于目标文本在"动态形成"的过程中，必须构建属于自身的差异化特征，从而与现有的其他目标文本区别开来。

源文本疆域在不同的时空里，在经不同的译者介入以及遭遇各种差异的形成条件下，会被解构和重构成新的目标文本疆域。各种各样的元素，包括知识层面的、思想层面的、政治层面的、身心层面的、价值观和意识形态层面的元素等，都会参与到文本疆域的解构和重构之中，并"动态形成"差异化的目标文本。

译者在解构源文本内容时，试图重复该内容的信息，在对内容重复的过程中，由于语言差异、译者身心差异，以及目标形成条件的差异，译者在选择如何翻译也就是翻译话语层面上，形成了与源文本不一样的情况。简而言之，译者试图用自己的翻译话语重新讲述故事，虽然目标文本内容与源文本内容有可能保持基本相同，但是在翻译的方式上会存在差别，这也就导致了差异化翻译产品的形成。

例如，以译叙文本为例，译者在译叙层面对故事进行重复时，除了分析源文本的语言修辞之外，还需要分析其叙事进程，叙事成分和叙事手法。在译叙的任何一个环节，都有可能出现操纵行为。例如，对各种故事内容和话语声音强弱程度的调适，甚至有时还存在某些增加或删减的成分。自传故事中的人物、地点、事件、情感等构成了各种译叙派生的联结点。译者不仅要在这些联结点之间进行故事的编织，而且需要思考如何在目标环境中进行适度的表达；同时，译者的译叙姿态通常需要隐匿于原作者的身份之下，毕竟故事本身是代表或指涉源文本作者的叙事声音。

（三）文本对等即翻译过程中本地映射的网状派生动态对等

早期语言学派有关翻译对等或文本对等的探讨，主要集中在两种语言文字表征层面的对比分析上，探究造成它们之间差异性背后的社会文化制约因素。常见的研究途径分为两种：一种是明确源文本与目标文本之间的语际转换关系，相关研究者需要对相关翻译现象进行探究；另一种是不明确源文本和目标文本之间的语际转换关系，研究者需要收集各种证据证明它们之间确实存在语际转换的过程。确定语际转换的过程是探讨一切语际对等的前提。研究者除了对比两种语言文字表征层面的差异性及造成这种差异性的形成条件外，还应关注语际转换过程中具体有哪些异质性元素构成了语际对等关系。

本研究提出的网状派生动态对等与翻译学传统意义上的文本对等不一样。翻译对等并不是也不可能让目标文本和源文本在所有方面都保持相似或一致。目标文本在"动态形成"的过程中，吸收了源文本的养分，也主动或被动地流失一部分内容。但更为重要的是，目标文本还融入了目标生长环境的因素。对比文本在语言文字表征层面的差异，实际上对于译者而言，重要的是挖掘围绕表征所展开的各种潜在派生网络关系。通过分析这些多元异质元素构成的派生网络，译者能够发现构成翻译对等动态性的本质。

语言文字表征只是语言的一个交流载体，而语言文字只有在其语用环境中才产生意义。在实际语用环境中，读者或交流者根据语言的文字表征诠释派生出各种产生意义的联结，如节奏、语气、声调等联结构成了叙事声音；各种修辞成分联结构成了一种文体特色；各种颜色、温度、食物等符号联结构成了社会文化象征。所有这些多元异质联结的聚合，都传递着某种情感表达和文化记忆。即便是一个单词，如果放在特定的语境中也会簇生各种网状联结，而正是这些派生出的多元异质联结之间的力量和关系构成了这个单词的意义。

派生簇群联结中的任意一个元素的变化，都会导致某一单词意义的变化。语言文字表征所派生出的簇群关系，取决于诠释者的感知和认知网络。译者在诠释过程中汇聚各种多元因素，并且搭建一个属于自己的派生网络映射。这也是为什么即便是同一部作品的重译版本，也会有较为明显的文字表征差异。

无论是翻译自传、小说、戏剧，还是诗歌等作品，译者的任务是摸清楚与源文本语言文字表征相连接的意义派生网络，同时在翻译转换的过程中解构这种网络关系，并在目标文化的语用环境中重新建立新的网状派生联结。由于源文本的派生网络与目标文本重构的派生网络之间存在差异，因此，目标文本的语言文字表征，也就与源文本的语言文字表征之间存在差异。翻译实际上是译者在解构和重构语言的派生网络疆域，疆域之间的互动是开放的和动态的，目标文本语言文字表征和源文本语言文字表征之间对等关系的建立，主要取决于与两种文字表征相关联的派生异质性元素。换句话说，语言在语用环境中的运用性、交际性及其预计产生的效应决定了译者的语言对等选择。同一句话在不同环境下的表达肯定会受制于目标环境的各种异质性因素，而在不同的差异环境中寻找可行的出路和解决办法，是译者的一项基本任务。

语际之间的转换是一种重复建构的过程，这种重复行为不单只在语言层面上建立对等关系，而且涉及各种相关的异质联结之间的互动过程。翻译的本质是建立对等关系，无论语际转换是基于何种目的，如政治的、社会的、文化的目的，根本上还是在不同层面建立对等关系。因此，基于不同目的，语际转换的过程中会派生出各种"逃逸路径"，并形成具有不同特色的派生网络。在该派生网络中的各种多元异质因素，决定了译者的语际对等选择。

从后现代主义理论视角切入去探索翻译现象时，更注重对翻译本体现象中多元性问题的思考，这对于拓宽翻译学研究疆域具有一定的价值。传统的翻译研究范式是在一个单一性的思维框架中展开的，因为译者以及研究者对源文本、目标文本、译者、表征等概念进行普适性的建构，试图在它们之间设立一套普适标准，并用其去解释所有可以解释的翻译现象。这些概念往往被研究者赋予了一种静态或缺乏活力的内涵。后现代主义理论视角恰恰打破了这种沉静，挖掘和揭示了这些普适性概念以外更加动态和更加具有活力的一面。后现代主义理论视角将焦点关注在翻译变化属性的动态性、变异性和可能性上，注重思考源文本会变成什么样的目标文本，以及目标文本又怎样形成属于自己的特色，以及源文本会"动态形成"多少种目标文本的可能性。

德勒兹和伽塔里的"动态形成"哲学思想，突破了传统翻译语言学中语言文字表征结构之间转换的树状思维，取而代之的是以一种横向网状思维去探索围绕语言文字表征所派生出的动态关系。这种研究视角洞察的是语际转换中的翻译动态属性，特别是一种动态网状派生现象。德勒兹和伽塔里"动态形成"哲学思想对翻译"动态形成"的语际转换所提供的诠释是：①意识到文本对等关系的建立不仅仅取决于源文本本身，而是所有可能构成目标文本形成网络的各种隐形异质因素。任何一个因素的变化都可能导致整个文本网络进行重组。换言之，决定译者做出对等文本的选择，除了源文本之外，还需要分析各种可能对等文本所派生出的关系。②采用不同的翻译方法，重新创造出一个随机或动态的文本疆域。文本疆域是一个流动的文本聚合体，不同的元素在形成过程中汇聚成一张派生网络。翻译的动态转换属性并非指语言层级上的转换，也不指文化之间的动态性，而是一种汇聚了各种语言表达的网状多元文本疆域，同时这些语言表达也受制于翻译策略、翻译规范、意识形态、诗学系统和身心介入等因素。

第三节 "动态形成"哲学思想视角下的自传体译叙研究理论

在本研究中，自传翻译研究的理论由两个视角构成：

一是把自传翻译作为理论诠释的研究对象，诠释自传体源叙事文本、译者和自传体目标译叙文本之间的文本疆域解构和重构现象。

二是从研究者的视角，把自传体目标译叙文本作为研究对象，运用网状多元分析法分析其译叙细节，演绎推理与其相关的"动态形成"现象，从而为自传体目标译叙文本在当代中国实际语境下的形成提供一个德勒兹和伽塔里式的诠释。

以当代中国市场上的西方大众文学自传为例，当代中国消费主义环境为图书翻译市场注入了活力，很多西方大众文学自传出现了不同的中文翻译版本，与此同时，一些早期的自传译本也在中国内地被频繁地重译。面对这种多元形成的翻译现象，笔者感兴趣的是，在同一时代中为何出现多种目标文本的翻译和并存现象？出版社到底出于什么目的才会竞相发行不同译本的自传？这些译本之间又各自存在怎样的内聚差别呢？笔者认为，德勒兹和伽塔里的"动态形成"哲学思想可以从理论的层面为此现象提供诠释。

一部自传作品被翻译成多个目标文本之后，"动态形成"多元的译叙声音重构。无论这些译叙声音读起来是地道的中文，还是负载翻译腔的汉语，这些译叙声音都指涉自传传主本人。每一种译叙声音都汇聚各种语言特色，反映了自传传主的个性、身份和话语特征，甚至还会或多或少地影响自传故事的意义和进程。然而，值得注意的是，多个版本的译叙声音有可能近似于源叙事声音，或者说多个目标译叙文本都与源叙事文本建立了动态对等关系，没有哪个译本是唯一的最佳选择，也没有任何译本可以替代源叙事文本。为了让目标自传体叙事能够变得更加联贯和合理，译者对其不断地进行调适，也"动态形成"了其内聚差异性。因此，探究这些彼此近似的目标译叙文本之间所聚合的联贯性和合理性，可以更好地分析自传译叙文本中的内聚差异性，并且能够更好地解释自传目标译叙文本在当代中国消费主义时代中的多元"动态形成"现象。

一、"动态形成"的哲学理论视角下的译叙本体性

首先，"动态形成"是基于经验主义和实用主义框架下的哲学思想，其基本原则是人与人、人与事、事与事之间相互产生联结和碰撞，并促成新关系多元形成的可能性（Rajchman，2001：6；Sedgwick，2001：136）。而自传体译叙实际上也是一个基于经验主义和实用主义的活动，因为译者与自传体源叙事文本之间的互动，主要取决于译者的经验和体悟，翻译对

于译者而言好比在做一个文本试验。文本的诠释试验会引发意义的多元可能性,并且尝试性地搭建各种联结,目的是达到某种文学效果(Baugh,2000:35)。"这种试验性的诠释途径,不仅具有创新性,而且还倾向于实用主义的结果和实证主义的经验。"(Deleuze & Guattari,1983:370-371)实用主义的结果可以理解成目标文本是根据实际的目标语用环境情况而"动态形成"的,而实证主义的经验,是译者在实际文本操纵层面投入的各种经验。译者就像科学家在实验室里将各种元素混搭在一起形成新的化学合成物一样,并且译者并非在真空中进行文本试验,而是根据目标环境的实际语用情况进行翻译,因此翻译即属于经验主义又被纳入实用主义的范畴。之所以采用德勒兹和伽塔里的"动态形成"哲学思想来解释翻译现象,是因为"动态形成"的过程与翻译活动相吻合。

其次,"动态形成"哲学思想强调一种内聚性差异,而翻译中的差异性也是翻译学经常提及和探讨的研究命题之一。比如,翻译学将研究重心聚焦于差异性而展开的几个基本问题包括:①为什么存在差异;②什么原因和条件导致了差异;③在什么层面上体现了差异;④如何看待和分析这些差异。翻译学者们在回答上述这些问题时探讨了语言、社会文化、译者介入、意识形态和诗学系统等层面的问题。笔者认为,首先,从翻译的属性看,构成翻译中的差异性问题,主要体现在以下六个方面。①翻译转换中的差异性。"翻译转换"(translation shift)是翻译文本操纵层面的一个最基本也是最核心的属性(Catford,1965:73-82)。正因为翻译存在差异性,所以语言和文本需要进行各种转换,从而弥补差异性,接受差异性,甚至再创造差异性。翻译转换是对语言的一种解剖和探微,是一种在微观层面上去了解语言经历翻译之后所造成的具体变化。范·路文兹瓦特(van Leuven-Zwart,1989,1990:69-95)将翻译转换概念运用到他提出的"整合翻译"(integral translation)中,强调微观结构层面和宏观结构层面的一种复杂分析模式,并认为语言中细微的差异性变化都会在翻译整体效果上表现不同。②各种翻译策略、翻译方法和技巧所导致的差异性。例如,"语言顺应"(linguistic adaptation)翻译策略(Delisle et al.,2004;Verschueren,1999:260-263)、"交际翻译"(Communicative Translation)方法(Hatim & Mason,1990:3;Newmark,1981/1988:22),以及"调适"(modulation)翻译技巧(Vinay & Darbelnet,1958/1995:471-473)等都导致了目标译叙文本与源叙事文本之间的差异性。③两种语言规范之间的差异性(Toury,1980:51-71)。④参与人或中介者的介入因素导致的差异性（Sager，1994：193-197）。例如，译者、编辑和修订者等对文本的操纵，译者个体的翻译能力情况，以及译者的抉择情况所导致的文本差异性。⑤文化层面上存在的差异性。除了语言层面上的差异性以外，研究者们认为任何语言和文本都根植于某种文化中，所以文化之间的不对称性构成了各种翻译上的差异性。例如，"文化翻译"（cultural translation）（Koller，1989：99-104；Nida，1969/1982：199；Snell-Hornby，1988/1995：39-55）、"文化借用"（cultural borrowing）、"文化移植"（cultural transplantation）（Hervey & Higgins，1992：261）、"文化替换"（cultural substitution）（Beekman & Callow，1974：399）、"操纵"（manipulation），以及包括赞助人、意识形态、诗学系统（Lefevere，1992：1-10）等层面所体现的差异性。⑥社会结构层面存在的差异性（Blommaert，2005：27；Wolf & Fukari，2007：1-39，如社会环境、出版机构、施为者和各种权利关系等构成的一种社会生产结构形态所导致的差异性。

从中西文化交流史看，文化之间的相遇、碰撞与融合过程是一种"动态形成"的过程。各文化之间吸收了多元的文化元素，并按照本地文化自身的模式和路径逐渐演变。因此，为了促成文化交流和文化转型，历史上出现过大量的编译、创译、改写、释义等多种翻译现象。很多异域元素也是通过这些翻译途径而"动态形成"了本地特色。

然而，在国际知识产权法不断深化的今天，市场运营规则正逐渐规范化，源作者的利益受到了保护，在促进跨文化交流时，人们必须在新的规则下进行运作。译者需要遵循基本的翻译原则，不可以过度自由发挥，因为在自传体目标译叙文本的"动态形成"过程中，还需要考虑源作者的利益、出版社的要求，以及翻译责任的承担等多元因素。但是这不代表这个时代就不存在编译、创译、改写、释义等多种翻译现象。为了适应新的运作规则，这些翻译现象演变出新的形式和范式。例如，为了赢得图书市场的一席之地，出版社的人员自行对某个题材进行英文数据的搜集、编辑和翻译。这种编译形式并没有一个固定的自传体源叙事文本，而是一种自传体源叙事文本的话语集合。换言之，自传体源叙事文本和自传体目标译叙文本的生产权利都被目标文化的出版经纪人所掌握。此外，还存在一些特定情况：一是当作者给予许可时，自传体译叙文本可以在一定规则下被改写，此时译者能享有一定的自由度。另一种非常普遍的情况是，当作者的版权所有权已超过50年时，根据《世界版权公约》的规定，目标文化可以在无需通知作者的情况下，自行选编和翻译作品。在消费主义时代的图书市场中，竞争日益激烈，各出版社为了应对这种竞争机制，纷纷聘请不同的译者翻译同一本书，从而导致了多样化的重译现象和差异化版本的出现。为了满足不同读者群体的需求，翻译过程中还出现了编译、创译、改写、释义等多种翻译形式。

纵观古今的翻译现象不难发现，翻译本身就是一种服务于跨文化交际的活动，是一种根据实际的时空环境和本地语用环境而进行的可操作行为。所谓严格意义上的翻译忠实性，即必须严格按照自传体源叙事文本的形式和内容进行翻译，事实上很难做到[①]。这种纯粹的翻译理想只能作为译者在心理层面默认的一种忠实性的标准。

第三，"动态形成"哲学思想从一个全新的视角去审视实际时空和语用环境中的多元翻译现象。"动态形成"哲学思想并非把翻译看作一种无秩序的完全自由的活动。全球化新时代下的翻译活动同样也是在一个有秩序的框架内进行的，只不过在这种秩序范围内，本研究关注的是从自传体源叙事文本演变到自传体目标译叙文本过程中产生的内聚差异性变化，以及分析导致这种内聚差异性变化的多元因素。

二、网状派生空间的异质元素聚合

本研究根据"动态形成"哲学观点，把翻译看作一种基于动态网状派生空间的异质元素内聚现象，并且在重新排列组合的过程中，促成了新的内聚差异化目标文本。如果把"动态形成"概念聚焦到翻译现象上探讨，则不能把翻译局限在语言转换层面。翻译是对语言的一种灵活运用，或把语言放置到实际语用环境中使用，是促成目标译叙文本"动态形成"的一种行为，也是跨文化交际的必要途径。用更文学的修辞来说，即翻译打破了源语言结构的枷锁，点燃了语言的激情和活力，并让其在目标语的新环境下重新找到家园。因此，源语言并没有为翻译设立局限和障碍，而是为再创造新的目标语言制造机会。博根（Bergen，2009：8）谈道："德勒兹认为局限不是一个不可逾越的界限，而是一个门坎或开端，局限可以

[①] 凯伦·康宁·泽斯森（Karen Korning Zethsen，2007）专门撰文谈当代社会的多元化对翻译提出了不同的需求，同时翻译活动中的翻译概念早已超出了传统理论意义上的翻译本体概念。蒂莫芝柯（Tymoczko，2007）也谈及随着翻译学全球化的蔓延，翻译学中的传统翻译概念应该更加具有包容性，因为各种文化中对翻译的理解丰富了翻译的内涵。

超越自己，同时释放出一系列变异，挑战自己，超越局限。"因此，不能把翻译单纯地看成语言之间的转换。

在第一章中，笔者谈到"动态形成"哲学思想的核心是根状派生网络式的联结，并且也结合其六个原则探讨了翻译现象。根状派生网络是构成翻译网状派生空间的基础，因为整个形成场域是由各种动态的异质联结元素所构成的一个网络空间。翻译的网状派生空间主要指一种流动空间，并且翻译是在此流动空间中不断地进行动态变化的试验。因此翻译的网状派生空间不是一个稳定的社会结构，其不同于翻译社会学视角中布迪厄（Bourdieu，1990：87-88）谈到的"场域"（field）概念[①]。换言之，社会学中所提出的稳定结构、权力机构、施为者、习性、资本等，以及文化转向中涉及的意识形态、诗学、赞助人等概念，用德勒兹和伽塔里"动态形成"哲学思想视角来理解都是一种"欲望的流动"[②]。不仅如此，德勒兹和伽塔里的"空间"概念并非传统意义上的"单一性或同一性空间"（homogenous space），而是多种空间交杂互动的"多元空间"（heterogonous space）。在德勒兹和伽塔里"动态形成"哲学思想中，提及两个互动"空间"概念，即"平滑空间"（smooth space）和"纹理化空间"（striated space）[③]（德勒兹、伽塔里，2010：683；Deleuze & Guattari，1987/2004：524）。"空间总是混杂着光滑平滑空间和条纹纹理化空间的力量。"平滑空间是一种"游牧空间"（nomad space），纹理化空间是一种"定居空间"（sedentary space）。平滑空间是开放的和无秩序的，"意味着强度过程和装配聚合空间，它无中心化的组织机构，处于不断变化和生成形成状态"，而纹理化空间是有秩序的和划分边界的，"以等级制、

[①] 布迪厄的"场域"（field）概念强调社会结构下翻译活动在特定机构中的运作方式，以及在运作过程涉及的规章制度和条条框框。这个场域为施为者（们）提供了各种达成翻译目的的条件，无论是心理上的还是经济上的，施为者（们）都需要遵循某种模式和调节各种权力关系从而让翻译活动在这个场域中发挥作用。伍尔夫和深利（Wolf & Fukari，2007）指出布迪厄的场域理论没能足够说明场域的"中介空间"（mediation space）或"翻译场域"的概念，因此他们采用了霍米·巴巴的"第三空间"理论以弥补这一缺失。本研究采用的德勒兹和伽塔里"动态形成"哲学思想包含了"第三空间"或"中介空间"的概念。

[②] 值得特别注意的是社会学视角强调采用实地考察的研究方法，研究者参与到文本实际生产的过程中。然而，本研究采用的"动态形成"理论视角，把对于所有参与到自传体目标译叙文本形成过程中的因素都看作一种"流动"因素。

[③] "smooth space"和"striated space"还被译成"光滑空间"和"条纹空间"（麦永雄，2013：172）。

科层化、封闭结构和静态系统为特征，纵横交错着已设定的路线与轨迹，有判然而分的区域与边界"（麦永雄，2013：173）。这两种空间以混合体的方式存在：平滑空间不断地被转译，转换为纹理化空间；纹理化空间也不断地被逆转为，恢复为一个平滑空间（德勒兹、伽塔里，2010：684；Deleuze & Guattari，1987/2004：524）。"光滑平滑空间与条纹纹理化空间既分且合，既历时又共时地存在着，并且不停地互相转化和调适。"（麦永雄，2013：173）

本研究根据德勒兹和伽塔里的"空间"哲学思想对翻译现象进行思考，认为源文本疆域是一个纹理化空间，它具有相对稳定和有秩序的社会文化规范、用语习惯和语言结构，并且在创作建构的过程中形成了自身的疆域。然而，当译者介入源文本疆域并对其进行文本的疆域解构和疆域重构时，就是将纹理化空间过渡到平滑空间，将稳定和有秩序疆域中的元素通过译者的介入方式，形成各种"逃逸路径"，进而与目标环境的社会文化秩序和语言规范等情况相结合，转化成一个新的目标纹理化空间。在这个过程中，"解码"意味着代码被译解，摆脱了其自身代码的状态。当原始代码（源文本疆域）不再为其自身所控制，被原始社群（源文本施为者）相对编过码的那些流动的元素就获得了逃逸的机会（德勒兹、伽塔里，2010：648；Deleuze & Guattari，1987/2004：495-496），并且从一方向另一方的过渡，导致了混合文本杂合的原因，这些原因完全是不对称的，有时它导致了从平滑空间向纹理化空间的过渡，有时又导致了从纹理化空间向平滑空间的过渡（德勒兹、伽塔里，2010：684；Deleuze & Guattari，1987/2004：524）。简单而言，译者的介入解构了源文本原有的稳定疆域，在将各种元素重新排列组合之后形成了一个新的有序稳定的疆域。翻译过程中促成和影响自传体目标译叙文本变动形成的各种因素不是一个固定的概念，而是一种变动，即便是重复经历相同的人和事物都不可能再变动形成同样的自传体目标译叙文本。每次的重复都会产生新的差异杂合化的自传体目标译叙文本。在全球化时代，目标文化需要通过翻译途径选择性的与他者进行对话。对话是为了参与到全球化的进程中，同时也为了改造本土状况和推动本土发展从而寻求新的跨文化交流途径。所以把翻译看作一个网状派生空间时，凸显的是平滑空间与纹理化空间之间的互动建构，并且这个建构过程中没有固定的轨道和形态，任何文本都在这个流动的场域中"转型"①。

综上所述，翻译是一种"动态形成"的在实际目标语用环境中进行的试验，目标文本没有固定的形成轨迹和排列组合的规则，每次的翻译都是一种尝试性的行为，并且形成了自身的一种内聚差异性，包括译叙层面的联贯性和合理性。翻译是一个在网状派生空间中进行的文本疆域解构与疆域重构的行为，从一个有秩序的纹理化空间过渡到一个平滑空间，然后再聚合成一个新的纹理化空间。

三、"根状派生网络"概念与自传体目标译叙文本的"动态形成"关系

自传翻译的三个基本元素是自传体源叙事文本、译者和自传体目标译叙文本。源叙事文本疆域聚合了各种人物、地点、场景、事件、情感、意识形态、政治立场等多种元素。这些元素必须合理地安排在一个有秩序的"纹理化空间"之内，才能构成一个有现实意义的自传世界。这些元素聚合在一个纹理化空间里，每一个元素可以看作一个"高原"（plateau）②，有高有低，此起彼伏，构成了各种强弱程度不一的表达。当涉及某本自传中的历史、事件或人物时，其与现实社会中的各种话语拟像有着一种互文性的联系。各种话语拟像就是高原。这种联系并没有固定的轨道，而是一种随机的或游牧性的联系。当目标读者理解自传体目标译叙文本时，就会根据自己的认知，随机地在不同的高原上获取信息，并理解其故事内容，甚至感到这种多高原互动下的"超真实"性。当译者把源叙事文本疆域中的各种故事元素从其纹理化空间中释放出来之后，就等于是把这些元素从一个纹理化空间里转换到一个平滑空间里。在平滑空间里，这些故事元素是分散的、随机派生的，直到译者努力将这些元素再次在目标语中重新排列组合，并且形成一个目标译叙的纹理化空间。目标译叙的纹理化空

---

① "转型"（transformation）不同于转换。转换是在语言文字层面上进行的一个翻译概念，而转型则包括多种因素。例如，译者的介入因素、目标形成环境中的社会文化因素，以及目标读者接受因素等。

② 高原（plateau）是德勒兹和伽塔里微观哲学的核心概念。二人合著的《千高原》中的"高原"指一本书有着各种领域或疆域的知识或信息，每个领域或疆域都是一个"高原"，高原和高原之间有着一种根状派生网络式的联系，读者在阅读时在不同的高原之间穿梭，就像游牧民族一样，没有固定的阅读模式。有些文献也翻译成"平原"。

间也是一个有秩序的空间，具有其内部的联贯性和合理性。那么，作为自传体叙事文本，具体到底由哪些叙事成分构成了这个纹理化空间呢？

（一）自传体故事层

首先，自传体故事层[①]是其中构成纹理化空间的元素之一。自传体译叙故事层包括"译叙故事层"（自传世界）和"译叙故事外层"（extradiegetic level）。叙述者通常存在于译叙故事层，而译者通常存在于译叙故事外层。译者的话语显现如果变成译叙故事情节的一个组成部分，则意味着译者从译叙故事外层转移到译叙故事层。如果译叙故事本身就存在一个故事外层的叙述者在讲述故事，例如："玛利亚当晚认真地讲述了昨天发生的事情，她说道：'昨天，我……'"，那么从译叙的角度看译者还是存在于故事外层，玛利亚存在于故事层，而她所讲述的故事则存在于故事内层（intradiegetic level）。换言之，译者始终存在于故事外层，除非他（她）的话语显现介入了故事进程中，改变了故事本身的意义，这时译者才由故事外层转移到故事层或故事内层。

其次，自传体译叙结构也是构成自传译叙纹理化空间的元素之一（Chatman, 1978）。译叙结构包括开始、高潮和结束三个基本元素。

最后，自传译叙纹理化空间的元素还有自传体译叙单位（Chatman, 1978；Coste, 1989；van Dijk, 1998；Herman, 2002）。译叙单位包括事件、情节和片段。"情节是对事件的安排，其中包含了'人物'与'行动'两方面意思。"（申丹、王丽亚，2010：35）译者对情节的重构主要取决于他（她）怎样安排事件。"片段"是故事情节或事件序列的聚合。故事片段之间的情节没有严谨的联系，或每个故事片段都可以是相对独立的。

（二）译叙成分

上述三点译叙成分只构成自传体译叙纹理化空间的一些最基本的元素。在重构自传体译叙的过程中，还存在着多种其他译叙成分的操纵因素，它们影响和决定着自传体译叙纹理化空间的形态（具体可以详参附录1）。例如：

[①] 自传体故事层（diegetic level）此概念源自 Genette（1980, 1983）、Nelles（1992）和 Rimmon（1976）。

(1) 在自传传主的人物形象塑造方面，译者可以采用"直接重构"（译者直接用目标语建构的主人公）或"间接重构"（译者通过建构故事里的其他人物的话语、行为、思想和情感等，从而间接推演出自传主人公的形象）。[①]

(2) 译叙戏剧性处理[②]，即译者在进行人物塑造时刻意将人物舞台化或戏剧化。译者有时对人物的过度修饰和包装，也会导致人物在自传故事的现实性中产生戏剧化的效果。戏剧性处理通常超出了一种"自然"的人物塑造。

(3) "时空关系"重构[③]，指译者对自传故事发生的时间和地点进行文化认知重构，从而构建一个想象的自传故事空间。例如，自传故事是发生在过去、现在还是未来，是发生在哪个国家、哪座城市或乡镇，等等。译者可以对译叙中的时空关系进行操纵，从而改变自传故事的叙述空间。

(4) 译叙伏笔处理[④]，是指在自传故事进程开始时埋下的叙述"种子"，直到故事发生的后期才会出现，而目标读者一开始并不知道。所以，在这一过程中，译者需要注意故事进程的前后相互呼应关系。

(5) 译叙预示处理[⑤]，是指自传故事提前讲述的事情会在故事后期再次被讲述，而且读者一开始就知道了。译者在其中需要注意的是故事进程前后的相互呼应关系，并且在开始时就应该明示。

(6) 译叙反高潮处理[⑥]，即自传故事中原本以为重要的事件，出乎意料地变得不重要，或者比预期的事件显得更加平庸或缺乏张力。译者在翻译时，通过各种翻译技巧将原文"高潮"部分变成"反高潮"的节奏，减弱了自传故事的效果，甚至改变了故事的意义。

(7) 译叙顺时秩序处理[⑦]，即按照事件发生的逻辑秩序对事件做出的安排。自传体源叙事文本中的逻辑顺序（句子顺序或话语顺序）有可能

---

① "直接重构"和"间接重构"两个概念源自叙事学"直接建构"（direct construction）和"间接建构"（indirect construction）概念（Abbott，2002；Bremond，1980；Chatman，1978；Ducrot & Todorov，1979）。

② 此概念源自叙事学中的"戏剧性处理"概念（dramatic treatment）（James，1972）。

③ 此概念源自叙事学中的"时空关系"概念（spatiotemporal relations）（Bridgeman，2007）。

④ 此概念源自叙事学中的"伏笔"概念（advance mention）（Genette，1980）。

⑤ 此概念源自叙事学中的"预先通知"概念（advance notice）（Genette，1980）。

⑥ 此概念源自叙事学中的"反高潮"概念（anti-climax）（Brooks & Warren，1959）。

⑦ 此概念源自叙事学中的"顺时秩序"概念（chronological order）（Prince，1973）。

在自传体目标译叙文本中被重组。例如,汉语的叙事规范是将时间、地点和人物等要素放在前面,最后再说重点。

(8) 译叙冲突与冲突解决处理①,是指译者重构的参与者或自传故事人物所进行的抗争,包括主人公内心的冲突、人与自然的冲突、人与人的冲突、人与事件的冲突。冲突是通过何种"解决的内容"(resolved content)完成的。

(9) 译叙悬念处理②,即指译叙自传故事进程中给目标读者留下的一种焦急心态,或一种对故事认知推理的联想空间。

(10) 译叙倒置内容处理③,是指译者译叙时蓄意创作出与自传故事主题对立的译叙内容。

(11) 译叙尾声处理④,即自传故事事件结束的陈述,能对整个故事起到画龙点睛的作用。

(12) 译叙缩减与延续处理⑤,"缩减"指译者有意压缩或减少一部分自传故事情节或事件,或者缩短情节或事件在故事中的"时长"(duration)(Chatman, 1978; Genette, 1980; Prince, 1982)。"时长"指故事时间和话语时间。"延续",即译者有意延长译叙故事中的情节或事件的时长。

(13) 嵌入式译叙处理⑥,是指在译叙自传故事中嵌入另一个故事。此处需要注意,译叙文本的副文本(paratext)不构成一种嵌入式叙述。如前言、后记、注释等。但是如果译者的话语显现(有时也包括副文本信息)成为故事叙述的一部分,并且构成了"故事中的另外一个故事"成分,则就是一种嵌入式叙述。例如,译者在创译时故意加入了另一个故事情节。

---

① 此概念源自叙事学中的"冲突与冲突解决"概念(conflict & resolution)(Brooks & Warren, 1959)。
② 此概念源自叙事学中的"悬念"概念(suspense)(Bal, 1985; Barthes, 1974; Chatman, 1978)。
③ 此概念源自叙事学中的"倒置内容"概念(inverted content)(Chabrol, 1973; Greimas, 1970)。
④ 此概念源自叙事学中的"尾声"概念(coda)(Labov, 1972; Pratt, 1977)。
⑤ 此概念源自叙事学中的"缩减与延续"概念(compression & stretch)(Chatman, 1978; Genette, 1980; Prince, 1982)。
⑥ 此概念源自叙事学中的"嵌入式叙述"概念(embedded narrative)(Bal, 1981; Berendsen, 1981; Bremond, 1980; Ducrot & Todorov, 1979)。

（14）译叙时频处理①，"时频"可以用于对比源叙事和目标叙事之间的事件发生的次数，以及与事件相关的各种情况的变化。量化比较的方法可以让研究者看清楚源叙事和目标叙事在建构方面的故事结构差异性。

（15）译叙重尾处理②，是指译者通过对自传故事情节、段落、事件结束时的一种出其不意的方式点明主题，让人回味，或加重情感的操纵。

（16）译叙意象处理，即指译者在自传故事中对一些意象成分的重构决定了故事进程的意义。意象重构往往存在很多文化层面的因素。研究者需要对这些意象重构成分进行分析。

（17）译叙反差对比处理。译者在翻译自传故事事件的时候，通常采用一些反差对比的方式凸显事件的重要意义。研究者也可以分析译者对自传故事原本反差对比成分的处理。

以上这些构成自传体纹理化空间的译叙成分是笔者根据叙事学中的一些理论概念改造而来。除了上述提及的一些概念之外，还有更多的一些被改造的译叙成分概念请详见本书附录1。这些构成纹理化空间的译叙成分实际上是构成自传目标译叙文本内聚差异性的因素。当自传源叙事文本中的故事元素进入平滑空间之后，译者必须通过运用这些译叙成分和手法重构一个纹理化空间，以便让平滑空间中的自传元素有一个规则性的排列组合。正是因为这些译叙成分和译叙手法存在的细微差异，所以才"动态形成"了各种面貌的目标译叙文本情况。

（三）译叙联贯性

译叙联贯性指译者所重构的故事应该具有某种内聚的联贯性，即译者对一些有可能导致译叙联贯的因素会进行合理的调适，目的是让故事从开始到结束都相对完整，并且符合逻辑。

分析译叙是否联贯主要从序列、联结和编织三个方面入手③。序列指译叙情节与事件进程的顺序；联结指译者在译叙故事时，对各事件之间做出的派生联系。比如，一个事件是如何联结过渡到另一个事件的。编织指

---

① 此概念源自叙事学中"时频"概念（frequency）（Genette，1980，1983）。
② 此概念源自叙事学中"重尾"概念（end weight）（Brooks，1984；Genette，1968；Prince，1982）。
③ "序列"（sequence）（Barthes，1975；Ducrot & Todorov，1979）、"联结"（enchainment/linking）（Bremond，1980）和"编织"（interweaving）（Ducrot & Todorov，1979）三个概念都源自叙事学。

多个联结点派生形成的一个故事网，它构建了故事世界，也反映了译叙故事的整体效果。译叙联贯中的因果关系非常重要。因果关系即事件之间的原因和结果关系。译者需要安排故事中各种人与人、人与事件、事件与事件之间的逻辑因果关系。如果源叙述者所述的事件是可信的，那么译者在建构目标叙事者时也应该让目标读者相信这种"可靠叙事"①。

（四）译叙合理性

译叙合理性主要关注译叙策略与目标读者或译者阐释经验之间的关系。译叙合理性是笔者根据詹姆斯·费伦（James Phelan，1996，2004）的"修辞性叙事学"的理论阐发的。笔者认为，在分析自传体叙事的译叙合理性时，应该注意以下两点：

（1）自传译叙文本内部的译叙者与故事人物和故事进程之间的"合理性"关系（强调自传故事本身的合理性）。

（2）自传译叙文本外部的自传体叙事类别和功能与目标读者的诠释用途之间的"合理性"关系（强调各种版本的功能和用途的合理性）。

（五）译叙可叙性

叙事学者布鲁克（Brooks，1984）和米勒（Miller，1981）提出了故事的"可叙述性"（narratability）概念，他们认为叙述者所述的故事必须是合理的，有叙述价值的或报告价值的（reportability）（Labov，1972，1997；Pratt，1977）。根据前述第（1）种情况，笔者认为，译者建构的译叙者，以及从译叙者口中讲述的故事必须具备某种可叙述性。翻译的一个最基本的要求就是要让目标读者能够理解甚至相信所讲述的故事。然而，由于译者的主体参与因素，源叙述文本中的合理性和可叙述性不一定与译者建构的译叙合理性和可叙述性一致，其原因主要有三：一是译者主要通过个人的主观认知和经验来进行合理性的判断；二是译者需要根据目标语规范和意识形态情况对译文进行调适，甚至连故事本身的可报告价值都有可能因此被改变；三是从目标读者的角度看，译叙的故事是可以被实证的，即目标读者从译者的角度审视叙述者所讲述的故事是否真正可靠。具备翻译意识的目标读者，通过认知推理通常可以识别译者的译叙可靠性和故事本身真实性之间的关系。因此，目标读者有可能会认定故事本身并

---

① "可靠叙事"（reliable narration），此概念来自布斯（Booth，1983）。

不该如此，而是在译者的蓄意操纵改变了故事的意义。总之，译者建构的译叙文本具有自身内聚的一种合理关系，而这种关系的形成受到诸如上述列举的多种因素的牵制，如译者的身心因素，时空的认知和感知因素，政治社会、文化因素等。

根据前述译叙合理性的第（2）种情况，读者默认译叙版本的形成情况，并从其版本的类别推理自传体目标译叙文本是合理的。例如对于"英汉双语"版本而言，用于学习英语的目标读者，会默认自传体目标译叙文本中的汉语翻译只是作为一种学习英语的参考数据，并不一定会对其中的"翻译腔"进行文学价值层面的评价，往往也认为译文的形成是具有合理性的。

由于多个目标译叙文本在文本疆域解构和重构时"动态形成"了各自的译叙联贯性和合理性，并且导致了一种内聚的差异性，因此，这也是造成多个目标文本之间以及与源文本之间的区别。此外，目标译叙文本的内聚差异性为翻译的动态对等现象提供了新的诠释。

（六）译者疆域

"译者疆域"的概念并不指涉现实生活中译者本人，而被看作一个情感、认知、思想、身份、个性特质汇聚一身的多元聚合体。每一个元素当然也构成了一个"高原"。当译者疆域（各种"高原"）与源叙事文本疆域（各种"高原"）在特殊的时空环境下相遇时，就会产生碰撞、流变和融合，从纹理化空间过渡到平滑空间。译者的介入瓦解了原有纹理化空间中的秩序，并且各种异质联结点之间的对等关系建立没有固定的轨迹，而是一种动态的、随机的、"游牧"[①]的"逃逸路径"。翻译过程中的游牧思想主要体现在译者对源叙事文本语言结构和单位元的解构，以及在自传体目标译叙文本中进行重新排列组合的过程。每一个语言单位的转换都在自传体目标译叙文本中建立一个点，使源叙事文本中的语言点与自传体目标译叙文本中的语言点有相遇和联系的机会和可能。译者在目标环境的条件里"游牧"，通过自己的认知和感知调动大脑的语料库，建立各种目标语言点，并形成自己的自传体目标译叙文本建构路线。笔者认为，德勒兹

---

① 游牧（nomad, nomadology, nomadicism）是德勒兹和伽塔里后现代主义哲学思想中的关键概念。此概念主要出自他们二人合著的《千高原》一书（Deleuze & Guattari, 1987/2004；陈永国，2003）。游牧思想反对规约性和教条主义，而推崇多元动态的开放式思维和行为方式。

和伽塔里提出的"游牧"概念具有一种开放式的多元动态性特征。"动态性"是在翻译研究中的概念,如奈达提出的"动态对等"(Nida,1964/1982),因此,在本研究中,笔者依然沿用翻译学原本存在的"动态性"这个术语概念,但是在原有的基础上又赋予了它一种德勒兹和伽塔里式的后现代主义的哲学含义和诠释。一篇译叙文本中某个概念的对等关系的建立或许需要在多个异质性元素之间进行联结,例如,语义、词汇搭配、译叙逻辑、意识形态、诗学元素、读者接受等关系,从而通过这一系列的异质性关系网最终决定目标文本的选择。

当译者从任意一个联结点入口进入这些由各种线条所编织的内聚网络故事场域时(Sermijin et al.,2008),他(她)的认知和感知因素与自传叙事文本的各种异质性元素之间产生了相遇和碰撞。这些线条就会随着译者的认知和感知脉络纷纷从文本中逃逸出来,在细微差异当中去体会故事发展的强弱程度,从而在译者与文本之间的共振和互动作用下,变动形成译者脑海中的自传故事世界。译者与自传叙述者的情感经历叙事交织在一起,从而理解源叙事文本的内容和故事意义①。译者与自传体源叙事文本(或源叙事文本中的自传传主或人物)之间的互动、对话和交流,逐渐促使译者在认知和感知层面产生内聚变化,同时由各种短暂性的感知强弱程度而建构的认知促使译者将自己的表达欲望释放到目标译叙文本中,导致目标译叙文本在派生的"动态形成"轨迹上产生差异性的变化,最终使其内部也产生与自传体源叙事文本不一样的内聚差异性变化②。此外,由于译者疆域在与源叙事文本疆域接触时,受到了诸如社会文化因素、政治因素、历史因素、机构因素、参与者网络因素、目标语规范因素等各种外部因素不同程度的影响,所以这些因素影响了新目标译叙纹理化空间的重构,并决定了自传体目标译叙文本"动态形成"的内聚联贯性和合理性。

---

① 包尔(Baugh,2009:131-139)谈到了读者在诠释文学作品时,通过逃逸路径将自己的身心情感释放出来,并且与作品中的人或事情产生共鸣,甚至认为作品中的人物就是自己。

② 本研究谈及的翻译中的"内聚差异性"与赫曼斯(Hermans,2007:41-51)的"元翻译"(metatranslation)概念相似。赫曼斯提出"元翻译"的概念是指构成翻译的"翻译特征"。作为一个独立存在的翻译版本必须具备某些"翻译特征"才能叫作自传体目标译叙文本。例如,译者的话语显现、翻译副文本等都构成了自传体目标译叙文本与源叙事文本的区别。本研究谈到的翻译中的"内聚差异性"还包括各种译叙成分的重组情况,以及各种翻译文本层面的操纵痕迹。

自传体目标译叙文本之所以成为一个新的"杂合"① 文本，是因为在"动态形成"的过程中融汇了译者的认知和感知因素，以及源叙事文本中的各种叙事元素。译者与源叙事文本及目标环境形成因素之间相互影响，在差异的条件下进行演变，并且在演变的过程中融汇创新。

（七）文本疆域的解构与重构

从文本疆域的解构与建构可以看出，"动态形成"概念可以被理解为一种在变动中进行的转变。这种变动是基于人与人、人与事物、事物与事物之间的"互利共生"（mutualism / symbiosis）关系，即相互依赖、相互利用、相互影响和相互渗透的关系。人与人、人与事物、事物与事物之间在发生相遇和碰撞之后，产生了相互的作用，并"动态形成"新的聚合体。"动态形成"是一种创新的生产过程，但并不是指从一种状态转换成另外一种状态的变化，而是指不断地在其内部产生差异性的变化（O'Sullivan & Zepke, 2008: 1）。

"动态形成"概念的含义并不单纯是从 A 转换到 B 的二元线性过程，而是由介入者与 A 相遇之后，通过介入者的认知和感知派生网络逐渐把介入者和 A 的异质性因素带入 B 的"动态形成"过程中。B 的"动态形成"同时包括了 A 和介入者的杂合因素。各种异质性因素参与到事物形成的动态网络空间中，并且根据场域中不同力度之间的相互作用，变动形成各种排列组合情况。例如，当译者读到文学作品中主人公的情感经历时，其思想与情感与主人公产生共鸣，将故事主人公的情结通过移情作用投射到自己身上，认为"自己就是主人公"或"自我"动态形成"为主人公"。即便是同一部自传作品，对于不同译者而言，也会诠释出不同的自传体源叙事文本内容（Barthes, 1979）。

"文本到疆域"概念上的变化过程，是一种从静态到动态，从文字表征到空间意义上的转换（Bosteels, 1998: 145 – 174）。"文本"就是一个由文字符号组成的一个表征结构，而"文本疆域"是一个开放式的空间，其中聚合了多种叙事元素，并且这些叙事元素是受诠释者的认知和感知派

---

① 本研究强调使用"翻译杂合"而不是"杂合"的概念，因为德勒兹和伽塔里认为一个聚合体本身就是多元的，或者在某种意义上任何事物都是一种具有多元特征的杂合体。然而，"翻译杂合"则强调必须具备翻译特征或经历了翻译过程后而形成的自传体目标译叙文本杂合属性，也可称之为是第三形态特质（谭载喜，2012: 19）。

生网络所支配的。换言之，只有当"诠释者"和"文本"同时存在且产生互动的情况下，才会形成一个"文本疆域"。文本疆域的边界和形态是不确定的，因为文本疆域是根据实际的地形地貌而形成的。例如，各种异质性叙事因素的搭配组合就像是一幅有着江河山川的地图，诠释者根据自己的偏好去发现和探索这个领域，对源叙事文本疆域的地貌形态进行解译，最终形成自己建构的一个路径图式。然而，译者与读者不同的地方在于，译者不仅需要自己解译这个疆域，并且还作为一位建构者，在目标文化中根据目标文化的实际情况重构这幅地图，实现再疆域化过程的本地映射。文本疆域与文本的另外一个非常重要的区别，是文本疆域主要强调源叙事文本、译者、自传体目标译叙文本之间形成的内聚差异性，特别是译者，即译者对于源叙文本的解构与对目标译叙文本的重构对于源叙事文本的解构与对目标释叙文本的重构。也就是说，译者如何将源叙事文本中的各种异质性叙事因素进行解构，通过不断地在文本微观层面的细分方式从而在重构自传体目标译叙文本的疆域时，将其与源叙事文本在宏观层面进行区分与细化。

  翻译交际层面的自传体源叙事文本、自传体目标译叙文本和译者都是交互依赖性的关系，其中任何一个概念的变化都会影响另外一个（几个）概念。在这种情况下，叙事层将变得更加复杂，因为其涉及自传叙述者、人物、故事场景、故事事件、情感因素等多方面译叙成分的交互依赖性的关系问题。特别是当译者从"翻译交际层"介入"自传故事层"后，对故事叙事元素进行操纵，必然会使其内部结构和情节发生变化、产生差异，并且在特定的语用环境差异条件下变动形成一种新的关系。因此，本研究采用"动态形成"哲学思想作为研究视角，主要因为它可以用于解释叙事自传体目标译叙文本在特定实际环境中的差异化演变现象，特别是这种差异化的演变现象与以往语言二元结构的"树状"对比研究有着不同的诠释。传统语言二元结构的对比是以两种语言之间的"相似性"为基础而建构的一种研究模式。但是，即使再相似的语言概念也不可能一模一样；而且语言的相似性是一种范畴化语义层面的对比，或者基于客观语境认知的解释，并不能够真正解释翻译中出现的各种动态变化。"动态形成"哲学思想则基于"内聚差异性"。所谓内聚差异性，是指事物在变化中自身内部产生的差异性。例如，文化转向之后的翻译学把造成源文本与目标文本之间的差异性，归因于两种语言的宏观社会文化结构、框架或范式的不对称问题上。然而，"动态形成"哲学思想却强调源叙事文本流变到目标译叙文本过程中,其文本内部微观层面的异质性译叙元素之间重新排列组合的情况,尤其是译者的介入是如何将自己的认知和感知网络参与到目标译叙文本差异化的演变过程中去的,并且在参与过程中又是如何受到各种文本以外因素影响的。

邦达思(Bounds,2011)指出:"如果'动态形成'是一个力量场域(force field),那么其中就会出现一些相似的亚稳态体(metastable)介于稳定和不稳定之间的相似物。换言之,'动态形成'是一个聚集了各种力量的场域空间,在这个场域空间中事物存在永恒差异和永无休止的分化(eternal different and eternal differenciation)[①],那么所出现和消失的事物应该是指各种'强弱程度'(intensities)的力量,以及它们相互之间建立起的各种实质的聚合关系。"德勒兹和伽塔里从实用主义和经验主义的角度诠释了事物的动态多变性和各种促成事物"动态形成"的不稳定因素。

在翻译网状派生空间中,自传体源叙事文本疆域中的因素,译者疆域中的因素和各种外部的因素之间进行商榷和互利共生,各个"高原"之间通过根状派生网络相互联系,并且根据目标系统的实际语用环境情况采用各种翻译方法、翻译技巧和译叙成分,内聚形成多元异质联结[②]的本地映像,最终"动态形成"自传体目标译叙文本(有关各种翻译方法和翻译技巧的归纳请详见本书附录2)。自传体目标译叙文本在经历动态场域的形成过程后,在不同层面融入各种因素的特征,包括自传体源叙事文本、译者及其他因素的内容。自传体目标译叙文本变动形成了一个杂合文本,同时与自传体源叙事文本之间形成了差异性。

文本疆域解构和重构,主要指翻译过程中译者、自传体源叙事文本和目标变动形成环境因素之间的互动过程。文本疆域解构和重构是在目标环境的差异条件下重复源叙事文本意义,并且不断地在重复过程中产生和制造差异化的目标译叙文本。每次的重复都派生出新的网状联结,译者的身心情感因素在重复过程中得以释放和转变,并与源叙事文本的意义交织在一起。自传体目标译叙文本的"动态形成"过程需要经历多次重复性的文本疆域解构和疆域重构。译者先根据自己的认知和感知对源叙事文本意

---

① 德勒兹的"永恒差异和永无休止的分化"概念源自尼采。
② 德勒兹和伽塔里认为,语言、思想、事物等(根状派生网络)是由各种"异质联结"(heterogeneous connections)聚合成的多元性(Deleuze & Gattari,1987/2004:8,26,111-112,276,398)。所谓的差异化目标文本,实际上就是各种"异质联结"而重新聚合而成的自传体目标译叙文本"本地映射"。

义进行微观层面上的分析或"细分"（differentiation），并不断在变动细分的过程中进行差异化的"区别"（differenciation）①，或导致在宏观层面上的差异变化。文本层面的细微变化会对整个文本的建构产生影响。译者的作用在于重新排列这些细微的元素和强弱程度，从而重构一个差异化的自传体目标译叙文本。因此，译者通过操纵文本的微分细节，以区分目标译叙文本与源叙事文本的关系。译者的认知和感知疆域通过与源叙事文本的故事疆域相遇和碰撞之后形成各种逃逸路径，各"逃逸路径"又与目标译叙文本形成环境中的各种因素，如语言、社会文化、政治、商业等多元因素相遇并产生碰撞，逐渐在各种权利关系的强弱程度的重新排列组合下，促成了自传体目标译叙文本的"动态形成"。在变动的过程中，事物的"动态形成"需要通过接触各种异质性因素与其发生关系，并通过各种逃逸路径聚合各种多元性，最终变动形成一种新的关系。

谈到文本疆域解构和重构，不能不提德勒兹（Deleuze，1968/1994）的"重复与差异"（repetition and difference）概念。"重复"的概念与差异权利关系有关，特别是自传体目标译叙文本的形成对于自传体源叙事文本而言，是一种重复生产，而在每次重复的过程中自然会产生差异性，并且变动形成多元形式的自传体目标译叙文本。翻译并不是对源叙事文本的模仿或临摹，而是一种在实际语用环境中的探索和试验，通过翻译可以让各种情感经验和表达释放出来。翻译中的重复是建立新的开始，是对各种异质因素的重新排列组合，是一种促成变异或变体的过程。重复源叙事文本是促成差异化目标译叙文本的形成，而且重复行为本身又是在特殊的差异条件下产生的。重复激发了翻译创作的本质，翻译是变动过程中的创新性活动，也导致自传体目标译叙文本"陌生化"的效应。重复不是单向的过程，而是一种"多次"反复的过程。译者疆域、源叙事文本疆域、以及其他疆域之间就是一种多次重复的互动解构和重构过程。在多次重复

---

① "细分"（differentiation）和"区分"（differenciation）是德勒兹的哲学思想中的关键词（Deleuze，1994：208-214）。"细分"和"区分"是德勒兹差异哲学思想中的两个主要基本元素。"细分"是一个数学"微分"的概念，德勒兹主要指事物在微观层面的细小异质性元素，或各种强弱程度。例如，一本书中的微观层面是由各种故事发展细节而构成的，这些细节之间的变化构成了故事发展的变化，读者也从中体验到各种强弱程度变化。"区分"是一种对细微元素之间变化关系的动态认识，是分辨各种强弱程度。例如，读者通过区分书中的各种故事细节和强弱程度之间的关系，从而推理出故事发展的变化。换言之，"微分"强调细节，而"区分"则赋予这些细节实际的意义。

中，各个疆域中的"高原"之间相互碰撞，并且变动成为自传体目标译叙文本形成的因素①。

传统的翻译观在解释"翻译转换"问题时，主要讨论的是语义、语法和语用层面的"对应""替代""移位/转换"和"编码与译码"等元素或概念。自传体源叙事文本与自传体目标译叙文本之间有着明确的关系和紧密的联系。然而，德勒兹和伽塔里哲学思想中的根状派生网络思维强调新事物的创造和创新，而所谓的"新"实际上是将各种事物解构之后，又重新进行排列组合，类似于一种进化、变异和转型的概念。一个不可否认的事实是，新事物必须借助原有事物的元素并加入其他事物的元素才能进行转型和变异。任何新的事物或新关系的产生都具有一种根状派生网络的随机性，这一点与以往的翻译观中的"对应""替代""移位"等树状对比概念不同。因此，笔者认为，"根状派生网络"概念不应该运用于解释从自传体源叙事文本到自传体目标译叙文本的"转换"问题，而如果用它来探讨译者对自传体源叙事文本根状派生网络语境的构建，以及对自传体目标译叙文本在实际目标语用环境中的异质化本地映射的重构上，则有非常好的解释作用。因此，笔者运用德勒兹和伽塔里的"动态形成"哲学思想视角重新诠释翻译的概念做出以下总结：

从"动态形成"哲学思想角度切入，翻译被看作一个促成文本试验、生产、流变、转型的网状派生空间，或译者对翻译文本进行的动态文本疆域解构和疆域重构过程。翻译的"动态性"（或"游牧性"）特征是基于一种无序的和非线性的"根状派生网络"属性。译者疆域、自传体源叙事文本疆域和目标变动形成环境中的各种因素之间互动形成这种"根状派生网络"关系，促成了源文本纹理化空间过渡到平滑空间并最终形成目标纹理化空间的互动建构过程。

源文本疆域置身于某个社会文化网络之中，译者通过截断和瓦解将源文本视为派生形成目标文本的一个"开端"或"中心"。源文本疆域中的各种异质联结元素与译者疆域中的异质性元素相互碰撞和嫁接。正是这些异质联结元素的互动作用决定了翻译文本的动态对等关系。例如，并非能

---

① 在流变的因素中，可能有积极的因素，也可能有消极的因素，它们都会影响自传体目标译叙文本的形成。因此，德勒兹和伽塔里的伦理观是一种"流变的伦理"（Parr，2005：85），在翻译层面看，不去评价所谓的好的译文和差的译文，因为好和差都是相对的概念，而只是谈自传体目标译叙文本实际形成现状中的伦理。本研究不涉及过多的后现代主义翻译伦理问题，只是在此稍微提及。

指 A 决定所指 B，而是源文本 A 的各种 A1、A2、A3、A4……异质联结决定了 A 的意义，并且通过 A1、A2、A3、A4……异质联结元素随机性地与译者认知和感知疆域及目标形成条件中的 B1、B2、B3、B4……异质联结相互交织和融合，从而"动态形成"了目标文本疆域。因此，翻译的动态对等关系建立是一种多元派生的网状关系，不同译者或不同时空中的翻译行为都会产生细微的变化和差异，从而将目标文本 1 与目标文本 2 或其他目标文本等区别开来。

在此过程中，各种权利关系之间在特定的时空框架中相遇和碰撞，由于自传体目标译叙文本的"动态形成"聚合了译者的认知与感知因素，自传体源叙事文本因素，以及目标形成条件中的各种因素，因此在实际目标语用环境的差异化形成条件中，译者通过其认知和感知网络建构成一个根状派生网络语境，且采用各种文本操纵手法对自传体源叙事文本意义进行重复，并在重复源叙事文本意义时，逐渐形成具有翻译杂合特质的内聚异质化自传体目标译叙文本的本地映射。

"动态形成"的后现代主义哲学思想不能用于严格划分翻译与创作之间的界限，因为当一切话语皆可翻译的时候，翻译必将在不同程度上进行创作或创新。然而，可以肯定的一点是，如果目标文本疆域与源文本疆域之间的网状异质联结点越多和越密切，那么就应该反映出一种高度对等的关系。然而，创作则完全不同，因为其没有源文本存在的必要性，即便是通过源文本而启发的创作，那么源文本疆域和目标文本疆域之间的异质联结点应该比较稀疏，并且目标创作文本会与很多其他疆域的元素进行联结。因此，根状派生网络本身不能够解释翻译的转换过程，因为译者是文本的操纵者，翻译的转换行为是通过译者的主观操纵而完成的。例如，异质性元素的截断或嫁接等。译者对翻译的对等关系建立拥有决定权，而根状派生网络只能反映目标文本"动态形成"的本地映射情况。

第四节 "动态形成"哲学思想视角下的网状多元分析法

网状多元分析法是笔者根据德勒兹和伽塔里的"根状派生网络"概念改造而来的一种翻译学研究方法，其主要是通过分析自传体目标译叙文本的"动态形成"情况，从而提供一个德勒兹和伽塔里式的诠释。网状多元分析法是一个基于翻译文本本身及其派生出的异质联结关系的分析方法，其研究者的批判性思维相结合，注重分析自传体源叙事文本变动形成自传体目标译叙文本过程中的内聚差异性，及其包含的译叙联贯性和合理性问题。自传体译叙的文本疆域解构和疆域重构过程，涉及自传体叙事的形成互动因素。网状多元分析法不仅可以通过分析和描述来说明自传体译叙文本疆域解构和疆域重构过程中的翻译现象，也可以运用到分析和研究自传体叙事的翻译案例中。

网状多元分析法是针对自传体译叙文本分析的研究方法，笔者在其基础上还加入了翻译学和自传叙事学理论中的一部分概念，并将其改造成适用于自传体译叙文本的文本分析工具。网状多元分析法同时还是一种基于笔者"认知和感知网络"的"自我反射式"建构的综合分析法。这种方法不拘泥于语言学分析法[1]（关注文本内聚的结构差异性）和"文化表征"的话语分析法[2]（关注文本外在权力关系），而是将所有促成目标译叙文本形成的因素看作是在一个根状派生网络平面上的异质联结。因此，本研究从一个新的研究范式入手，加入了叙事学的理论元素，从而试图将其改造成一种新的综合分析方法。

---

[1] 早期语言学派采用的是语言结构的层级对比分析（Catford，1965；Nida，1964；Vinay & Darbelnet，1958/1995），试图在语义层面和语法层面的"转换"（shift）上建立对等关系。采用这种文本分析方法的主要问题是，文本的分析被局限在一种"规约性"（prescriptive）的范畴内。然而，不能否认的是语言本身具有内在"规则"（rules）和"规范"（norms），不同的语言具有一套属于自己的内在"规则"和"规范"。翻译并不局限于语言内部"规则"和"规范"结构上的转换，而应该是一种"语言的疆域解构和疆域重构"。"语言"本身应该被看作一个"聚合体"，是由各种语言"异质性"元素组成的。翻译解构了语言原有的疆域的"规则"和"规范"，将其中的"异质性"元素从原有的结构中"逃逸"出来，并联结和派生出新的目标"异质性"元素，重新按照目标语言的疆域的"规则"和"规范"进行排列组合。因此，翻译的本质具有一种"动态性"，在分析文本的时候应该挖掘和凸显这种"动态性"的内涵。

[2] "文化转向"的操作学派倾向于把自传体目标译叙文本看作一种"历史文化的表征"（historical and cultural representation）。从德勒兹和伽塔里的哲学思想看，历史和文化本身就是一个多元的概念，是多种互文话语的建构。"表征"本身具有代表性质，既然"历史和文化"的概念是动态的、相对的和不确定的，那么自传体目标译叙文本又如何才能明晰其"代表"的所指。随着后现代主义理论的发展，"话语分析法"（discourse analysis）在翻译研究中得到应用。"话语分析法"把语言层面的差异看作各种"文本外部"权利关系下所产生的原因，而非单纯语言结构性的问题。自传体目标译叙文本被看作在各种文化因素、社会因素、历史因素、意识形态、权力机构等一系列话语权力关系下的产物。的确，"话语分析"融入了研究者的主观性，话语的框架也是根据研究者收集的各种研究资料所建构的，并且这种框架的建构因人而异，不同研究者可以从不同的视角去建构框架。然而，"话语分析"将导致源文本和目标文本之间的差异过度归结于一种文化历史批评的范式。

网状多元分析法包括三个主要方面：①研究者身份视角转换；②自传体译叙文本在微观与宏观层面上的区分分析；③根据文本的分析情况演绎推理各种"动态形成"的因素。

一、研究者身份视角转换

网状多元分析法强调研究者与研究材料之间的互动网状关系。翻译研究者是翻译研究课题的核心参与人、他（她）所接触到的研究材料与所处的研究环境和条件之间形成了一种动态互动的建构关系。研究者根据自我的认知和感知网络，与掌握的研究材料进行互动，并通过一种身份视角转换，从而建构自己的研究路径，并最终为研究课题提供一种诠释。因此，在诠释自传体目标译叙文本的差异化形成情况时，研究者还将自己的认知与感知互动因素和自传体目标译叙文本"动态形成"的因素结合起来综合分析。

翻译研究者在从事翻译实证研究时，特别是对比翻译文本时通常会进行三种"身份视角转换"①。

（一）研究者"动态形成"译者

翻译研究者在分析翻译文本时需要把自己想象成译者，借助自己的翻译经验和批判性思维去对比分析自传体源叙事文本与自传体目标译叙文本之间的差异关系，以及各种翻译问题的处理方法。对于翻译研究者而言，站在译者的视角和立场去看待文本，应该是一个基本要求。

翻译研究者把自传体目标译叙文本中的"叙述自我"当作一个译者

---

① 笔者对于研究者的这三种身份视角的转换思想来自道格拉斯·罗宾逊（Douglas Robinson）的两本著作：《成为译者》（*Becoming a Translator*）（Robinson，2012，第三版）《译者登场》（*The Translator's Turn*）。在《成为译者》中，罗宾逊强调译者通过身份角色的演绎将自己置放在一个社会网络之中，把自己想象为一个社会成员、一个源叙事文本读者、一个自传体目标译叙文本作者，或者一个语言运用者，等等；并且认为，只有通过这种身份的角色转变，译者才能更好地认识自己。

进行"角色演绎"① 的文本对象。对于具有主观能动性的"译者"而言，研究者认为译者是文本的操纵者，以及译者需要介入文本之中去施展自己的个性和特质，但前提条件是译者必须采取一种"角色演绎"的形式，即把自己当成自传传主，并且以其身份建构可以激发目标与读者的展演语句或话语。研究者意识到自传体目标译叙文本中"叙述自我"的身份建构实际上是一系列话语蓄意安排所产生的效果。译者在进行"角色演绎"的时候通常存在两种情况：第一种是把自己带入自传角色当中，尽可能在话语和故事层面近似于自传传主或把自己想象成自传传主，并且利用其身份特征进行贴近自传叙述者的展演语句或话语建构，以激发和拉近目标读者与自传传主之间的距离；第二种是把自传传主的身份和个性通过译者的身心特质演绎出来，译者具有更多的主动权去发挥自己的特质，让自传传主在译者笔下活灵活现。换言之，让自传传主靠近译者，以译者本人的展演语句或话语的建构去实现自传传主的身份特征。②无论是"带入"还是"带出"，研究者都应该通过此演绎推理关注和分析译者在其中的参与程度和操纵成分。

（二）研究者"动态形成"读者

翻译研究者具备双（多）语能力，在分析翻译文本时，把自己当作自传体源叙事文本或自传体目标译叙文本读者。不一定所有研究者的双语能力都相当，因此研究者可以发挥自己的母语优势，把重点放在目标译叙

---

① 此概念是研究者根据朱蒂丝·巴特勒（Butler, 1993）在《性别风波》（Gender Trouble）一书中提出的"性别展演"（performance）和"展演性"（performativity）概念基础之上提出的。"展演"是指人的言谈举止和外表等一切让人看在眼里的事情，而其引申含义是指人的一切举止都是表演给其他人看的。"展演性"意指人在做动作时，该动作若能够让人感受到，则该动作便带有表演的性质。研究者认为，巴特勒谈到的"展演性"必须要有适当的人，适当的场合和适当的时间才能发挥真正的作用。比如，当奥巴马在他的自传中谈到美国人的价值观时，如果刚好是在总统大选时期，这部自传就发挥了效用，读者也可以从自传文本中感受到这种展演性的存在。

② 第一种情况，例如，如果演员表演的人物是家喻户晓、耳熟能详的名人，像伊丽莎白一世、孙中山、甘地、曼德拉、乔布斯等，那么演员必须通过自身的演绎性把自己的身心特质"带入"到角色当中，让观众看到的是他们认知框架中的一个个活生生的名人，听到的是名人的声音，以及感受到名人的内心世界。第二种情况，例如，演员表演的人物是观众较为陌生的角色，像亚历山大大帝、数学家纳什教授、武术家叶问等，那么表演者同样需要通过自身的演绎性把自己的身心特质"带出"到角色当中，让观众通过演员的一举一动和一言一行去感受人物的形象和故事。

文本的阅读分析上。目标译叙文本可以存在多个目标读者群。研究者需要根据目标译叙文本的文本类型和各种出版情况决定自己成为哪一类读者群中的一员（Robinson, 2011, 2012）。研究者的背景和经验也决定了他（她）的阅读模式。

（三）研究者"动态形成"文化批评者

研究者需要具备学术视野，从社会文化角度及各种其他可能的视角对翻译文本进行批评式的解读。研究者把自己当作一名文化批评者有助于其更好地建构关于研究对象的学术话语。文化批评者的身份赋予了研究者更开放自由的诠释空间，也为研究者所从事的翻译研究赋予深层含义，以及建构更学术化的哲性诗学。

上述网状多元分析法中关于研究者三种身份视角转换概念的提出，实际上有助于翻译研究者从不同的视角认清自己与研究对象之间的关系，明晰这方面研究的可行性，以及明确研究领域、方向和研究命题。

二、自传译叙文本在微观与宏观层面上的分析

德勒兹和伽塔里（Deleuze & Guattari, 1987）认为："语言是一种映像"，并且具有演绎性。当自传作品被翻译成汉语的时候，需要经过文本疆域解构和疆域重构的过程，并"动态形成"属于自己的本地语言映像。该语言映像反映了语用学的重要性，语用学是语言学中最重要的部分，它成为所有其他语言学分支（如语义学、句法学、音位学等）的预设，并渗透到各个角落（Deleuze & Guattari, 1987/2004: 85; 麦永雄, 2010: 104）。语言的运用是任何交际的基础，目标读者也是通过翻译的语言从而建构一个想象中的真实世界。翻译的语言运用涉及两个方面的变量，即故事的"内容变量"（如占据各种不同比例的叙事元素）和译者的"表达变量"（叙述元素）①（Deleuze & Guattari, 1987: 91–97）。这两个概念与叙事学理论中的"故事"（story）和"话语"（discourse）概念（Chatman, 1978; Genette, 1980; Shen, 2002, 2003, 2005）近似。"故事"

---

① "内容变量"（content variations）和"表达变量"（expression variations）是德勒兹和伽塔里（Deleuze & Guattari, 1987: 91–97）在使用"动态形成"哲学思想分析语言时所涉及的两个术语。

强调说了什么内容,"话语"强调怎么说的或故事内容是怎样表达的。笔者将从叙事学理论的"故事"和"话语"概念入手,并结合德勒兹和伽塔里的思想,探微叙事语言细节上的各种内容变量和表达变量。

一个自传体目标译叙文本聚合了各种文本操纵成分的内容变量和表达变量。自传体目标译叙文本在文本的疆域解构和疆域重构的过程中,与其他元素碰撞和融合,并且不断地对这些内容变量和表达变量在微观层面进行内聚性的细分。这个细分过程将各种译叙元素重新排列组合,形成了内聚异质化的本地映射,从而与自传体源叙事文本在宏观层面区别开来。

在以德勒兹和伽塔里的微观哲学考察看待文本层面的翻译转换现象时,笔者发现,自传体源叙事文本疆域经由译者疆域的碰撞,导致了异质性元素上的断裂和逃逸,并且在不同的时空和权力张力下相互碰撞、重迭、融合和转变。翻译作为一种重复文本意义的行为,是一种在差异条件下促成"他者"形成的过程。翻译行为不仅在意义层面上是对源文本的解读、延异和再生,而且在文字和修辞结构上也存在移位、转换、替代、增补、消减、断裂等各种重构情况。翻译行为本身就是在重复源叙事文本意义时制造差异、产生异质联结和形成文本多元性。

译者在翻译过程中作出的各种决策、选择和行为,都是在自传体源叙事文本和自传体目标译叙文本之间建立和编织各种对等关系,并且这种对等关系建立不拘泥于翻译转换(Catford,1965)意义上的解释,也不完全基于读者反应论基础上的动态对等解释(Nida & Taber,1969/1982),而是一种根状派生网络关系,即把每一个语言单元都看作一个多元聚合体。例如,源语言是一个由多元异质性元素杂糅而成的聚合体,其中包括各种方言、俚语、个人习惯用语、文化流行语等(Venuti,1998:8-30)。语言单元之间具有联结性和互动性,在各种不同的形成条件下进行排列和重组。每一个语义层面的变化都是言语行为拟像的实现,并且有转变观众的力量,语言运用也在一个空间内得以施展(Bogue,2003:190)。因此,研究者在做"文本分析"的时候,关键还在于关注自传体目标译叙文本在译叙的合理性和联贯性方面是否达到预期的效果。排列重组的过程就是本着合理性和联贯性的目标,对自传体目标译叙文本的译叙元素进行细分或微调①，逐渐形成一个内聚性的稳定结构。

在分析自传体目标译叙文本中的内容变量和表达变量的细分情况时，研究者需要分析出译者对译叙文本所做出的操纵变化。例如，译者采用的各种翻译方法、翻译技巧和译叙成分等，以及这些操纵变化之间与译叙合理性和联贯性之间形成的内聚网状派生联系。译叙成分对于动态对等的选择起到了关键性的作用，而翻译方法和翻译技巧（详见本书附录2）反映了译者在文本层面的具体操纵。

本研究在借用后现代主义自传叙事学各种理论元素的基础上运用德勒兹和伽塔里的"动态形成"哲学思想将这些叙事学理论术语改造成适用于自传体译叙文本研究的译叙成分，将翻译方法、翻译技巧和译叙成分三者结合起来分析自传体译叙文本，建构成网状多元分析法的分析工具，旨在为自传体译叙文本的研究提供一种翻译学的文本分析研究模式。

译叙成分包括四个方面：①译叙交流参与者；②译叙联结点；③译叙声音、译叙视角和译叙对焦；④译叙手法。译叙成分是目标译叙文本在"动态形成"过程中决定故事内部差异性、联贯性和合理性重构的主要因素。除了作为译者疆域和目标形成条件的异质联结因素，译叙成分还可以作为自传译叙故事进程建构中的异质联结因素。传统的翻译文本分析方法只关注对源文本意义的诠释和目标文本在语言层面的变化，并且讨论译者采用何种翻译方法和翻译技巧对其进行操纵。然而，利用叙事学的理论工具分析译叙文本中的译叙成分，结合网状多元分析法进行文本分析，有利于研究者看清从自传源叙事文本中派生出的另一个近似的自传目标译叙世界，并且还可以为自传翻译的动态对等性增添一个后现代性的诠释。

---

① 路文-兹瓦特（Leuven-Zwart）针对叙事文本提出一个"整合翻译"（integral translation）的复杂分析模型，即翻译转换发生在两个层面，即微观结构层面（句子、从句、词组层面）和宏观结构层面（人物塑造、风格或叙事视角变化层面）。这种方法依赖于源文本和目标文本微观结构特点的细致比较。然而，在整合叙事文本层面的微观变化时，路文兹瓦特将功能理论运用到了"故事层面"和"话语层面"的探讨。笔者认为，路文兹瓦特所建构的分析模型在整体思路上看适用于解释翻译文本微观层面的变化与其整体效果的关系。然而，在微观层面上分析，路文兹瓦特过度依赖于结构树状语言学的分析方法，并且在宏观层面上又依赖于叙事所产生的功能性。鉴于此，本研究采用根状派生网络概念分析文本微观层面的译叙内在网状关系，并且根据"文本之间"和"文本外部"的"动态形成"情况综合分析翻译译叙文本的合理性和联贯性，从而诠释文本疆域解构和疆域重构的过程。

(一) 译叙交流参与者

自传体译叙文本中有各种译叙交流参与者,其中三个最基本的参与者分别是:自传体源叙事文本作者(叙述者)、译者和目标读者。从翻译研究者的角度来看,这三个译叙交际参与者都是研究者根据自传体源叙事文本和自传体目标译叙文本演绎推理出的角色。即便研究者在现实生活中可以找到真实的参与者,但这对于他(她)研究和分析译叙文本而言依然是将所收集到的信息转换成各种研究话语。从德勒兹和伽塔里的理论视角看,作者(叙述者)、译者和目标读者是流动的元素,并非一个固定的概念,他(她)们存在于译叙文本中的各个角落,是一种话语建构,如自传译叙副文本中的作者姓名、译者姓名、故事人物、故事事件、默认目标读者等。

当然,笔者认为,有必要区分译叙文本中的"话语作者(叙述者)、译者和目标读者"和现实生活中的"实际作者、实际译者和实际目标读者"。毕竟存在于译叙文本话语层的译叙参与者是翻译研究者演绎推理出的角色,而后者则是实际参与到文本生产活动中的人。做出这样的区分对于探讨译叙参与人有着必要的关系。

(二) 译叙联结点

自传体译叙文本中存在各种叙事故事的"参照点",用德勒兹和伽塔里的理论术语可以称之为"联结点"。例如,时间联结点、地点联结点、情感联结点、人物联结点、人称联结点、行为联结点、意象联结点、姿态联结点等,这些联结点的动态聚合是构成译叙故事进程的基本成分。这些"联结点"随着译者的认知和感知派生网络,在一个个不同的"高原"之间"游牧"和穿梭,编织建立成一个自传故事世界。译者在进行文本的疆域解构和疆域重构时必须对译叙联结点进行译码及重组。译叙联结点是译叙文本层面信息对等的基本成分。研究者通过对比自传体源叙事文本中的译叙联结点和自传体目标译叙文本中的译叙联结点,就可以看出译者对译叙信息的各种操纵。

(三) 译叙声音、译叙视角和译叙对焦

1. 译叙声音

在自传体译叙中,"译叙声音"反映了自传体译叙故事的传主声音,

即使自传译叙声音存在多种话语形成，其最终还是指涉自传传主本人。"译叙视角"和"译叙对焦"的作用在于框定"译叙声音"的建构。例如，译叙传主以什么姿态和从什么视角叙述问题，以及在叙述时选择了什么内容及其表达的强弱程度①。

本研究并非直接将叙事学理论框架应用于自传体叙事的翻译分析，而是巧妙地借用叙事学中的核心要素，以深入挖掘和展现自传源文本与目标译文本在叙事层面的细微差别。此外，本研究并未试图将叙事学理论与后现代主义视角相结合，而是有选择地采纳叙事学中的关键叙述成分，作为解析和探讨的重要工具，从后现代主义的视角切入，针对本研究的自传体译叙情况进行理论框架的建构。此研究思路是参照莫娜·贝克（Baker，2006）在《翻译与冲突》（*Translation and Conflict*）中的研究方法而形成的。贝克把叙事学中的元素（elements）或成分（components）放置到社会和交际理论中，认为只有通过实际的交际过程才能分析出不同框架下的叙事及其所发挥的功能。笔者认为，译叙声音、译叙视角和译叙对焦是构成自传传主形象的三个基本要素。德勒兹反对把语言看作能指和所指关系，或把文本看作一种表征，他更愿意把文本中的语言看作各种强弱程度的流动（flux）表达。德勒兹所谈到的各种强弱程度的流动表达是聚焦于文本内部的差异性变化，从文本本身的内部细微差异分析文本所生成的意义。因此，译叙声音、译叙视角和译叙对焦在文本内部各自都存在着强弱程度的差异。本研究采用这三个译叙文本分析工具的目的，是从译叙文本内部的各种强弱程度和频率去看自传体叙事的建构情况。

对于自传体译叙文本的分析，研究者可以根据网状多元分析法分析出自传体译叙文本中各种译叙视角和译叙对焦的派生关系，并且从中演绎推理出自传传主的译叙声音。自传体译叙文本的重构不是对源自传文本的模仿②。译者通过对自传体源叙事文本中的各种叙事联结点进行分析，并且对故事意义进行诠释。在不同的制约译叙文本形成的条件下，译者在这些差异的条件下重复源译叙文本的故事意义，选择重写排列组合"译叙联

---

① 本研究借用叙事学中的三个叙事元素，即叙述声音、叙述视角和叙述对焦作为自传体译叙文本分析的工具。笔者对这三个叙事元素进行了术语上的改造，把这三个元素定义成"译叙声音"（trans-narrating voice）、"译叙视角"（trans-narrating perspective）和"译叙对焦"（trans-narrating focalisation）。

② 自传体目标译叙文本中的自传传主不可能在叙事文本建构的细节上与源叙事自传文本一样，因此源自传文本并不能单纯作为衡量目标自传文本好坏的标准。

结点",从而在重复的过程中,变动形成差异化的译叙声音、译叙视角和译叙聚焦。

译者介入因素导致自传的译本变成一种杂合式的"他者和自我杂合传记"(his-auto-biography)或"翻译自传"(trans-autobiography)。无论是自传还是自传体小说,或是回忆录、书信、游记或日记,等等,由于自传体叙事是一个开放式的叙事文本,译者在重构自传故事世界时改造了叙事文本原本的叙事结构,同时竭力思考如何在目标文化中重构这些叙事文本,其主要的任务还是寻求译叙层面的合理性和联贯性,更重要的是让读者能感受到重述的故事时可信赖的,因此,译者的介入因素导致自传体译叙文本变为一种杂合式的他者和自我杂合传记。

研究者通过分析自传体译叙文本中的译叙声音、译叙视角和译叙对焦重构情况,可以从中看出自传译叙的文本疆域解构和疆域重构情况。

译叙声音指"译者以何种口吻'说'(重述)自传故事",并且强调自传体译叙文本中"译者"和他(她)所建构的叙述者(或人物)的"双重声音"[①]。这种双重声音是译者在对自传体译叙文本进行文本疆域解构和疆域重构时所形成的特色,并且目标读者可以直接或间接地通过这个声音去想象自传叙述者(作者)的身份和形象。译者的声音在译叙文本中不仅仅体现为"译者的话语",更是译者与原文叙述者声音的融合体。

"如果把译叙叙事文本大声朗读出来的话,我们听到的不仅仅是语言文字的声音,而会产生一种想象空间的效果。'声音'是一种基于演绎特征的文学感知,而译者的出现却在原本作者和读者直接的声音感知默契上增添了一种麻烦的连接。目标读者可以通过译者的声音建构感受到作者的喜怒哀乐,但是永远都不可能体会源文本作者的本土声音,以及语言中的地道成分,就像是一位在舞台上表演人物的演员。译叙声音赋予了目标文本一种'双重视野',目标读者同时可以听到或意识到演员和他所表演的角色的存在译者和作者的同时存在。"(Green,2001:59-66)格林对译叙声音的解读非常符合自传译叙的实际情况。目标读者能感受到译者和叙述者的同时在场性,即目标读者通过认知推理可以意识到译者的声音成分和自传作者或叙述者的声音成分。

---

① "双重声音"或"复调"(dual voice)是从叙事学中的"复调假设"(dual-voice hypothesis)(Pascal,1977)中借用过来的。"复调假设"原本指自由间接话语是叙述者和人物混合而成的两种声音的假设。在此,笔者将其改为"双重声音",是笔者的一种杂合话语。

自传体译叙文本中自传传主的"在场性"具有"指涉性"（referentiality）（Barthes，1974，1981；Jakobson，1960；Prince，1982），其自传文本指向的是真实的自传作者或传主。即便自传体译叙文本的"双重声音"是一种杂合体，但目标读者根据"自传契约"的原则依然会认为自传中的故事是属于作者本人的，或读者潜意识认为这种声音是指向自传传主的话语。自传中的"指涉性"对于强化故事的真实性和自传作者本人的归属权问题起到了一定的作用。简而言之，译者是代替自传主人公在叙述，读者也是通过译者的译叙声音去了解自传主人公的故事。因此，这就营造出一种"双簧"的表演效果。读者虽然根据自传的自我指涉功能"看"到的是传主，但是实际上"听"到的却是译者的叙述声音。

2. 译叙视角

译叙视角指"译者以何种立场和姿态'看'自传故事的进程"，特别是译者对自传故事中的人物视角和事件进程视角的重构。译叙视角中最关键的是"叙事框架"（narrative frame）（Beaugrande，1980；Goffman，1974；Jahn，1997；Minsky，1975；Baker，2006；Tymoczko，2007）。叙事框架通常指目标系统中的社会文化因素、意识形态因素、诗学因素等。译者在重述时遵循目标系统的叙事框架规范。叙事框架通常与译叙策略和译叙目的有关。例如，韩素英的自传体小说《瑰宝》（*A Many Splendid Thing*）创作于1951年，并在56年之后，也就是2007年其中译版本才问世。由于韩素英一直以来都被中国话语认为是沟通中西文化的使者，因此在中国出版其中译本时，目标系统根据她在中国话语的叙事框架下对其译叙文本进行了文化身份和政治立场的定位，将译叙文本调适为一种倾向中国爱国主义思想的话语，并且采用了"语言顺应"的翻译策略，目的是通过韩素英的自传文本作品强化她"中西文化使者"的社会文化身份功能。（Wang，2014）不同的叙事框架决定着文本内部译叙视角的建构。研究者亦可以通过分析译叙文本的译叙视角建构，从而看出其"动态形成"情况。

3. 译叙对焦

译叙对焦指"译者以何种距离和强弱程度'调节'自传故事进程中的译叙焦点"。自传译叙故事中的译叙联结点是一个个"译叙焦点"。译者主要通过译叙对焦对这些译叙焦点进行调节，这是一种更加具体化的翻译文本操纵形式。译者通过人物塑造、故事情节与事件、情感表达等方面进行"强弱程度"的调节，具体包括焦点正常化、焦点强化、焦点弱化、焦点不透明、焦点转移等形式。焦点调节包括译者在译叙文本时与目标读者的诠释经验之间做出的"距离"调节。例如,"译叙前置"是一种焦点强化,译者将他(她)认为重要的信息"译叙前置",以此拉近译叙文本与目标读者的距离;"轻描淡写"是一种焦点淡化,译者将他(她)认为重要的信息"轻描淡写",掩盖译叙文本中的信息,或移除译叙文本中的冗余。

译叙对焦除具备焦点调节功能以外,还会引发"双重焦点"现象,即目标译叙文本事件中出现了两个不同的焦点:一个是作者的,另一个是译者的。"双重焦点"的出现,一方面是由于文本内译者和作者的意见不统一造成的现象,另一方面是由于文本中的"翻译腔"所导致的目标读者感到译者的话语显现性或在场性,以致在故事的进程中出现了"双重焦点"现象。

译叙声音、译叙视角和译叙对焦是译叙手法的一个组成部分,并用于分析自传译叙文本的建构。有关译叙手法的详解请见本书附录1。

(四) 译叙手法

译叙是一种通过翻译途径重新叙述自传故事的行为。在重新叙述的过程中,译叙手法的运用非常关键。研究者通过分析译叙手法,可以从中看出译叙层面的具体变化。本研究中的译叙手法,是笔者根据后现代主义叙事学研究中的各种理论元素改造而来的,通过分析自传体目标译叙文本中的译叙手法,可以看清楚译者在译叙层面的文本操纵行为。译者不仅运用各种翻译方法和翻译技巧对语言转换本身进行操纵,同时还运用各种译叙手法重构自传传主的身份和其自传故事世界。自传传主说了什么、怎么说的,以及以什么口吻、心态、方式说,等等,都取决于译者对译叙联结点的重新排列组合和译叙手法的运用。换言之,网状多元分析法主要用于分析自传体目标译叙文本是否在译叙层面符合合理性和联贯性,从而构成一个"可靠叙事"。例如,人物身份建构与其所述的故事是否合理?所述的事件与人物的情感表达是否符合逻辑?故事的进程是否前后连贯?等等。同时,这些在译叙层面上所形成的变化与自传体源叙事文本之间又存在着怎样的差异?研究者应该如何看待和评价这些差异?

本研究将建构自传体译叙文本的译叙手法分为三大类:①人物塑造;②故事进程;③话语建构。笔者从翻译学的视角对每一类译叙手法重新进行了定义,并在具体的文本分析中结合翻译方法和翻译技巧对文本进行分析（具体内容详见本书附录1）。

第五节 小 结

本章运用德勒兹和伽塔里的"动态形成"哲学思想，建构了自传翻译研究的理论和适用于自传体译叙文本"文本分析"的网状多元分析法。自传翻译研究的理论作为本研究课题的理论框架，其理论内容也被同步运用于文本分析网状多元分析法的建构中。

笔者认为，德勒兹和伽塔里的"动态形成"哲学思想对于翻译研究而言，不仅可作为一个新的研究视角，而且在一定程度上改变了现有的研究范式。因此，从新的视角去诠释自传体译叙文本的文本疆域解构和疆域重构问题时，除了自传翻译研究理论的建构，还有必要再建构一个文本分析的研究方法，从而采用一个新的研究范式对其展开研究。

总之，德勒兹和伽塔里的"动态形成"哲学思想可以用于解释自传译叙文本及其相关的异质联结的根状派生网络关系。更确切地说，"动态形成"哲学思想可以用于解释自传体目标译叙文本在实际目标语境中的变动形成现象，特别是诠释源叙事文本、译者与目标译叙文本之间的动态文本疆域解构和疆域重构过程，以及从翻译研究者的互动角度去看待和分析这个过程中各种"融会创新"的本质和因素。

第四章 案例研究

本章主要将笔者建构的自传翻译研究理论和网状多元分析法运用到自传体译叙文本的分析研究中,并选取了三个案例进行分析及诠释其形成因素。

第一节 海伦·凯勒的 The Story of My Life 自传体译叙案例研究

一、背景介绍与缘由

海伦·凯勒(1880—1968)不仅是一位杰出的美国作家和教育家,还是一名卓越的政治活动家。在她幼年时,不幸患上了急性脑炎,这使得她失去了视力与听力。对于常人而言,失明和失聪已经是无法承受的打击,但对海伦来说,这仅仅是她人生挑战的开始。

在海伦的生命中,有一位至关重要的人,那就是她的良师兼益友安妮·莎利文(Anne Mansfield Sullivan)。这位充满智慧与爱心的导师,以无尽耐心和毅力,陪伴海伦走过了无数个艰难的日子。她倾注了自己的心血,教会了海伦发音,让一个原本与世隔绝,无法与人交流的盲聋人,逐渐学会了与人沟通,表达自己的内心世界。

海伦的求学之路比任何人都要艰辛。但她凭借着顽强的拼搏精神和不屈不挠的毅力,成功完成了哈佛大学拉德克利夫学院的学业。在1904年,她成为人类历史上第一个获得文学学士学位的盲聋人。这一成就,足以令全世界为之惊叹。而海伦的传世之作,就是在大学二年级期间撰写和出版的自传。在这本书中,她坦诚地描述了自己的早年生活,与安妮·莎利文共度的那段珍贵时光,以及她们之间深厚的感情。这些文字,既是海伦对过去的回忆,也是她对未来的展望。这本书不仅成为海伦的代表作,也成为世界文学宝库中的瑰宝。海伦·凯勒自传 The Story of My Life 在目前有三个中译本,其具体情况详见表4-1。

表4-1 源叙事文本和目标文本的出版信息

源叙事文本	Helen Keller. *The Story of My Life*. New York:Doubleday & Company, 1954	
目标译叙文本1	《假如给我三天光明:海伦·凯勒自传》,李汉昭译,北京:华文出版社,2013(2002年1月第一版,2013年1月第53次印刷)	教育机构版本
目标译叙文本2	《假如给我三天光明》/ *Three Days to See*,林海岑译,南京:译林出版社,2013	英汉对照版本
目标译叙文本3	《我的生活:海伦·凯勒自传》,常文祺译,浙江:浙江文艺出版社,2007	高质量文学版本

海伦·凯勒自传的三个中译本分别展现了自传目标译叙文本的三种不同"动态形成"情况。华文出版社版本的部分内容被选入人民教育出版社的初中二年级语文课本,并被推荐为初中语文课的课外读物。该出版社主要面向青少年读者,因此在翻译过程中注重遵守汉语规范,使学生能够通过自传目标译叙文本的语言文字学习中文。

译林出版社的英汉双语版本则面向更广泛的读者群体,包括英语学习者等。这个版本为读者提供了一个阅读源文本的选择,目标读者可以用它来作为一种学习英语或学习翻译的参照,有助于让读者体会两个文本之间的意义。英文读者也可以通过这个版本学习中文。因此,该版本的双语目标文本特色是尽可能忠实和完整地译出源文本的内容。

浙江文艺出版社的版本声称其译本的源文本是经过美国兰登书屋(Random House)独家授权的1903年复原版,是该译本在中国大陆唯一获得授权的版本。这意味着浙江文艺出版社试图将其翻译版本与其他市面上的翻译版本区分开来,因此在书籍出版方面选择了"高质量"的重译策略。这一版本对于海伦·凯勒的自传目标译叙文本来说,具有很高的研究价值,并对于读者深入了解原著具有重要意义。

本节旨在梳理并讨论海伦·凯勒自传,在当代中国翻译的网状派生空间中,是如何进行文本疆域解构和重构的。笔者采用共时性研究范式,选取了三个同时代的"重译"版本作为案例文本分析并讨论这三个重译文本的各种差异化的内聚译叙建构,涉及目标"动态形成"的差异化条件,以及重译过程中各种联结因素的"逃逸路径",从而解释自传体译叙文本"动态形成"过程中的内聚差异性、联贯性和合理性。

本案例的分析和讨论注重两个方面:①目标形成条件与目标文本之间的网状派生关系;②不同目标文本在"动态形成"过程中构成的内聚差异性,即各种异质联结因素排列组合形成的内聚译叙联贯性和合理性。

(一) 海伦·凯勒自传的目标文本"动态形成"条件溯源

在中国本土社会文化的实际语用环境中,全球化消费主义的运作机制促成了多个目标文本形成的需求。海伦·凯勒一直被当代中国树立成坚持不懈的榜样和成长励志的社会文化符号。有关"海伦精神"的各种社会文化话语建构,促成了一种符号拟象的形成。作为目标群体的中国,正是从一个正面的和积极的角度去诠释、翻译和传承海伦精神的。

笔者根据现有的资料总结并发现,在中国改革开放的前 20 余年 (1978—2000),对海伦·凯勒自传的译介采用的是一种文化传播和文化挪用的翻译策略。随着中国残疾人事业的逐渐完善和市场经济的不断深化,自 20 世纪中后期,海伦·凯勒的名字已经在中国家喻户晓,并且社会各界也以各种方式参与到"海伦·凯勒"话语的形成当中。例如,在翻译领域,《中国翻译》期刊早在 1982 年就刊登了庄绎传(1982:47 - 48)选译的海伦·凯勒自传 *The Story of My life* 中第四章的一个片段。在文学领域,中国当代著名诗人牛汉(原名史承汉)在阅读了《我的生活》之后,曾写下一首诗歌《人啊生命啊》,并发表在期刊《当代》(牛汉,1987:244 - 245)上,此诗赞美了海伦对生命的珍惜和执着,并鼓励世人要像海伦一样具有勇于拼搏和锲而不舍的精神。在影视传播领域,海伦·凯勒的故事还被改编成各种版本的电影,其中,仅《奇迹缔造者》(*The Miracle Worker*) 一部就被重拍了三次(1962,1979,2000)。另外,1984 年由阿兰·基布森(Alan Gibson)导演、美国 20 世纪福克斯公司出品的《海伦·凯勒:奇迹延续》(*Helen Keller: The Miracle Continues*) 上映;杨絮和邹杨(1994:37 - 38)以《引起世界轰动的美国故事片:海伦·凯勒》一文在《当代电视》期刊上将海伦·凯勒介绍给中国观众。在园林艺术领域,杨其嘉(1985:7)和陈青林(1994:40)介绍了美国纽约市新建的一座专供盲人游乐的公园,名叫"海伦·凯勒感官公园"。在社会领域，像海伦这样的正面典型在生活中比比皆是，例如，崔永琦、张莘、白桦（1997：60-61）在人民日报社《新时代》杂志发表了《司晶，中国的海伦·凯勒》（1997：60-61）；孙敏（2000：4-9）撰文《眼睛和耳朵组成的黄金搭档：访问中国的"海伦·凯勒"》，介绍了盲人王峥和聋人周婷婷两位伤健人士自强不息的精神，并且把他们的努力和成功比作"中国的海伦·凯勒"；等等。在教育领域，中国很多从事和关心教育事业的人士以海伦·凯勒为榜样，从她的生平事迹中挖掘有价值的教育意义。翁振权、周伯元（2000：22）撰文《海伦·凯勒笔下的莎利文老师》，传达了老师的重要性和对老师的尊敬与爱戴。

经过三十多年的积淀，海伦精神已经深入目标文化之中，形成了特有的规范。海伦·凯勒自传作为传递这种社会文化的媒介，成为人们汲取灵感、进行文化挪用的对象。在全球化的消费主义时代，活跃的图书市场为这种文化挪用行为提供了丰富多彩的舞台。无数的出版社争相重译和再版海伦·凯勒自传，以满足不同年龄段的读者需求，如儿童版、青少年版、成人版和文学版等。这种多元译本的局面，一方面反映了"海伦·凯勒"的社会文化符号与当代中国主流意识形态的契合，另一方面也证明了海伦·凯勒的精神对于激发个人和群体的积极性有着不可或缺的作用。

1986 年以后，随着中国残疾人事业的蓬勃发展，海伦·凯勒作为一个激励无数人的符号式人物在中国广为人知。1986 年 7 月，联合国"残疾人十年"（1983—1992）中国组织委员会成立，之后在 1998 年 3 月 11 日，中国残疾人联合会（简称"中国残联"）在北京正式成立。《中国残疾人》杂志也在这个时期创刊，为中国的残疾人工作开启了一个崭新的阶段。到了 1996 年，《中国残疾人》杂志发表了一篇题为《海伦·凯勒如是说》的励志文章，深入探讨了"残疾人是老师""失败""乐观"（第 4 期，第 1 页）、"淬炼""感官"（第 8 期，第 1 页）和"信心"（第 9 期，第 1 页）等主题。这篇文章引起了广大读者的共鸣，进一步推动了海伦精神在中国的影响力。

海伦不仅是残疾人的楷模，更是青少年和普通人成长的励志榜样。因此，海伦的故事逐渐演变成了一种社会文化象征。在当代中国，海伦·凯勒最具影响力的作品当属她的自传《假如给我三天光明》。这部自传的节选篇章被广泛选入小学、中学和高中语文教材中，成为国民义务教育的重要篇章。例如，苏州教育版本（语文教材）小学五年级下册第九课、上海版语文教材小学六年级下册第九课、人民教育版语文教材八年级下册第五课，以及苏州教育版语文教材高中语文课必修二第一专题，都收录了这部作品的节选。全国各地的学生在深入学习海伦的故事后，纷纷撰写并发表自己的读后感。例如，孙达（1998）、陈载沣（1999）、徐大兰（2000）、郭亚雪（2000）和金彦（2003）等都从海伦的故事中获得了深刻的启示。从这些读后感中，我们可以感受到海伦的故事与青少年的内心世界紧密相连，有助于他们塑造积极的人生态度。值得一提的是，许多人在读后感中都称赞海伦的文章"文字生动，语言有力"，然而，青少年读者可能并未深入思考这背后其实是译者和编者的辛勤付出。从读者的接受角度看，该版本海伦·凯勒自传节选译文能在当代中国得以广泛传播，应归功于一种"语言顺应"的翻译策略。这篇译文在翻译过程中选词造句都必须顺应中文的地道表达方式，因为承载着青少年学习汉语的重要任务。此外，对于传统国民义务教育而言，译文文本有责任对语言的规范使用进行引导。而"义务教育制度化"的现象，也为目标文本的"动态形成"设定了框架，使得目标文本更加具体和明确。将海伦·凯勒纳入国民基础教育必修科目后，进一步巩固了目标文本在目标系统中的地位，并提升了其文化挪用价值。这种"义务教育制度化"的做法具有深远的社会影响力。

自2000年以来，随着中国市场经济的深化和消费主义的蔓延，当代中国正步入一个全新的转型期。各种"高原"间的互动，形成了一个强大且错综复杂的翻译网络，宛如一个派生空间。在这个空间里，中国不仅在其内部进行着发展与探索，还积极主动地与外界的各个领域进行碰撞、交流与融合。在摸索中，中国不断尝试、创新并催生出许多前所未有的产物。当然，这个过程中也不可避免地出现了一些混乱、不规范的现象。但这是任何一个国家在从"文化封闭性"向"文化多元性"转变的过程中都必然经历的，关键在于我们如何看待这一特殊时期的翻译现象。

在这一时期，关于海伦·凯勒自传的翻译实践，涉及了发表在期刊杂志上的摘选文本以及由出版社正式出版的自传作品。例如，木公（2000：20-21）以《启迪心灵的光辉》为题，选译了海伦·凯勒自传的一部分，并发表在《重庆与世界》上，而韩冰（2002：22-26）则选取了同样的内容，以《海伦·凯勒和安妮·莎利文》为题，发表在《中学生阅读》上。此类"选择性"的翻译实践不胜枚举。此外，海伦·凯勒自传作品作为一种大众文化商品，经过"本土化"处理后，逐渐成为激励当代中国青年的象征，其翻译出版形式多样、种类丰富，主要面向青少年群体。

年通过阅读海伦的自传，提升自己的知识水平，同时也从中汲取她自强不息的精神力量。

根据笔者不完全统计，1980 年至 2010 年翻译出版的海伦·凯勒自传至少存在 50 多个不同的版本（相对于其他的翻译自传作品的翻译出版情况而言，这是个不小的数目），这些还不包括同一个版本的再版情况，从其他语种间接的汉译版本情况，以及其他形式的改写情况等。从这个特殊的翻译出版情况看，可以推论出海伦·凯勒被"义务教育制度化"后所引发的图书出版和消费市场活力。2000 年之后，出现了各种各样的翻译版本，其中一个值得注意的翻译现象是：同一个译者的翻译版本会被不同的出版社发行，而同一个出版社也会重复出版不同译者的翻译版本。

（二）译叙联贯性和合理性探析

除了前述第一点所谈到的目标文本"动态形成"条件，本研究还需要通过具体的文本分析，深入探讨在不同翻译目的下，文本疆域解构和疆域重构的"动态形成"过程，以及其所构成的内聚差异性，即各种异质联结因素排列组合形成的内聚译叙联贯性和合理性。

笔者在众多的翻译版本中选取了三本具有代表性的译本。

（1）华文出版社 2002 年版的《假如给我三天光明：海伦·凯勒自传》自推出以来，凭借其不凡的品质与读者口碑，亚马逊和当当网上持续稳居销售排行榜前三位。这本书在定价上采取了亲民策略，原价 21.80 元，网购价则更加实惠（有时仅需 14.10 元）。该书的责任编辑李庆在 2004 年曾表示，该书在文学类畅销书排行榜上创下了 2001 年以来传记文学图书连续在榜月份和累计上榜月份最长之纪录。上市之初便迅速占领市场，到 2010 年已发行几十万册，足见其受欢迎程度之高。此外，本书的译文流畅自然，读来如行云流水，相较于其他版本更胜一筹。在读者评论方面，此版本在亚马逊和当当网上都表现得尤为活跃，获得的评论数量远超其他版本。这些评论来自广大的目标读者，真实反映了市场的接受度和导向。经过对 4000 多条评论的深入分析，笔者发现目标消费者购买此书的主要原因有以下几点：首先，此书内容被收录至人民教育出版社初中二年级下册语文教材中，成为第一单元第五课《再塑生命》的课文；其次，这本书的教育意义深远，它宣扬了一种勇于拼搏、关爱生命、永不放弃的真善美精神，尤其适合青少年阅读；再次，该书的销售量一直表现优秀，体现了市场的认可；最后，它的价格合理、图书质量上乘、翻译文采可嘉。

　　本节通过对四个主要读者接受层面的回馈进行总结，发现目标消费者对这本书的象征交换价值意义有着深刻的认识。正是因为这样，华文出版社2002年版的《假如给我三天光明：海伦·凯勒自传》在目标市场中的地位才得以确立。这本书的主要目标消费人群是在校学习的青少年，其热销的原因不仅在于自传内容和题材符合主流意识形态，更在于它被纳入普及九年基础义务教育的纲领之中。从自传的设计到文字的修饰，都是为了满足这个特定的市场定位。因此，当目标消费者被锁定之后，这本书的象征交换价值意义也就更加明确了。在各种差异条件的影响下，这个独特的版本得以拥有自己的一席之地。

　　（2）《假如给我三天光明》的第二个译本，由译林出版社出版，编入"英汉双语十本系列丛书"。这本由林海岑精心翻译的作品，定价25元。这本书对一些关键的地方以脚注的方式进行了注解，为读者提供了更为深入的解读。这本书不仅完整收录了《假如给我三天光明》《我的生命故事》《三论乐观》《在芒特艾里的演讲》等海伦的作品，还特别收录了海伦·凯勒的十封书信。这些珍贵的文字，仿佛是海伦·凯勒在与你低声细语，分享她的生命故事和深邃的思考。值得一提的是，译林出版社在中国翻译出版界享有盛誉，是中国翻译出版外国文学的三大出版社之一（孟昭毅，李载道，2005）。他们在做市场定位和销售推广此书时，巧妙地在书后的封页上印刷了三条醒目的信息："20世纪美国百大英雄偶像之一，总统自由勋章获得者海伦·凯勒代表作；教育部推荐'成长励志经典'；亿万青少年的枕边书，给无数人带来勇气和希望。"这些信息仿佛在低声诉说这本书不仅是一本书，更是一份勇气和希望的象征。

　　译林出版社的英汉双语版《假如给我三天光明》/*Three Days to See*不仅满足了中国市场对海伦·凯勒自传的需求，更是顺应了英语教育在中国的发展趋势。随着全球化的推进，英语教育在中国变得越来越重要。无论是小学、中学还是大学，英语都被作为一门必修课程。互联网的出现更是加速了英语在中国的普及和传播，各种英语课程、考试和培训应运而生，"英语"成了一种备受追捧、利润可观的产业（Wang，2004：149-167）。掌握英语不仅意味着具备跨文化交流的能力，也打破了中文语境的局限。对于广大的英语学习者来说，直接阅读英文原著无疑是一种最佳的学习方式，这不仅可以深入体验文本中的文化内涵，还可以提高英文水平。这场"英语运动"为中国带来了积极的影响。越来越多的中国人通过学习英语具备了双语能力，与世界其他国家进行交流和对话。更为重要的是，它为翻译领域带来了巨大的发展空间。如今，越来越多的人参与到翻译活动中，为文化的传播贡献自己的力量。

对于广大的英语学习者来说，英汉双语版《假如给我三天光明》无疑是一个极好的选择。它不仅可以帮助读者更好地理解英文原著，也为其提供了一个接触原著的宝贵机会。在这个过程中，中文译文的主要功能是辅助读者理解英文源文本，因此在"动态形成"过程中受到源文本形式和内容的制约。但正是这种制约，使得这本书的中文版与英文版相互辉映，共同展现了海伦·凯勒的非凡人格魅力。

（3）第三个译本《我的生活：海伦·凯勒自传》是浙江文艺出版社出版的，他们声称此版本为"获得正式翻译版权"的高质量文学版本。与其他版本不同，这本书并没有以教育为目的作为其卖点。它所强调的是，这是"中国大陆唯一授权版"，这也凸显了其独特的地位。出版社还特意请来了经验丰富的文学译者常文祺，对原书进行了重新翻译，确保了译本的质量和准确性。

在自传的扉页上，我们看到了这样的描述："本书是美国兰登书屋（Random House）独家授权的1903年版复原版，是中国大陆唯一授权版本。"实际上，这个版本是为了纪念海伦·凯勒逝世100周年而出版的"复原版"，即"The Restored Edition"，该版本海伦·凯勒自传的最早版本，1903年由双日出版社公司（Doubleday & Company, Inc.）出版。这本书的书名及其具体出版情况简介如下："*The Story of My Life*, by Helen Keller, with her letters (1887—1901), and a supplementary account of her education, including passages from the reports and letters of her teacher, Anne Mansfield Sullivan, by John Albert Macy"。然而，现存完好并在世界各地流通的版本，则是1954年的重印版。

浙江文艺出版社的版本，则是基于兰登书屋2004年的"复原版"进行翻译的。此书选编者是詹姆斯·伯杰（James Berger）博士，他是耶鲁大学英美研究高级讲师。与1903年版本相比，此书最大的区别在于，书中包括了詹姆斯·伯杰的长篇研究性序言，这篇序言从深度和广度上充分探讨了海伦这个具有影响力的人物。同时，从本书的"导读"中我们可以了解到，海伦对其故事和书信进行了删减和调整。此外，本书还从两本海伦其他的自传——《我的生存世界》（*The World We Live In*）和《走出黑暗》（*Out of the Dark*）中节选了两篇文章。

从海伦·凯勒自传的这三部译作的出版情况看，每个版本在翻译目的、译者人选、包装设计、内容编排、市场定位上都有其独特之处。这些由各种异质性因素所构成的条件，反映了在同时代中具有相同意识形态、诗学系统和社会文化框架下各种版本的重译现象以及这些重译版本之间构成的差异化目标文本的形成面貌。然而，作为研究者，笔者更关注的有二：一是这些自传体目标译本在重译的过程中，是如何导致其异质化本地映射的多元形成情况的；二是在多次译叙同一个自传故事之后，究竟是在哪些文本的微观层面上产生了内聚的差异性，以及这些内聚的差异性之间又存在怎样的译叙联贯性和合理性。

二、案例具体分析

（一）案例分析方法及路径

本节节选了海伦·凯勒自传 *The Story of My Life* 第四章一个情节的三个不同版本，作为自传体目标译叙文本的分析译例。此故事部分一共有五个情节，分别描述了海伦·凯勒第一次遇见影响她一生的老师安妮·莎利文，以及她初学说话的情节。由于海伦是一位盲聋人，所以在她的回忆书写中记载了丰富的内心情感表达。笔者将以不同的视角，即译者视角、源文本和目标文本读者视角，以及文化研究者或批评者视角对译叙文本内部的各种内容变量和表达变量进行分析，从而讨论目标文本中的异质化文本映射及其译叙内聚联贯性和合理性问题。

根据网状多元分析法，本研究在分析目标译叙文本时，以自传故事进程的"情节"作为分析单位（这个划分是由笔者根据不同的译叙文本情况而决定的）。一个情节由一系列事件所构成，而每个事件又由各种异质性译叙联结点的语言元素所构成。因此本研究关注构成"事件"译叙语言的异质联结元素，以及这些事件聚合而成的情节之间的根状派生网络关系，从其内聚差异性中分析译叙故事的联结性和合理性。除了找出每个目标译叙文本在细分上的内聚差异性，本节还将讨论不同目标译叙文本之间的区别。

（二）具体分析

第四章情节一：22岁的海伦回忆她7岁之前发生的一段刻骨铭心的

经历。这一部分主要采用第一人称回顾式的"倒叙"方法,叙述老师安妮·莎利文到来之前的情况和海伦当时的内心变化。

1. 段落1

自传体源叙事文本1(ST①1 段落1):

The most important day I remember in all my life is the one on which my teacher, Anne Mansfield Sullivan, came to me. I am filled with wonder when I consider the immeasurable contrast between the two lives which it connects. It was the third of March, 1887, three months before I was seven years old.

自传体目标译叙文本1(TT②1 段落1,李汉昭译,华文出版社):

老师安妮·莎利文来到我家的这一天,是我一生中最重要的一天。这是1887年3月3日,当时我才6岁零9个月。回想起此前和此后截然不同的生活,我不能不感叹万分。

自传体目标译叙文本2(TT2 段落1,林海岑译,译林出版社):

我的老师安妮·曼斯菲尔德·沙利文小姐来到我身边的那一天,是我生命中最重要的一天。我在思考这一天连接的两种生活之间存在的巨大差异时,不禁惊叹不已。我记得很清楚,那是1887年的3月3日,我刚六岁零九个月。

自传体目标译叙文本3(TT3 段落1,常文祺译,浙江文艺出版社):

在我的一生中,最令我刻骨铭心的一天就是我的老师安妮·曼斯菲尔德·苏立文的到来。我心里充满了惊奇,我认为在两个将命运联系在一起的人之间一定存在着无限的差异。那天是1887年3月3日,三个月后我就满七岁了。

---

① ST(source text)即源文本。
② TT(target text)即目标文本。

在情节一的第 1 个事件中,三个目标译叙文本(TT1、TT2 和 TT3)分别呈现出三种不同的译叙内聚联贯性和合理性,并且每个文本都具有自身的内聚差异性。这三个不同的版本在"动态形成"的过程中,分别派生和搭建了不同的异质联结关系,或者说每个版本都存在各自的选词搭配和句子建构,形成了不同的动态对等性和异质化本地映射;同时,正因为这些内聚的差异选词搭配和句子建构,才使得每个版本的故事在叙事层面营造出不同的语境和效果。当然,笔者不能仅仅就这一个段落的重构情况进行评点,因为这个段落对整个故事的叙事进程而言,还起到了一种预示作用。

接下来笔者将通过网状多元分析法分析这三个 TT 之间和与 ST1 之间的派生关系。首先,整个自传作品是一位 22 岁的盲聋青年女性通过一种"回忆式"的译叙声音与目标读者进行对话。

TT1 采用了一种"目标语言顺应"的翻译策略和"交际翻译"方法,主要为了迎合目标读者(即青少年读者)的语用习惯和教育机构所框定的规范。从译叙的内聚联贯性上看,译文通顺易懂,没有任何翻译腔的地方,而且还非常顺应汉语的地道表达。例如,在人物联结点上,ST1 中的"Anne Mansfield Sullivan"的全名被简译为"安妮·莎利文",省去了中间名"Mansfield",增强了汉语姓名的可读性,并且"莎利文"的"莎"字在汉语中多用于女性的人名,突出了老师安妮的性别特征。在地点联结点上,TT1 中海伦提到了老师安妮来到她"家"中,但是在 ST1 中却没有明示此信息,因此 TT1 中的"家"是译者根据上下文语境而增译的部分。这种增译情况是译者为了达到动态对等的译叙内聚合理性时做出的选择。因为作为盲聋人海伦,在 7 岁之前,她一直都待在家中。在时间联结点上看,TT1 译者将海伦的年龄换算成"6 岁零 9 个月"(ST1 "three months before I was seven years old"还差三个月我就七岁了),在阅读认知上显得年龄更小一些。

然而,TT2 和 TT3 在翻译策略上却与 TT1 站在不同的角度。英汉双语版本的 TT2 没有采用"目标语言顺应"的翻译策略,而是一种"忠实源文"的翻译策略。针对同样的情况,TT2 将老师安妮的姓名联结点完整翻译成"安妮·曼斯菲尔德·沙利文",中间名过长,影响了 TT2 的可读性,并且老师安妮的姓氏"沙利文"也属于中性,没有像 TT1 那样突出女性特征。此外,为了达到译叙的内聚联贯性和合理性,译者还在第 1 句中增译了"来到我身边",而不是翻译成"来到我家"。两者都是译者为了达到一种译叙的内聚合理性和联贯性所派生的逃逸路径及做出的相关调整。同样的例子在 TT2 的第 3 句中也得到了体现，如增译了"我记得很清楚"，以凸显海伦的记忆。从以上几点可以看出，英汉双语的 TT2 的译叙特色是忠实准确和情感表达的强化，译者多处采用贴近 ST1 语言信息的形式和内容，包括完整翻译、译叙顺序的一致和语义联贯的一致等。TT3 却把重点放在了语言的修饰上，使得 TT3 更加具有文学色彩，这点从译者的感知和认知介入上可以明显看出。例如，ST1 中"The most important day"被翻译成四字成语"刻骨铭心"，把一个客观的事件通过一个富有强烈情感色彩成语表达出来，强化了自传体记忆的深刻性。与此同时突出了译者的认知和感知网络派生介入的效果。在姓名翻译上，TT3 与 TT2 一样都采用了完整翻译，并且将姓氏改为"苏立文"。

  ST1 中较难翻译的一句是"I am filled with wonder when I consider the immeasurable contrast between the two lives which it connects."从顺序逻辑上看，TT1 译者采用了"倒置"的翻译技巧，把情感表达的重点放在最后，并且使用了两个汉语成语"截然不同"和"感叹万分"与 ST1 的内容进行置换。在汉语的阅读流畅性和联贯性上，成语的使用起到了非常好的作用，但是每个成语的使用都会派生出一些延伸的文化含义。这对于整个故事的译叙合理性探讨会有些问题。ST1 中"I am filled with wonder"这半句话被翻译成"我不能不感叹万分"。笔者站在译者角度思考，有可能是因为目标文本这句话的前半句翻译成"回想起此前和此后截然不同的生活"，所以译者为了找到一个合理的联贯性才选择了"我不能不感叹万分"。但是无论从语义层面还是上下文语境来看，这种选择与 ST 并不对等，并且还引起了译叙层面的焦点偏离。"感叹万分"一词的中文成语含义是表示一种强烈的情感表达，因外界事物变化很大而引起许多感想和感触，通常指一个人经历了很多磨难之后，有所感触而叹息。因此，当 22 岁的海伦叙述她 7 岁之前的心情时，从情感和伦理的合理性上分析，一个不到 7 岁的小姑娘，看不见也听不到，她从出生到 7 岁之前的那段经历，又有多少值得她"感叹万分"的呢？这个例子非常典型，从语言逻辑上看，译叙具备合理性，没有什么不通顺的地方，但从情感伦理的合理性上看，"感叹万分"属于一种"过度聚焦"或"焦点偏离"，这个成语所派生出的异质性语义联结不符合海伦当时幼年的身份。如果翻译成"我充满了好奇的心情"或"我感到喜从天降"，可能对根状派生网络语境的形成更有好处。

对于 ST1 中的这句话，TT2 翻译成"我在思考这一天连接的两种生活之间存在的巨大差异时，不禁惊叹不已"。相比 TT1 而言，TT2 的翻译腔比较重，并且有一些会让人产生歧义和绕口难懂的地方。另外，"I am filled with wonder"翻译成"不禁惊叹不已"，虽然比 TT1 中的"感叹万分"在情感程度上要轻一些，但是"惊叹不已"的汉语含义是："因为惊奇或敬佩而发出的感叹久久不止，感受至深"，比如说，当一些人从来没见过什么宝物，各个惊叹不已。从用词上讲，当海伦感受到她生活的变化差异时，自己感到惊叹不已，这种译法应该可以接受。

TT3 将这句话翻译成"我心里充满了惊奇，我认为在两个将命运联系在一起的人之间一定存在着无限的差异。""I am filled with wonder"翻译成"我心里充满了惊奇"，在目标语义派生关系上表示惊讶、奇怪、吃惊等意思。从译叙的联贯性和合理性上看，"我心里充满了惊奇"与 ST1 的含义相对等，但是与 TT3 的后半句之间出现了不和谐的地方，因为译者把"between the two lives which it connects"置换成"两个将命运联系在一起的人"。ST1 中的"lives"指的是"生活"，并非所指海伦和老师安妮这两个"人"。虽然理解错误，但是译者为了寻求译叙合理性，在语言逻辑和情感伦理层面将其调适成一种可靠叙事，并且尽可能减少"翻译腔"的存在。

2. 段落 2

自传体源叙述文本 2（ST2 段落 2）：

On the afternoon of that eventful day, I stood on the porch, dumb, expectant. I guessed vaguely from my mother's signs and from the hurrying to and from in the house that something unusual was about to happen, so I went to the door and waited on the steps. The afternoon sun penetrated the mass of honeysuckle that covered the porch, and fell on my upturned face. My fingers lingered almost unconsciously on the familiar leaves and blossoms which had just come forth to greet the sweet southern spring. I did not know what the future held of marvel or surprise for me. Anger and bitterness had preyed upon me continually for weeks and deep languor had succeeded this passionate struggle.

自传体目标译叙文本 1（TT1 段落 2，李汉昭译，华文出版社）：

那天下午，我默默地站在走廊上。从母亲的手势及家人匆匆忙忙的样子，猜想一定有什么不寻常的事要发生。因此，我安静地走到门口，站在台阶上等待着。下午的阳光穿透遮满阳台的金银花叶子,照射到我仰着的脸上。我的手指搓捻着花叶,抚弄着那些为迎接南方春天而绽放的花朵。我不知道未来将有什么奇迹会发生,当时的我经过数个星期的愤怒,苦恼,已经疲惫不堪了。

自传体目标译叙文本2(TT2 段落2,林海岑译,译林出版社):
在那重要的一天的下午,我默默地站在门廊里,充满了期盼。从母亲的手势和房间里人们忙前忙后的情景,我隐约感觉到有什么不寻常的事就要发生了。于是,我走出房门,在台阶上等着。午后的阳光穿过阳台上茂盛的金银花叶,洒在我扬起的脸庞上。我的手指不知不觉地轻抚那些每日相伴的叶子和花儿,那些为迎接可爱的南方春天而绽开的花草。我无从知晓未来会发生怎样的奇迹,给我带来怎样的惊喜。之前数个星期,愤怒与辛酸一直在折磨我,我在奋力抗争之后感到无尽的倦怠。

自传体目标译叙文本3(TT3 段落2,常文祺译,浙江文艺出版社):
那天下午,我站在门廊里,似乎在默默地期待着什么。我从房间里人们忙前忙后的动静,以及母亲的手势里隐约地猜到,家里要有什么事发生。所以,我就走出房门坐在台阶上等着。午后的阳光穿透门廊上茂密的金银花藤,暖暖地洒落在我仰起的脸上。我的手指不由自主地游移在那些熟悉的叶片和花蕾之间,初生的枝蔓似乎也忙不迭地向南方的春日致意。我不知道我的未来会发生什么样的奇迹,一连好几个星期,懊恼和苦闷折磨着我,深深的无助感令我抗争不得。

ST2一开始就描述了海伦期待老师安妮到来时的感受。整段叙事是从一个事件的外视角转向海伦内心的视角变化。笔者首先分析了ST2译叙的根状派生网络关系。海伦先站在她家的门廊中期待和等待,并感到一些不寻常的事情即将发生。这在译叙上称作一种"预示",并且为故事接下来的进程留下译叙伏笔。此段旨在强化老师安妮到来之前各种人物内在和外在的变化,尤其是从事件发生的时间和地点叙述着海伦内心的情感变化,以及周围环境所导致海伦做出的行为,等等。首先,TT1中的时间联结点"那天下午",省译了ST2中的"that eventful day",并且"我默默地站在走廊上"将"dumb, expectant"两个并列情感形容词保留了其中"dumb"的词汇含义,而将"expectant"(期待)转移到了第二句中。此处的省译成分在译叙联贯上是合理的，因为这一句紧跟着需要与第二句之间产生事件进程的逻辑联贯，第二句后半部分"我安静地走到门口，站在台阶上等待着"中即已经提到了"等待"。这个例子说明 TT1 在建立动态对等关系时并不是以句子为单位，而是以故事进程的"事件"为单位进行排列组合的。译者在翻译时，没有刻意丢掉 ST2 中的异质性意义联结成分，而是将这些细微的成分重新进行了逻辑联贯性和合理性的聚合。TT2 和 TT3 在针对相同事件的译叙转换而言，与 TT1 相似，但是唯一的区别是，它们准确地将"porch"一词翻译成"门廊"，而不是"走廊"。TT1 翻译成"走廊"则有些不妥，因为在美国，每一户别墅式的房子前面进门处都有一个很大的门廊供人们在户外休息之用。TT1 翻译成"走廊"会让目标读者对房屋结构产生不一样的空间想象。在强调这个事件的重要性方面，TT2 比 TT1 和 TT3 都前置了"在那重要的一天的下午"的含义，并且指涉意义则是一些不寻常的事情会随之发生。

其次，接下来的事件是，海伦根据她周围人们的动静来推论一些事情会发生，"I guessed vaguely from my mother's signs and from the hurrying to and from in the house that something unusual was about to happen, so I went to the door and waited on the steps."这句话的微妙之处在于一开始"I guessed vaguely"的表述。由于海伦是一位盲聋人，所以她在叙述的时候，只能描述她的一种模糊感受和猜想。TT1 省译了"vaguely"，即"大概，隐约"的意思，而简译为"猜想"，淡化了海伦作为一位盲聋人的内心表述。这种省译虽然增强了故事的可读性，但却让故事失去了其细节上的意义，造成了根状派生网络语境建构的一种缺省，从而导致没有通过细分去刻画海伦作为盲聋人的人物形象。TT2 和 TT3 都翻译得比较好，"我隐约感觉到"（TT2）和"隐约地猜到"（TT3）都把海伦的那种不确定的感觉凸显出来。这句话中还有一个关键点是"mother's sign"，TT1、TT2 和 TT3 都翻译成"母亲的手势"。这种译法派生出的意义就是，海伦平时都是通过接触母亲的手势而获知信息的。然而，既然母亲在忙前忙后，而海伦又站在门廊处，她既然看不见母亲的手势，怎么又能进行手势上的交流呢？也许英文中的"sign"除了指"手势"以外，还指一些海伦与母亲之间比较熟悉的暗号、动作、声音等。

最后，由于家人在忙前忙后，而海伦此时又感到有些焦虑，所以她表现出来的是一种肢体动作和内心情感的流露。例如，此段落中比较难译的一句是："My fingers lingered almost unconsciously on the familiar leaves and blossoms which had just come forth to greet the sweet southern spring."在 TT1 中,"lingered"被拆分成"搓捻着"和"抚弄着"。这两个动词顺应了汉语的习惯,并且在细节上联结了海伦内心的活动与她肢体动作的表现。这种处理方法在 TT2 中"轻抚那些每日相伴的叶子和花儿"和 TT3 中"手指不由自主地游移在那些熟悉的叶片和花蕾之间",都没有做到。然而,将 TT2 和 TT3 比较的话,TT1 美中不足的地方在于忽略了"familiar leaves and blossoms"。这些叶子和花对于海伦而言反映了她对周围环境和物体的熟悉程度,这点能更戏剧性地强调她作为盲聋人的切身体会,特别是对大自然的局限认知。除此之外,TT3 与 TT1 和 TT2 相比,还有一处特别的地方是,"The afternoon sun… fell on my upturned face."翻译成"暖暖地洒落在我仰起的脸上"增译了一个温度形容词"暖暖地",强化了海伦对阳光的感知和认知。

3. 段落 3

自传体源叙述文本 3(ST3 段落 3):

Have you ever been at sea in a dense fog, when it seemed as if a tangible white darkness shut you in, and the great ship, tense and anxious, groped her way toward the shore with plummet and sounding-line, and you waited with beating heart for something to happen? I was like that ship before my education began, only I was without compass or sounding-line, and had no way of knowing how near the harbour was. "Light! give me light!" was the wordless cry of my soul, and the light of love shone on me in that very hour.

自传体目标译叙文本 1(TT1 段落 3:李汉昭译,华文出版社):

朋友,你可曾在茫茫大雾中航行过,在雾中神情紧张地驾驶着一条大船,小心翼翼地缓慢地向对岸驶去?你的心怦怦直跳,唯恐意外发生。在未受教育之前,我正像大雾中的航船,既没有指南针也没有探测仪,无从知道海港已经非常临近。我心里无声地呼喊着:"光明!光明!快给我光明!"恰恰正在此时,爱的光明照到了我的身上。

自传体目标译叙文本 2（TT2 段落 3：林海岑译，译林出版社）：

你可曾在茫茫大雾中到过海上，浓密的雾霭彷佛将你吞噬其中，大船在铅锤和测探绳的帮助下，紧张而急切地寻找海岸，你的心怦怦乱跳，等待着什么事情发生？在接受教育之前，我就像那艘大船，只是没有罗盘或测深绳，茫然不觉港口的远近。我常常在心底发出无言的呼唤："光明！给我光明！"就在那一刻，爱的光辉拥抱了我的身心。

自传体目标译叙文本 3（TT3 段落 3：常文祺译，浙江文艺出版社）：

你是否曾到过浓雾笼罩的海面？一团白色的雾霭将你彻底封闭，而你脚下的那条大船，则焦虑不安地摸索前行，它边走边用铅锤和探绳寻找着靠岸的航道。那么你呢？就带着怦怦的心跳等待着未知事物的发生？在接受正式教育之前，我就像那艘飘荡在迷雾中的船，只是我没有指南针和探深绳，也无从知晓港口的远近。"光！给我光明！"这是发自我灵魂深处无言的呐喊，每分每秒，我都想把自己沐浴在爱的光明之中。

ST1 和 ST2 通过事件和内心活动的描述"预示"了老师安妮即将到来的情况。ST3 则将整个情节推向了高潮。该段共有两个焦点，一个是海伦运用了设问、比喻和反差对比的叙事手法，把自己的心情和接受教育之前的状况比喻成"在茫茫大雾中没有方向的航行"，并且急迫渴求"等待找到一个港湾停靠"。另一个是作者运用独白的叙事手法，从内心深处呐喊出"光明终于到来了"，表达了主人公海伦此时此刻感到无比的幸福。ST3 一开始提出了一个设问："Have you ever been at sea in a dense fog, when it seemed as if a tangible white darkness shut you in, and the great ship, tense and anxious, groped her way toward the shore with plummet and sounding-line, and you waited with beating heart for something to happen?" TT1 在此段一开始的设问句中，增译了一个关系称谓语"朋友"，增强了海伦与读者的对话性，并且拉近了彼此之间的距离。TT2 和 TT3 都没有使用这种关系称谓语，而只是保留了 ST3 中的代词称谓"你"。这一设问句在细节上有很多描述，特别是作者运用了很多意象，例如，以"在迷雾中航行的船"来指涉生活的无助和失望，没有方向和被困在雾中。海伦紧张和焦虑的心情一直都在摸索着航路并等待靠岸。TT1 将这句话简译并重组成"朋友，你可曾在茫茫大雾中航行过，在雾中神情紧张地驾驶着一条大船，小心翼翼地缓慢地向对岸驶去"，其中"茫茫大雾""神情紧张"和

"小心翼翼"等熟语的使用都增强了其汉语的规范效果,而"with plummet and sounding-line"的成分被省译。TT2 和 TT3 的翻译则相对比较忠实,没有刻意为了汉语的通顺而省译一些内容。TT2 翻译成"你可曾在茫茫大雾中到过海上,浓密的雾霾彷佛将你吞噬其中,大船在铅锤和测探绳的帮助下,紧张而急切地寻找海岸,你的心怦怦乱跳,等待着什么事情发生?"相对于 TT1 而言,TT2 忠实形象地刻画了一个盲聋人的内心感受,如"浓密的雾霾彷佛将你吞噬其中"一句尤其突出了海伦感受到的那种"雾的浓密程度"和那种被"吞噬的恐惧",而在 TT1 中只是简译成"在雾中"。TT3 与 TT2 类似,也都将 TT1 中省译的部分翻译出来,"你是否曾到过浓雾笼罩的海面?一团白色的雾霭将你彻底封闭,而你脚下的那条大船,则焦虑不安地摸索前行,它边走边用铅锤和探绳寻找着靠岸的航道。"

然而,TT2 中使用的"雾霾""吞噬"等词汇比 TT3 中的"雾霭""封闭"更能够增加其文学效果和恐惧感。整段的最后一句将情感推向了最高潮:"Light! give me light!" was the wordless cry of my soul, and the light of love shone on me in that very hour."作者通过"独白"的方式表达自己内心激动心情的呐喊,将意象和情感转移到了一种心理上的表达,与读者建立起一种"共鸣",并且把情感推向了高潮。"the wordless cry of my soul"这一语句成分代表着一种非常强烈的呐喊,而 TT1 置换成"我心里无声地呼喊着",淡化了海伦内心强烈和激动的心情。TT2 相对于 TT1 而言,置换成"在心底发出无言的呼唤"。"心底"比"心理"在程度上更加深刻一些。TT3 忠实地翻译出了 ST3 中作者内心的强烈情感表达,即"这是发自我灵魂深处无言的呐喊"。

4. 段落 4

自传体源叙述文本 4(ST4 段落 4):

I felt approaching footsteps. I stretched out my hand as I supposed to my mother. Some one took it, and I was caught up and held close in the arms of her who had come to reveal all things at me, and, more than all things else, to love me.

自传体目标译叙文本 1(TT1 段落 4,李汉昭译,华文出版社):

我觉得有脚步向我走来,以为是母亲,我立刻伸出双手。一个人握住了我的手,把我紧紧地抱在怀中。我似乎能感觉得到,她就是那个来对我启示世间的真理,给我深切的爱的人,——安妮·沙利文老师。

自传体目标译叙文本 2(TT2 段落 4,林海岑译,译林出版社):
我感觉到有脚步过来。我以为是母亲,伸出了双手。有人握住了我的手,接着把我紧紧地搂在怀里。她就是来向我启示世间真理,给我深切关爱的安妮·莎利文老师。

自传体目标译叙文本 3(TT3 段落 4,常文祺译,浙江文艺出版社):
我感觉到了走进的脚步声,我伸出手,就像迎接母亲那样。有个人抓住了我的手,我被她紧紧地抱在怀中,她就是来向我揭示万事万物的人。事实上,比揭示万事万物更为重要的是,她爱我。

ST4 是整个情节的"重尾"。ST4 在最后没有明示这个人是老师安妮,但是读者通过上下文的故事进程是可以认知推理出来的。对于这一段的翻译 TT1 和 TT2 都明示了该成分。然而,TT3 却没有明示出老师安妮的身份,将整个情节的重尾变成与 ST4 一样的效果,向目标读者传递隐含意义。这种处理方法在译叙层面与 ST4 的叙事安排对等,但是 TT1 和 TT2 采用的明示手法,也是可取的。

通过纵向和横向对比分析以上自传体译叙文本,笔者发现 TT1 在"动态形成"过程中,译者派生出更多的汉语地道表达联结关系,构成了一个符合汉语规范的根状派生网络故事语境。在翻译特色上,为了达到一种译叙的通顺和简约效果,译者多处采用了省译或简译的翻译技巧。这种翻译操纵行为主要是服务于青少年阅读群体。为了保留汉语规范的使用,译者选择了语言顺应的翻译策略,尽可能地将翻译腔的成分抹去。正是出于这种原因,TT1 逐渐形成和构建了自身的内聚差异性,并且在这些异质性因素的重新排列组合下,尽可能地在译叙逻辑层面形成一种联贯性。

总之,在对比了 ST4 之后,笔者发现 TT1 中的译叙内聚合理性方面却出现了一些问题,特别是在"海伦"这一人物形象的塑造方面,叙述者的译叙视角从"外视角"(事件本身)向"内视角"(内心表达)转换之后所重构的"译叙声音"出现了不和谐的地方,造成了叙述者与叙述者身份和意识之间的矛盾,导致了一些不可靠译叙点。因此,在自传体译叙中,每一个表达成分的目标语言选择都会影响译叙声音的细微变化,因为自传是以第一人称的方式"直接建构"了主人公海伦及老师安妮的形象,所以对整个人物的建构和故事的进程都产生影响。从这个分析译例中可以看出,每一个目标语言元素的选择都会对其在细分上构成一种内聚差异性,并且任何语言元素的调整或调适都会导致本地映射的变化,因此,翻译的动态对等性具有一种根状派生网络的特征,只有在一种网状的多元异质联结中,译者才能决定选择符合他(她)认知和感知标准的译文。

双语版本的 TT2 在译叙顺序和译叙成分上尽可能地忠实于源文本。TT2 不像 TT1 刻意地将源文本简化,而主要采用完整翻译。由于英汉对照版本的 TT2 被看作 ST 的一个参照物,因此其目的是让目标读者在阅读英文源文本时,能够帮助他们在认知逻辑思维层面与源文本保持一致。读者可以通过阅读 TT2 来学习和理解 ST。该文本的特色在于尽可能地还原源文本的语言表达细节和文学效果。由于文本多处存在明显"翻译腔"的地方,造成一些地方出现冗余现象。在译叙合理性层面,由于目标读者默认了目标文本是英汉双语版本的组成部分,并且明确知道目标文本是一个"显型翻译"(overt translation)(House,1977:54-55;谭载喜,2005:161),所以在目标读者的诠释经验和文本类型之间形成了一种合理性,即目标读者不会在意,或可以接受译本存在的翻译腔问题。

TT3 不仅在语言层面忠实于源文本,而且在文学色彩上也达到了很好的效果,尤其是在很多情感词汇的强弱程度调适方面,译者的操纵介入起到了积极的作用。这点对于海伦的人物形象塑造方面起到了非常好的作用,尤其是在译叙声音、译叙视角和译叙对焦的细节上体现了这一层关系。从"双簧"表演的理论框架审视翻译过程,不难发现,每位译者都在以其独特的身心特质重塑并传递海伦的叙述声音,这一过程促使每位读者心中都形成了对海伦角色的不同想象。译者的叙述性翻译不仅是对原文的简单传达,更是对故事内容意义的深度建构。理想的翻译应是一种具身化的实践,要求译者设身处地地模拟盲聋人的视角,在选词造句上贴近这一群体的感官体验,而非仅仅拘泥于文字的字面意义。然而,许多译本却遗憾地忽略了海伦作为盲聋人的独特身份,倾向于直接转述文字的表面含义,导致原作中深刻体现盲聋人经验的独特文学价值在翻译中流失。简而言之,在翻译活动中,译者虽隐于幕后,但其声音却深刻影响着传主形象的再创性,这一过程与"双簧"表演中前台表演者与后台说话者的动态互动不谋而合,共同塑造了表演的整体效果。

第二节　沃尔特·艾萨克森的 *Steve Jobs*：
A Biogrphy 中嵌入式自传体译叙案例研究

一、背景介绍与缘由

在此案例中，我们分别选择了中国内地和中国台湾地区的两个版本的《史蒂夫·乔布斯传》（*Steve Jobs*：*A Biogrphy*，以下简称《乔布斯传》）中文译本。笔者将深入分析这两个版本各自的网状派生空间，揭示其背后不同的文化和社会背景；同时，还将探讨不同翻译团队如何通过"合作式"的文本疆域解构和疆域重构过程，将原作的精神内涵精准地传达给中文版读者。特别值得注意的是，传记中的嵌入式自传体译叙文本在整部传记中的内聚异质化联贯性和差异化合理性的形成情况。本研究将深入挖掘这些自传体译叙文本在传记译叙文本形成中的内聚差异性内涵，以及它们如何影响读者对乔布斯的认知和解读。

史蒂夫·乔布斯（1955—2011）是一个传奇人物，作为苹果公司的总裁和联合创办人，他的创新精神和商业智慧使得苹果电子产品风靡全球。在乔布斯事业的顶峰时期，他于 1996 年回归苹果公司，扭转了公司的经营困局，创造了一系列科技奇迹。乔布斯不仅是一位杰出的企业家，还是一个极具艺术感和人文精神的发明家。他领导和推出的麦金塔（Macintosh）计算器、iPod、iPhone、iPad 等电子产品，不仅将艺术与科技完美结合，更是体现了人与机器之间的和谐共存。这些产品不仅改变了人们的生活方式，也促进了整个社会的进步。

2011 年 10 月 5 日，世界失去了一位伟大的灵魂——乔布斯。就在他离世的同年，他的英文版传记由 Little Brown 出版社出版，简体中文版由中信出版社发行，繁体中文版则由台湾天下文化出版社出版。这部传记的英文原版，早在乔布斯病情恶化之初，就由资深媒体人艾萨克森开始撰写。乔布斯传的英文原版及中文版本概况见表 4-2 所示。

表 4-2

源叙事文本	Walter Isaacson. *Steve Jobs*. London：Little Brown，2011	
目标译叙文本 1	沃尔特·艾萨克森著：《史蒂夫·乔布斯传》修订版，管延圻、魏群、余倩、赵萌萌译，北京：中信出版社，2014	简体中文版
目标译叙文本 2	华特·艾萨克森著：《贾伯斯传》，廖月娟、姜雪影、谢凯蒂译，台北：天下文化出版股份有限公司，2011	繁体中文版

笔者主要关注这部传记故事中插入的有关乔布斯的"自传体叙事"。这些自传体叙事来自乔布斯生前的书信、口述、演讲及在各种场合说过的话语。这部传记被翻译成各种语言，掀起了全球性的热卖。这是乔布斯逝世后授权出版的唯一一部传记，其中刻画了乔布斯的戏剧人生和记载了他的丰功伟绩。此传记有两个中文版本，一个是中国内地的出版社引进翻译的简体中文版，另一个是中国台湾地区的出版社翻译的繁体中文版。本研究关注的是这两个"合作译叙"在当代中国不同地区"动态形成"的版本情况，在它们的译叙层面终究存在哪些差异。例如，在"第三人称译叙"和"第一人称译叙"之间的故事结构性、连贯性和合理性上存在哪些差异；在译者、传记作者和传主的译叙交流方面存在哪些差异；在人物塑造、译叙声音、译叙视角和译叙对焦上存在哪些差异；等等。

简体中文版和繁体中文版的翻译分别由两个不同的团队合作翻译。简体中文版的翻译团队规模庞大，其中包括翻译和编校工作的团队成员。为了确保与全球同步上市，英文原稿被分三批交给译者。令人惊叹的是，这部长达 600 多页、50 多万字的《史蒂夫·乔布斯传》在短短一个月内就被整个翻译完成。译者的招募和翻译协调工作是由东西网-译言执行。管延圻（澳大利亚皇家墨尔本理工大学信息技术专业）负责前言、第 1 至 13 章、第 25 章和第 34 章；汤崧（该译者没有署名）负责第 6 至 14 章；余倩（毕业于武汉大学，福布斯中文网译者）负责第 15 至第 19 章、第 34 至第 36 章、第 38 至第 39 章；魏群（北京外国语大学英语语言学硕士、中国人民大学经济学博士，曾任教于北京外国语大学），负责第 20 至第 25 章、第 37 章、第 40 至第 42 章；赵萌萌（香港中文大学传播学博士、全球传播硕士）负责第 26 至第 33 章。本书的译校工作由赵嘉敏、李婷、张文武、猛犸等完成。2013 年 8 月,简体中文版又进行了全面修订工作,参加修订工作的人员有王冬军、常青、方如、潘桂英和安烨。从翻译团队人员的数量和分工来看,简体中文版的《史蒂夫·乔布斯传》是一部在短时间内由多人合作建构的叙事作品。

  繁体中文版的翻译团队由三位译者组成,她们是廖月娟(没有明确注明承担翻译的章节)、姜雪影(第 25 至 35 章、第 39 章)和谢凯蒂(第 21 至 24 章)。廖月娟是美国西雅图华盛顿大学的比较文学硕士,具有丰富的翻译经验。她的主要译作有《旁观者:管理大师杜拉克回忆录》《第五项修炼Ⅲ:变革之舞》《枪炮、病菌与钢铁》《大崩坏》《狼厅》《雅各布的千秋之年》等。此外,她还荣获诚品好读报告 2006 年度最佳翻译人,2007 年金鼎奖最佳翻译人奖和 2008 年八年吴大猷科普翻译银签奖。姜雪影是资深媒体人、美国明尼苏达大学新闻硕士,曾任《天下杂志》资深编辑、时代基金会资深副执行长,曾荣获 IC 之音荣誉多项金钟奖、文馨奖。其主要译作包括《左右决策的迷惑力》《不理性的力量》《失控的未来》《快乐,让我更成功》《蓝毛衣》等。谢凯蒂是美国蒙特瑞国际学院的口译暨笔译研究所硕士。其翻译作品包括《琥珀中的女人》《阿玛迪斯的爱与死》《你会听,孩子就肯说》《发挥你的太阳魔力》《和尚卖了法拉利》《拍照前先学会看》《有准备,创意就来》《让天赋自由》《看到什么都会画》《勇气之旅》《一切都已不再》等。

  笔者通过上述翻译现象来诠释这部传记在当代中国全球化消费主义环境中的"动态形成"情况。一方面,《乔布斯传》的简体中文版和繁体中文版是在两个不同的社会文化环境中形成的。这点与翻译案例一的不同之处在于,这部传记的形成并不是在同一个"动态形成"环境中的重译现象,而是在中国的两种不同社会文化语境中形成的产物。苹果产品家喻户晓、风靡全球,在科技发展的全球化进程中,中国内地和港澳台地区分别形成了属于各自的汉语语言规范和科技概念使用规范:不同地区对传记中出现的真实人名、地名、产品名称,科技术语等都有自己的标准;同时,在译叙层面也形成了不同的汉语译叙风格。由于中国内地和中国台湾地区的语言用法差异,因此不同版本的目标译叙文本中,汇聚了不同的异质性语言元素,从而构成了两种版本各自的内聚差异性。另一方面,本节所关注的并不是传记译叙(第三人称译叙)的问题,而是这部"合作译叙"传记中的嵌入式自传体译叙的"动态形成"问题,其中包括:①嵌入式自传体译叙的异质联结重构与传记故事重构之间的联贯性和合理性问题;

②合作译叙的传记译叙声音与嵌入式自传体译叙的译叙声音之间的区别化建构问题。

二、案例具体分析

（一）案例分析方法及路径

《乔布斯传》的简体中文版与繁体中文版各自聚合了不同的社会文化语言规范和术语用法。同样的英文源文在中国内地和中国台湾地区有着不一样的叫法。这些目标语言内部的异质性语言联结构成两种不一样的本地映像。例如，传主的姓氏"Jobs"分别采用了两种译法，一个是"乔布斯"（简体），另外一个是"賈伯斯"（繁体）。"beatnik type"对应的是"垮掉的一代"（简体）和"嬉皮"（繁体），"information"对应的是"信息"（简体）和"資訊"（繁体），"dryers"对应的是"干衣机"（简体）和"烘衣機"（繁体）。源文的"CEO"在简体中文版中采用零翻译，在繁体版中是"執行長"。苹果产品的广告词"Think Different"简体中文版翻译成"非同凡想"，繁体中文版是"不同凡想"。同样，苹果计算机"Mac"在简体版中采用零翻译，而繁体版翻译成"麥金塔"。源文"You build a company that will still stand for something a generation or two from now."译成简体中文版是"你要打造一家再过一两代人仍然屹立不倒的公司。"繁体中文版是"你要真的有所貢獻，像前人一樣發揮影響力，就應建立一家至少能撐三十年或六十年的公司。"源文"They created a company to last, not just to make money. That's what I want Apple to be."简体中文版译为"他们创造了传世的公司，而不仅仅是赚了钱。这正是我对苹果的期望。"繁体中文版译为"他們創造了長青企業，而不是只為了賺錢。我希望蘋果這家公司也能成為一棵長青樹。"

上述的译例在简体中文版和繁体中文版中还有很多。接下来，本研究将运用网状多元分析法具体分析《乔布斯传》中一个较为典型的案例，说明同一个源文本在两个不同的社会文化环境中所"动态形成"的异质化本地映射情况。

在乔布斯的领导下，苹果公司发布了一系列具有影响力的产品，其中最引人注目的莫过于iPad。乔布斯回忆，在设计这款产品时，曾与团队成员讨论应该使用何种芯片的情景，在权衡各种因素后，他最终决定不采用英特尔生产的芯片,并给出了自己的理由。这段回忆被巧妙地编织进传记中,成为其中的一部分。在乔布斯阐述完自己的观点后,传记作者以第三人称的方式引述了英特尔 CEO 欧德宁对此事的看法,形成了一种有趣的对比。这个例子中包含了两个自传体叙述部分:乔布斯对英特尔的看法和欧德宁的回应。

与此同时,本研究将运用网状多元分析法来分析《乔布斯传》的简体中文版和繁体中文版在译叙层面的异质性语言联结所构成的内聚差异性,以及《乔布斯传》的嵌入式自传体译叙与传记译叙之间的对比关系及其内聚差异性的建构,重点在于分析这两种不同译叙声音是否达到了内聚的译叙联贯性和合理性。从另一方面看,通过深入研究上述方面的问题,以帮助目标读者更好地理解乔布斯的智慧和远见,以及了解他如何引领苹果公司走向辉煌。

(二) 案例文本分析

1. 异质化本地映射

(1) 源自传体译叙文本(第493页)

插入式自传体译叙(乔布斯叙事声音):

At the high-performance end, Intel is the best. They build the fastest chip, if you don't care about power and cost. But they built just the processor on one chip, so it takes a lot of other parts. Our A4 has the processor and the graphics, mobile operating system, and memory control all in the chip. We tried to help Intel, but they don't listen much. We've been telling them for years that their graphics suck. Every quarter we schedule a meeting with me and our top three guys and Paul Otellini. At the beginning, we were doing wonderful things together. They wanted this big joint project to do chips for future iPhones. There were two reasons we didn't go with them. One was that they are just really slow. They're like a steamship, not very flexible. We're used to going pretty fast. Second is that we just didn't want to teach them everything, which they could go and sell to our competitors.

传记译叙(传记作者叙事声音):

According to Otellini, it would have made sense for the iPad to use Intel chips. The problem, he said, was that Apple and Intel, couldn't agree on price. Also, they disagreed on who would control the design. It was another example of Job's desire, indeed compulsion, to control every aspect of a product, from the silicon to the flesh.

（2）简体中文目标译叙文本（第 440 页）
插入式自传体译叙（乔布斯译叙声音）：

在高性能方面，英特尔公司最好。他们制造的芯片速度最快，如果你不在乎功耗和成本的话。但是他们的芯片上只有处理器，因此需要许多其他部件。我们的 A4 芯片将处理器、显卡、移动操作系统和内存控制都集成于一个芯片之中。我们曾想要帮助英特尔公司，但是他们不怎么听我们的。多年来，我们都跟英特尔反映，他们的图形芯片很差劲儿。每个季度，我和其他三名苹果公司高管都会跟保罗·欧德宁开会。开始的时候，我们一起做出了很棒的东西。他们希望这个联合项目可以为今后的 iPhone 制作芯片。我们没有继续合作的原因有二。一是他们真的很慢，就像蒸汽轮船一样，不是很灵活，而我们习惯快速前进。二是我们不想把什么都教给他们，因为他们可能会把我们的东西卖给竞争对手。

传记译叙（传记作者译叙声音）：

据欧德宁说，iPad 本可以采用英特尔芯片。问题在于苹果公司和英特尔公司无法谈拢价格，"没有合作主要是因为成本原因。"他说道。而这也是乔布斯控制欲——确切地说是强迫症——的一个表现，他想要控制产品的每一个环节，从芯片到材料。

（3）繁体中文目标译叙文本（第 676 – 677 页）
插入式自传体译叙（乔布斯译叙声音）：

如果你不在乎耗電和價格的話，以高效能晶片而言，英特爾的表現是最好的，也是全世界最快的。但是他們的晶片只有處理器，所以還需要很多其他功能的晶片來配合。而我們的 A4 晶片除了處理器，還有繪圖、行動操作系統、記憶體控制器等功能。

我想幫助英特爾,但忠言逆耳。多年來,我們一直告訴英特爾,他們的繪圖功能很爛,要他們改進。每一季,我都會帶蘋果三位高級主管去跟英特爾的歐德寧開會。我們的合作一開始還滿順利的,英特爾希望與我們一起研發未來的 iPhone 晶片。但後來我們還是分道揚鑣,原因之一是他們的行動太慢。英特爾就像一艘蒸汽輪船,應變力不夠,我們無法等他們。另一個原因是,我們不希望什麼事情都要我們教,英特爾學會之後,可能會把東西賣給我們的競爭者。

传记译叙(传记作者译叙声音):

但根據歐德寧的說法,英特爾的晶片絕對可以和 iPad 匹配,問題在於價格談不攏。他說:"合作破局最主要的原因就是價錢。"當然,這也再次顯示賈伯斯不想受制於人,企圖一手掌控產品的每一個層面,包括矽晶片和外殼。

2. 异质性语言联结的内聚差异性

在这个译例中,《乔布斯传》的简体中文版和繁体中文版分别"动态形成"了各自的内聚差异性。笔者通过分析得出构成这种内聚差异性的几个明显特征。首先,简体中文版和繁体中文版在科技术语的使用和语用习惯的用词上有所不同。这些异质性元素之间的联结和聚合派生出了一个具有本土特色的根状派生网络语境,具体如表 4-3 所示。

表 4-3　简繁中文版本的译本呈现

源文本	简体中文版目标文本	繁体中文版目标文本
high-performance	高性能	高效能
chip	芯片	晶片
graphics	显卡	繪圖
mobile operating system	移动操作系统	行動操作系統
memory control	内存控制	記憶體控制器

续表 4-3

源文本	简体中文版目标文本	繁体中文版目标文本
We tried to help Intel, but they don't listen much.	我们曾想要帮助英特尔公司，但是他们不怎么听我们的。	我想幫助英特爾，但忠言逆耳。
We've been telling them for years that their graphics suck.	多年来，我们都跟英特尔反映，他们的图形芯片很差劲儿。	多年來，我們一直告訴英特爾，他們的繪圖功能很爛，要他們改進。
At the beginning, we were doing wonderful things together.	开始的时候，我们一起做出了很棒的东西。	我們的合作一開始還滿順利的。

  由于中国内地与中国台湾地区的社会文化语用环境的差异，在科技术语的使用和一些语言的表达上形成了各自的异质联结。这些异质联结在简体中文版和繁体中文版两种译叙中"动态形成"了各自的内聚联贯性和合理性，并派生出各自的异质化本地映射。虽然台湾地区在一些术语表述与港澳不同，但是繁体版本常见于港澳台地区。两种自传体译叙声音既然都指涉乔布斯本人，并且反映了他的思维方式、个性态度和决策立场，那么可以推论，对于乔布斯的话语和他所传递的意识形态认知一方面取决于目标译叙文本的建构，另一方面取决于目标群体的接受。译者的目的是将《乔布斯传》中的自传体译叙翻译成目标观众可以接受和符合目标译叙规范的口语表达。在这两个条件下，译者根据动态对等的原则编织出一副具有内聚差异性的网络。

  除了社会文化差异所导致的语言用法的不同，另外一个"动态形成"的内聚差异性体现在嵌入式自传体译叙与传记译叙之间的内聚联贯性和合理性。根据源叙事文本的情况，乔布斯的自传体叙述更加突出了他的口语特征和说话方式，而传记作者的叙述则显得更加中立和正式。这两种叙述方式之间形成了对比。然而在简体中文版和繁体中文版中，这种对比和转折也通过文字的重构各自形成了不一样的差异化特色，这种差异体现在译叙视角和译叙对焦的转变上。例如，书中乔布斯通过自传体叙述发表了很多没有使用英特尔芯片的理由，而接着传记作者通过第三人称叙述转述了英特尔 CEO 欧德宁对此问题的看法。源文本中描述欧德宁的回应是："According to Otellini, it would have made sense for the iPad to use Intel chips. The problem, he said, was that Apple and Intel, couldn't agree on price."简体中文版翻译成:"据欧德宁说,iPad本可以采用英特尔芯片。问题在于苹果公司和英特尔公司无法谈拢价格。"繁体中文版翻译成:"但根據歐德寧的說法,英特爾的晶片絕對可以和iPad匹配,問題在於價格談不攏。"英文中"it would have made sense"传递着一种叙述视角,其意思是欧德宁认为乔布斯没有使用英特尔的芯片是个"失误",主要原因是价格,而并非完全是乔布斯所列举的理由。简体中文版使用的"本可以"和繁体中文版的"絕對可以"在译叙对焦的强弱程度上有所不同,因此在两个版本的自传体译叙和传记译叙的内聚差异性建构上也形成了各自的本地映射。

在这部传记中,嵌入式的自传体译叙几乎出现在每个章节中。这种"自传和传记混合叙事"的方式体现了一种共同叙事建构的特色。此外,多名译者的参与也构成了一种共同译叙的模式。在整个译叙声音的重构中,主要是在译叙文本内部区分传记作者的中立、平稳和客观的声音,以及乔布斯那种富有情感、真实执着的个性化声音。传记中每次嵌入乔布斯的自传体译叙声音,都是译叙故事的一种视角转变,同时将译叙焦点聚焦于乔布斯的个性化思维方式和话语风格。简体中文版和繁体中文版的目标文本在经历了文本疆域的解构和疆域重构之后,其文本内部形成了各种强弱程度的译叙声音、译叙视角和译叙对焦。阅读不同版本的目标文本对于中文读者而言都是一种全新的体验,因为读者可以从中感受到故事进程在不同强弱程度下受到的影响。由于两个目标文本中蕴含大量的社会文化负载词汇,因此中文读者的脑海里会浮现出不同的根状派生网络语境,一个是中国内地的用语习惯,另一个是中国台湾地区的用语习惯,该繁体版主要反映了中国台湾地区的用语。总之,体验两种不同的"动态形成"目标文本,让目标读者彷佛"游牧"在不同的"高原"之上,并且与各种内聚差异化的异质性元素相遇和碰撞。

在全球消费主义的大潮中,苹果产品对全世界产生了深远的影响。对于许多人来说,拥有一款苹果产品已经成为时尚的象征。无论是电话还是计算机、iPhone、iPad还是Mac,它们所代表的已经远超出了其功能本身,更多的是一种象征交换的符号。通过各大媒体的报道和各种媒介的宣传,如广告、电影和电视剧等,苹果公司成功地将他们的创新和时尚精神深深地刻入了消费者的心中。这一切,都与乔布斯有着直接的关系。

自20世纪90年代开始,乔布斯的卓越成就就引起了全球的关注。

1997年，他成为《时代周刊》的封面人物；同年，他被评为最成功的管理者。2007年，他被《财富》杂志评为年度最伟大的商人。2009年，他被财富杂志评选为美国近十年最佳CEO。2012年，他被评为《时代》杂志美国最具影响力的20人之一。这些关于乔布斯的报道和评价，在目标群体中潜移默化地构建了一种拟像和认知框架。无论是在使用苹果产品，还是看到相关的报道，人们都会自然而然地将乔布斯和他的成就联系起来。因此，对于中国内地的译者及中国台湾地区的译者来说，他们在理解和翻译乔布斯传中的科技内容时，应该能够比较准确地把握和传达原文的含义。因为现在科技术语的使用已经不再是高科技领域的专业人员的专利，而是成为家喻户晓的日常用语。当译者将解构的异质性元素从平滑空间移动到目标环境的纹理化空间时，他们会根据各种目标语的规范重新聚合并形成属于其特殊纹理化空间的本地映射。这也意味着，不同的地域和文化背景会对翻译产生一定的影响，从而形成具有当地特色的译本。

《乔布斯传》已被精心翻译并重新设计成为一件可出售、购买、互动及阅读的商品标志。该标志旨在吸引那些对乔布斯的职业历程与传奇故事充满浓厚兴趣的目标读者，而非过分关注文字和思想所运用的语言媒介。自传体跨叙事的"双簧"声音使目标读者能够以一种不透明或半不透明的方式感知译者的存在，但同时自传体跨叙事的自我指称功能在目标读者和主人公之间建立了直接的对话。因此，目的语读者通过阅读译文可以感受到一种"超真实"的效果，就像他们与主人公直接交流一样。被建构的自我是在不对称的语言、文化、政治和经济环境中构建的人的记忆的外化，目标读者通过对乔布斯声音的转述来交换公开的经历，以换取自己的成长和发展。他们模拟和体现了主人公的经历，同时也反映了他们自己的人生道路。一方面，象征性交流过程中的互动动态使目标读者能够通过对转述的阅读将自己的欲望映射到当地的现实中；另一方面，口技艺术使自传作者能够在目标环境中建立自己的声誉，并在新的目标环境中确立植根于西方政治、经济和文化时空语境中的个人叙事。

在市场机制下，符号价值被包装、设计、生产和销售，消费市场决定了商品符号的重构模式。销售传记的最终目标是能够创造出可交换的象征价值。不得不承认，在某种程度上，《乔布斯传》不仅象征着一个成功商人故事的神秘化，而且还宣称具有一种教育价值。若这些故事能跨国界传播，成为激励更多中国人为梦想不懈奋斗的积极催化剂，那么它们的流通将对整个目标体系大有裨益。总而言之，转述的象征价值的可互换性取决于与其政治经济关系相关的地方性语用需要。

通过改革开放,中国基本建成了社会主义市场经济的框架,经济体制的各个层面都呈现出明显的市场经济特征。改革开放推动了中国经济的高速发展,提高了人民的生活水平,同时也为全球经济发展做出了重要贡献。在经济体制改革的道路上,中国不断破解难题、深化市场化改革,使市场在资源配置中起决定性作用,并更好地发挥了政府的作用。这一过程中,既体现了"有效的市场",也体现了"有为的政府",展现了中国经济的巨大潜力和韧性。改革开放四十多年来,中国在科技、金融、交通、医药等领域取得了突破性的进展,国际化合作的深度和广度都在不断拓展。

在这样的背景下,西方经验显得尤为宝贵。值得玩味的是,几千年的中华文明曾长久地遵循着农耕文明的发展轨迹,重农轻商的观念根深蒂固。而当代中国在市场经济的几十年里,商业和贸易逐渐上升为重要的发展目标。这种快速的转型,自然带来了种种矛盾与冲突。原本的政治意识形态与务实的社会实践,需要找到一个微妙的平衡点。一方面,国家通过各种媒体渠道发出"富强"的号召;另一方面,中国人也正在努力探索和塑造自己的商业版图。在这个过程中,西方商人的自传成为一面镜子,反映出中国在全球化进程中的自我定位与追求。

苹果公司乃至乔布斯的传奇是一个全球性的事件,因为它融合了能够改变人们生活的开创性和创新性技术。许多年轻的中国企业家或有志于创业的人都在热切地寻找向乔布斯学习的方法。显然,《乔布斯传》的中译本将西方的商业经验移植到了中国身上,进而为中国人将所获得的经验应用于自己的语用语境创造了一种"超真实"的效果。

《乔布斯传》是第一人称和第三人称写作的结合体,即自传体叙事和传记叙事的混合体。大量的乔布斯自传式声音被插入到叙述中,与作者沃尔特·艾萨克森的第三人称叙述混杂在一起。读者不断地听到和区分这两种不同声音,这种多音性实际上要求翻译中话语结构的多样化。作为通俗文学的商品符号,《乔布斯传》经历了一种独特的重新编码方式,在这个过程中,为目标读者创造了一种模拟的跨文化想象和"超真实"的西方体验。为了增加消费和普及,重新编码过程经历了选择性挪用、话语再创造和身份制造的行为。"当人们通过商品在社会中定位自己,当他们使用商品来表达他们的社会身份和个人偏好时,消费的象征性方面占主导地位。"(Ilmonen,2011:38)威利斯还提道:"人们在市场上找到了激励和可能性，不仅是为了限制自己，也是为了自己的发展和成长。"（威利斯，1990：160）作为一种商品符号，《乔布斯传》的重写，包括翻译、包装和营销策略，都受到符号价值的制约，而购买译本的过程则是符号价值的交换过程，符号价值的交换表现为获得必要的商业知识和经验的途径，以应对经济快速发展的宏观层面。"不再可能将经济或生产领域与意识形态或文化领域分开，因为文化制品、图像、表现形式，甚至情感和心理结构已经成为经济世界的一部分。"（Connor，1989：51）罗宾逊认为，跨文化的个体或群体不仅在躯体层面上趋同或同质化，而且在意识形态层面上也相互影响。目标个人或群体有意识地受到他人的影响，渗透到他人的想法中，但也唤醒了自我意识和自我定位（Robinson，2013：170 - 175）。

关于乔布斯的自传式声音（Isaacson，2011）及其简体中文翻译还可以提供更多的译例。

源文本（第 567 - 568 页）：

My passion has been to build an enduring company where people were motivated to make great products. Everything else was secondary. Sure, it was great to make a profit, because that was what allowed you to make great products. But the products, not the profits, were the motivation. Sculley flipped these priorities to where the goal was to make money. It's a subtle difference, but it ends up meaning everything: the people you hire, who gets promoted, what you discuss in meetings.

Some people say, "Give the customers what they want." But that's not my approach. Our job is to figure out what they're going to want before they do. I think Henry Ford once said, "if I'd asked customers what they wanted, they would have told me, 'A faster horse!'" People don't know what they want until you show it to them. That's why I never rely on market research. Our task is to read things that are not yet on the page.

Edwin Land of Polaroid talked about the intersection of the humanities and science. I like that intersection. There's something magical about that place. There are a lot of people innovating, and that's not the main distinction of my career. The reason Apple resonates with people is that there's a deep current of humanity in our innovation. I think great artists and great engineers are similar, in that they both have a desire to express themselves. In fact some of the best people working on the original Mac were poets and musicians on the side. In the seventies computers became a way for people to express their creativity. Great artists like Leonardo da Vinci and Michelangelo were also great at science. Michelangelo knew a lot about how to quarry stone, not just how to be a sculptor.

目标文本（第501页）：
我的激情所在是打造一家可以传世的公司，这家公司里的人动力十足地创造伟大的产品，其他一切都是第二位的。当然，能赚钱很棒，因为那样你才能够制造伟大的产品。但是动力来自产品，而不是利润。斯卡利本末倒置，把赚钱当成了目标。这种差别很微妙，但它却会影响每一件事：你聘用谁，提拔谁，会议上讨论什么事情。

有些人说："消费者想要什么就给他们什么。"但那不是我的方式。我们的责任是提前一步搞清楚他们将来想要什么。我记得亨利·福特曾说过，"如果我最初问消费者他们想要什么，他们应该是会告诉我，'要一匹更快的马！'"人们不知道想要什么，直到你把它摆在他们面前。正因如此，我从不依靠市场研究。我们的任务是读懂还没有落到纸面上的东西。

宝丽来的爱德温·兰德曾谈过人文与科学的交集。我喜欢那个交集。那里有种魔力，有很多人在创新，但创新并不是我事业最主要的与众不同之处。苹果之所以能与人们产生共鸣，是因为在我们的创新中深藏着一种人文精神。我认为伟大的艺术家和伟大的工程师是相似的，他们都有自我表达的欲望。事实上，在最早做Mac的最优秀的人里，有些人同时也是诗人和音乐家。在20世纪70年代，计算机成为人们表现创造力的一种方式。一些伟大的艺术家，像列奥纳多·达·芬奇和米开朗基罗，他们同时也是精通科学的人。米开朗基罗懂很多关于采石的知识，他不是只知道如何雕塑。

这种翻译不仅依赖于译者的语言能力，也依赖于译者对译语系统的语言和文化规范的遵守，它还依赖于译者的经验所模拟的"超真实"效果。译者与生俱来的身体素质和商业知识是翻译的宝贵资源。为了在翻译中达到"真实"的贴近，译者必须尽力模拟对等的效果，为目标读者提供最佳的"超真实"体验。翻译必须创造一种被吸收到真实中的"超真实"

体验。正是这种对真实性的信任，目标读者相信转述的声音是乔布斯亲自说出的。按照这一思路，我们可以得出结论：自传体作品翻译中蕴含的自我指称功能与等值模拟的力量有很强的相关性，反过来，正是这种创造的"超真实"体验使目标读者相信文本的真实性。

构成自传体身份虚构要素之一的叙事声音被重构。艾伦借鉴了乔治·赫伯特·米德（Mead, 1934: 1-8）的观点："自我是一种视角——它是一个象征性的平台，站在上面，就像别人在执行我们的行为一样看待我们自己的行为"。为了满足不同的购买需求，多个符号价值产生了各种符号交换（Baudrillard, 1993; Lane, 2008: 81-98）。交换象征价值意味着分享对方的生活方式、社会网络、文化态度和哲学。消费主义唤醒了人们的欲望，点燃了人们对财富的追求。正是在实用主义和消费主义之间建立的紧张关系中，个人倾向于寻找自己的文化定位，并表达他们独特的个性。

乔布斯的自传式声音的翻译，可以被视为一种在主流意识形态和个人对财富追求之间取得微妙平衡的独特力量。在经济和政治的大背景下，没有什么比自传式的"超现实"更直接、更有效了，因为乔布斯的成功故事和个人商业经历为中国当地读者提供了一个完美的范例。简而言之，目标读者阅读这些翻译的主要目的是体验这位商业奇才的成功梦想、观察他的职业发展道路，并尝试将其与自己的生活和当地环境联系起来。

翻译不仅仅是文字的转换，它更是一次象征的重塑。自传主人公身份的重塑过程，与中国消费者社会的社会、文化及政治条件有着密不可分的联系。它突出了这个全球性角色的存在，创造出一种模拟的西方性以及超国家的商业话语。这种由翻译产生并通过翻译强化的超现实主义，给目标读者的心灵注入了一个虚构但看似真实的商业世界。事实上，所有自传故事都是基于真实的人物和事件构建的。由于自传的自我参照功能，目标读者会认为他们读到的故事是真实发生的，因此他们脑海中会浮现出西方商业世界的"超真实"形象，并试图将自己的本土现实与这些支离破碎的场景相融合。对于中国读者来说，这些自传象征着"商业神话"，而全球主义新观念的形成也引起了中国人的多重反响。读者倾向于探讨他们与中国商品文化话语的调整和置换的关系，并将他们的个人成功与中国的进步联系起来。

在全球化的大背景下，重新建立各种文化间的共生关系显得尤为重要。而翻译正是在这同质化的浪潮中，为本土商业文化注入了新的活力，同时也为它赋予了全新的定位和身份。《乔布斯传》以其独特的商业话语、个人价值观和独立精神，为国内"80后"和"90后"提供了一个全新的视角。通过对其传记的翻译，我们得以释放出巨大的精神能量，从而在中国的语境中重新定义自我定位和发展。

当一个中国年轻人在读到这位美国企业家的成功故事时，他可能会将这位商人与他心目中的美国社会和文化紧密相连。因此，这位美国人的个人声音通过翻译被赋予了更强大的力量。这不仅是一种商业交流，更是一种文化的深度对话，是全球化时代下文化共生的一个缩影。

在中国的政治经济学语境中，翻译所带来的新的商业意识形态，在主动或被动的情况下，向消费者传递和谐的价值内涵。这种传递和适应的支撑主要来源于以下两个因素。

其一，《乔布斯传》中所蕴含的商业精神和个人奋斗思想恰到好处地呼应了中国经济发展的时代背景。它不仅为读者呈现了一个真实而生动的场景，还通过丰富的案例为读者提供了深入的思考。其二，这本自传叙事的人文性引发了数百万中国青年的强烈共鸣。书中所描述的勤奋、敬业、进取和坚持不懈等品质，与中国传统价值观产生了美妙的和谐。这种全球性和地方性之间的交融，促使目标读者和译者之间的差异得以调和。换言之，译本的接受与传播更多是基于其象征价值。而这种象征价值的一致性，实际上承载了一种隐喻功能，能够对目标社会的文化或商业体系产生深远的影响。(Bell & Garrett, 1998; Howarth, 2000) 这本书不仅仅是简单的书籍或休闲读物，它更是创意、进步、高科技和财富的象征，深入到了人们的生活之中。

在后现代主义消费社会中，人们的生活被各种形式的拟像所包围(Baudrillard, 1994)。数字世界，媒体以及各种摄影出版物为我们创造了丰富多彩的模拟图像。这些图像在人们生活中的传播与跨文化过程占据了越来越重要的地位。人们通过媒体传递的符号来理解和感知世界，例如，尽管没有多少中国人亲眼见过乔布斯，但几乎每个人都能说出他的名字。人们听到了他的声音，看到了他的形象，理解了他的思想，并购买了他的苹果产品。所有这些零散的印象和认知汇集在一起，形成了一个深入人心的乔布斯形象——一个"超真实"的乔布斯。

符号网络让目标读者能够通过自己的身体共鸣去感知史蒂夫的身份，从而召唤出一个"超真实"的个体形象。目标读者在阅读这本传记时，仿佛能够听到他的声音、看到他的形象，就如同乔布斯站在面前一样。巴特勒认为，当模拟达到与现实极为相似的程度时，它便能够模拟真实

（巴特勒，1999：25）。因此，当翻译被视作一种商品符号时，其跨文化可读性在很大程度上得益于这种超现实的情感与感性建构。

在宏观层面上，中国经济社会的发展为这种超现实的可演绎性提供了广阔的空间。而翻译的可表现性则为超现实的发生提供生动的舞台。目标消费者购买这种超现实的产品，并在现实生活中将其变为现实的一部分。从"双簧"理论视角分析，《乔布斯传》的两种中文译本通过各自地域的语言习惯与表达方式、对乔布斯的形象进行了本土化重构。此过程利用贴近读者的语言风格，有效传达了乔布斯生平的奋斗历程与成功哲学，旨在激发读者的情感共鸣，并激励他们为实现个人梦想而采取行动。鉴于乔布斯作为公众人物的广泛认知度，在叙事构建中，"双簧"结构的前台表现（即显性叙述）保持了一致性和稳定性，而译者作为后台声音，其介入主要局限于采用地域性术语的调整，难以在更深层次的叙述修辞上对传主形象进行独创性塑造。

第三节　彼得·海斯勒（何伟）*River Town* 自传体译叙案例研究

本节笔者将以美国旅华作家彼得·海斯勒（何伟）*River Town*（《江城》）的两个中文译本为例（Wang & Kun，2022），从翻译身心学视角分析自传体译叙历史语境疆域的解构与重构。

一、背景介绍与缘由

非虚构类自传小说《江城》（Hessler，2006）以1996年至1998年间为时间背景，讲述了何伟（Peter Hessler）在涪陵的跨文化生活。涪陵，曾是四川省的一部分，现已划归为重庆市辖区。何伟以怀旧的心情，描绘了这段特殊时期的生活点滴。此书的创作初衷，是让全球读者能够深入了解中国在特定历史和时空背景下的真实人物与事件。在该书前言中，何伟明确表示："这并非一本全面讲述中国的书，而是关于中国某一特定时期、某一特定地点的真实记录。我希望能让人们感受到那个短暂时光和地点所蕴含的丰富内涵。"（Hessler，2006：Ix）。然而，将这部非虚构自传小说作品译成中文，意味着传播视角从全球范围转向了中国本土。为了还原历史语境，译文的叙事结构必须更加严谨、真实，确保故事的历史背景得以充分展现。在语言表述上，译文应注重表达原文的情感色彩，让读者能够感受到何伟笔下那段历史的厚重与深沉。通过译文的细腻刻画，中国读者将能够更加深入地了解涪陵这一特定地区在特定时期的生活状态与人文风貌。

译者将这本书翻译成中文的另一个重要原因是试图在中国诗学体系中创造一种"少众文学"（Deleuze & Guattari，1986）。①一位旅华作家英语作品的汉译本可以被认为是一种"少众文学"，因为这种文学作品不仅代表了他们独特的声音、视角和聚焦（Wang，2016）②，而且它也有别于其他本土作品。

游记写作，作为西方文学传统的一种表现形式，至今已经流传了数个世纪。它不仅仅是一种记录旅途经历的方式，更是一种自我发现的途径。在游记中，作家们将自己的所见所闻，所思所感一一记录下来，让读者在文字中感受到他们的内心世界。这种写作形式，以其独特的视角和叙事手法，展现了一个陌生而又充满魅力的世界。它以特定时期为背景，通过描绘异域风情、人文景观和历史遗迹，让读者感受到一种超越时空的震撼。这种震撼不仅仅是视觉上的，更是心灵上的。同时，游记写作也体现了一种强烈的探索精神。作家们在旅途中不断寻找、发现、思考，通过文字将他们的评论或批评传达给读者。这种评论或批评并不仅仅是对于旅途中所见所闻的简单描述，更是对于人类生活、文化、价值观等方面的深刻反思。换言之，作家们努力让读者超越他们所熟悉的既定框架，去体验那些跨文化、"超真实"性的经验。（Eco 1987；Baudrillard 1983a，1993a，1994a；J. Q. Wang，2016）。他们通过细腻的描绘和深入的思考，让读者

---

① 少众文学（Minor Literature），是德勒兹和伽塔里（1986/1987）提出的一个概念。这在德勒兹的差异美学理论中是一个非常重要的概念。在一些文献中，"minor literature"也被翻译成"小众文学"，但是由于"小众文学"并非指少数民族文学，而且易在概念上引起混淆，因此研究者更倾向于把"minor literature"翻译成"小众文学"。少众文学是在主流语言中构建一种特殊的文化身份。这是一个语言形成过程，即解构用源语言构建的传统语言结构疆域，并在主流语言和文化疆域中重构新的结构。从某种意义上说，翻译就是使用目标语言来构建一种异化的文化身份，这种身份既不属于源文化，也不属于目标文化，而是在目标系统的疆域上创造自己的新领土和新空间。

② "译者声音、视角和聚焦"是王琼2016年博士学位论文中提出的概念。参见王琼《当代中国的西方自传体译叙研究：一个德勒兹和伽塔里"动态形成"哲学理论的诠释》，2016年香港浸会大学博士学位论文。

感受到人类生活的多样性和复杂性。这种体验不仅仅是一种感官上的享受，更是一种精神上的升华。因此游记写作不仅仅是一种记录旅途经历的方式，更是一种自我发现、思考和探索的过程。它以其独特的视角和叙事手法，让读者感受到人类生活的多样性和复杂性，引发人们对于生活、文化、价值观等方面的深刻反思。

　　旅华作家用英语创作的作品，总是透露出揭开神秘面纱的魅力，令西方读者对跨文化联想产生了浓厚的兴趣，尤其因为他们对中国的某些地区知之甚少。然而，当这些作品被译者回译成中文时，源语言的叙事结构却遭遇了疆域的解构。为了适应中国读者的阅读习惯，一些目的语元素需要进行疆域重构，从而成为中国读者可能会认为可靠的内容。在小众文学中，它们的语言形成源自散居海外的外国作家作品中所独有的文学性特征。何伟便"是一个观察者，但在另一个时刻，［他］却亲身参与到当地生活，这种参与的距离和亲密程度结合是塑造［他］两年在四川的一个重要组成部分。"（Hessler，2006：Ix）

　　虽然每个译者都有自己的写作风格，但当人们谈到翻译中的"忠实原则"时，通常指的是"语言忠实"，即主要是语义和语用层面的忠实。传统的"忠实原则"一直笼罩在对原文和译文之间比较语篇层面的讨论中（奈达，1964；纽马克，1988；埃默里，2004；等等）。翻译文化转向（Bassnett & Lefevi，1990）和社会学转向（Bourdieu，1989；Inghilleri，2005）都试图解释翻译文本差异的原因。尽管译者努力保持对原文的忠实，但由于受到各种有形和无形力量的影响，不同的译者之间存在差异。在文学文本的翻译中，由于有更大的再创造空间，翻译的忠实问题成为备受争议的话题。即使我们深入研究文本与语境之间的关系，也需要找到一种翻译现象，以证明两者之间的忠实性。因此，在本节中，笔者提出，超越文本层面的翻译忠实原则应该包括在非虚构小说翻译中对历史语境的真实还原。

　　众所周知，翻译文学应当蕴含深厚的文学价值。为了达到这一目标，译者需深思熟虑，全面考虑语言美学、文化内涵、叙事手法以及受众反馈等各个方面。由于源语言与目标语言之间的话语差异和诗学差异，译文得以重新丰富，展现出独特的文学魅力。即使两个不同版本的非虚构文学作品在语言和美学上都构建得相当出色，但关键的问题在于：如果要还原它们的历史叙事和历史语境，是否可以还原的更好，或者说是否具备可信度？根据研究者的观察和分析，这一问题的主要因素来自译者的身心参与情况（Robinson，1991，2001，2003，2006，2011）。翻译的身心属性，如特殊或集体记忆、情感和知觉反应、时空维度和人际网络等，都是为目标读者提供可靠历史叙述的要素（Ricoeur，1965；Booth，1983［1961］；Doležel，1980；ONega，1995；Phelan，2004）。转述的可靠性是翻译伦理学中一个不可忽视的问题。它不仅涉及出版商如何挑选合适的译者，还涉及如何确保最终呈现给目标读者的翻译作品的质量。为了更好地阐述这一观点，我们可以将译者的选择过程与电影制作中挑选合适的演员过程进行类比。既然翻译也是一种表演，我们无法否认译者在某种程度上也扮演了故事中的角色。比如，一位60岁的男译者可能能够模仿8岁男孩的语气说话。然而，在处理特殊字符或表达生活在不同国家或较少为公众所知的偏远和隐蔽地区的土著少数民族女性的情感时，对于一位出生在城市且旅行较少的男性译者来说，这无疑是一项巨大的挑战。具有相似身心经历的人在彼此情感和感知上往往更为敏锐，而没有相似经历的人则可能难以完全理解。因此，在分配翻译任务之前，了解译者的身心属性至关重要。

翻译非虚构文学，不仅仅是一种文字的转换，更是作家与译者共同创造的艺术品。在他们的共同努力下，共同的记忆、情感和经验都融入其中，成为历史语境的疆域解构和重构的重要元素。每一个细微的笔触，都蕴含着他们对于历史的独特理解和感悟。然而，重新组合各种跨叙述视角、聚焦和声音的话语模式，可能会导致一个不可靠故事的形成。

在翻译研究中，共时和历时的研究方法常常用于对比分析特定历史时期内的翻译文本。从这一角度看，历史语境并非自然形成，而是研究者为了更好地分析文本而构建的一个宏观的、话语的和超越文本本身的框架。实际上，我们在研究翻译文本时，更多的是在探索其中所反映的历史语境，或者更确切地说，是如何在跨叙事非虚构小说中再现历史的真实价值。本研究的重点之一就是深入探讨跨叙事非虚构小说的真实价值。Robyn Berghoff 和 Kate Huddlestone（2016）认为，真理最终被理解为一种语用现象，因为它旨在说明某种语言表达的东西与世界事物状态之间的关系。"叙事性真理"被定义为对赋予叙述意义真实性的判断，而叙述的意义又是从解释学上派生出来的。这为叙事真相的语用学研究提供了一种思路，即每个译者都根据他们的认知环境来建立等值关联。然而，就功能而言，非虚构小说翻译是在目标系统中提供一种新的历史文本来源。特别是自传体叙事应被视为人民生活和当地历史现实的再现（Burton，2013；Magnússon，2013，Popkin，2005等）。因此，译者在翻译过程中不仅要传达原著的文字意义，更要尽可能地还原其背后的历史语境，使读者能够更好地理解和感受原著中所描述的历史真实性。

自传体非虚构类文学作品翻译的伦理问题之一是真实价值的可靠性问题。孟培（2011）在研究中文自述如何通过翻译进入英国文坛的同时探讨了真理价值和见证声音的框定构建。她的研究重点是社会文化话语力量如何塑造英国读者对中国历史和社会的看法，她发现，正是这些话语力量影响了英国读者的阐释过程。孟培从离心力的角度来研究塑造翻译的表达和理解的外在力量，而本研究则从向心力的角度来研究跨叙事细节中真实价值的内在文本重构。

关于翻译研究的讨论一直集中在语言和社会文化政治层面的文本分析上。来自不同领域的学者花费了40多年的时间从不同的角度剖析了翻译现象。解剖的结果导致了翻译理论的独立分化，如语言转向、文化转向、社会学转向等，各种转向似乎被孤立在一个单独的房间里。因此，我们有必要重新审视翻译的本体论性质，并根据翻译的实现找到一种可以包含各种异质因素的研究方法，这使得研究者将重点放在法国后现代主义哲学家德勒兹和伽塔里（Deleuze & Guattari, 1987/2004）提出的内在性哲学上。

根据德勒兹和伽塔里的"内在性"哲学思想，翻译可以被视为一个文本疆域解构和重构的过程（Wang, 2016）。"文本疆域"这一概念蕴含着一系列根状派生网络关系，包括翻译文本、译者的属性、社会文化历史政治语境以及其他许多异质因素，这些因素与译文的产生或形成有关。通过观察翻译的内在性，所得出的任何理论含义都必须来自经验性文本分析。正是通过对翻译文本分析的分化（differentiation）和细化（differeciation）①，研究者才能对差异美学进行理论化。

翻译的心理认知属性，或者道格拉斯·罗宾逊（Robinson, 1991）所说的翻译的身心属性，是译文多样形成的原因之一。该案例的研究目的是分析译者的身心属性，特别是译者的个人经历和感受如何影响不同译本的形成，以及他们的身心属性与不同译本重建的历史语境的真实性之间的

---

① 分化（differentiation）和细化（differenciation）是德勒兹和伽塔里（1987）提出的两个概念。在翻译语境中，"分化"指的是译文的形成是源文本的派生（Wang, 2016）。源文本和目标文本是多元的。它们彼此相似，但又是独立和不同的。它们相互吸引、互惠互利，但它们的功能不同。细化则是指每个文本在语言、叙事、文化、标点符号等精炼程度上的内在差异。"分化"和"细化"共同构成了差异哲学和差异美学的基础。它们反映了目标文本从源文本衍生而来的特征，也体现了独立语篇领域形成的证据。

关系。

二、翻译身心学途径

翻译身心学是道格拉斯·罗宾逊在1991年出版的《译者登场》(*The Translator's Turn*)一书中提出的核心术语。翻译身心学的理论基础包括：①翻译主要是身心层面的活动，不是基于抽象的心理操作，而是基于身心因素；②翻译是一种转向而不是嫁接，从原文转向新的方向，而不是构建稳定的对等结构。

身心理论是一种感觉理论。根据该理论，意义及其解释是由感觉，或更宽泛地说是由身心反应来激发和指导的；但这种指导既是语境和个人变量（个体说话主体的灵活性和独特性），也是由意识形态控制的（言语社区的形成力量）(Robinson, 1991: 10)。

罗宾逊的"感觉对等"主要有两个方面：①翻译的个体身心层面，即翻译的个人或特质层面。它体现在译者的写作风格、措辞的选择以及语义和句法结构的构建上。②翻译的意识形态集体层面，即在集体意识形态、经验和记忆的层面上。它反映在重新情境化的实体和属性中。

翻译的个体身心层面和意识形态集体层面都构成了对目标语篇领域的重构。因此，文本领域是文本和语境交织在一起的纽带，形成了自己的身份和特征。叙事视角的运用让我们看到个体和集体层面如何在跨叙事中得到体现。一般来说，译者以自己的方式感受、记忆和想象故事，但当释放他的解释力，在不同的文本聚合中实现故事时，最终的问题是看转述是否可靠。然而，对转述可靠性的正确判断并不完全取决于读者的接受程度。例如，英国读者可能不会知道在英译作品中有关中国当地城市的描述是否真正反映当地的现实情况。但如果一个外国人写了关于中国的故事，故事被翻译成中文，被当地的中国人阅读，那么转述的可靠性取决于集体读者的反应——熟悉自己环境的中国读者，应该会知道描述是否符合实际情况。

《江城》的中文翻译有两个版本，一个由吴美真完成，另一个则是李雪顺所译。吴美真，这位来自台湾地区的文学翻译家，以其丰富的经验和卓越的文学素养赢得了广大读者的尊敬。她的翻译作品不仅文学性强，而且充满了深度和情感。尽管她以翻译虚构作品而闻名，但她偶尔也涉猎非虚构作品的翻译。有趣的是，她对非虚构作品的翻译更倾向于将其视为小说，这无疑提供了一个全新的视角，促使学界重新思考如何为非虚构作品选择合适的译者，以及如何将译者的身心体验与非虚构作品的历史内容相结合。与此同时，笔者注意到李雪顺不仅是涪陵当地的居民，还在涪陵师范学院担任教职。这使得他对《江城》讲述的故事背景有着深入的了解和独特的感悟。正因为如此，李雪顺的译本更能够生动、真实地重建历史语境，使读者仿佛置身于那片土地，与故事中的人物共同经历那些历史的瞬间。

在李雪顺的翻译笔记中，我们深入了解到他对故事背景的熟知。他详细地描述了当时四川省内许多高校的情况，这些学校设有专门的项目，旨在接纳那些热心参与的"美中友好志愿者"。除了成都，其他城市也开设了这种课程，而高校则成为志愿者们的主要聚集地。在四川省内，绵阳市和乐山市等地的高校都设有志愿者项目，其中，涪陵师范学院成为这些学校中一个特别的存在。它位于距离成都相对较远的地方，这使得它对外国人来说较为陌生。正如何伟所说："涪陵不仅地处偏远，上级领导很少下来检查工作，而且距离中心城区也很远。它仍然很好地保留了朴素的民俗风情，这是他观察和描述中国的绝佳场所。"（李雪顺译，2012：441）

出版商在选择译者时，往往更看重地域性因素，而非翻译本身的适当性。即便某地区有更出色的译本和合适的译者，也无法保证另一地区会考虑到当地读者的阅读习惯，并倾向于选择当地译者。然而，翻译家吴美真在翻译这本书之前，从未踏足过涪陵，对当地的历史背景也知之甚少，对于那里的地方、人物和事件都感到陌生。她的翻译是基于投射的想象，而非个人记忆。相比之下，译者李雪顺是涪陵当地人，自1992年毕业后便在涪陵工作和生活。他不仅是何伟的好友，还对书中提及的许多事情有着深入的了解。这意味着，吴美真的译本在缺乏译者身心参与的亲密纽带的情况下，偏离了可靠的历史叙事，也背离了非虚构故事中历史语境的真实价值。本节进一步强调了近年来受到后现代主义思想去中心化挑战的翻译"忠实原则"。传统的"忠实原则"主要关注对原文和译文的比较语篇层面的讨论。然而，笔者认为，研究人员提出，超越文本层面的翻译忠实原则应包含非小说翻译中真实历史语境的恢复。

三、案例文本分析

在对历史语境进行疆域解构与重构时，我们需深入挖掘构成历史语境的关键成分。这些成分在翻译过程中的微妙差异，对历史语境和翻译的真实性起着决定性作用。值得注意的是，历史语境的大部分成分在很大程度上是由译者的身心因素所决定的。

李雪顺，一位涪陵本地居民，曾亲身体验过书中描述的场景。在翻译过程中，他凭借对环境的深厚认知与记忆，成功还原了历史语境，使读者仿佛身临其境。尽管吴美真是一位经验丰富的翻译家，她的文学造诣深厚，但因对涪陵当地的情况了解有限，且未亲身经历过那个特殊的历史阶段，所以她的译本更多地侧重于美学表达，而在历史语境的重建上则略显不足。

历史的叙述，无论在逻辑上还是情感上，都应该是合理的。然而，美丽的故事是否一定真实？历史事件的真实价值取决于多个叙事元素的聚合。一般来说，人名、地名、物名，以及标语、横幅、规章等的正确性，都是构成历史的要素。这些元素通过逻辑和审美叙事紧密相连，共同构建出一个新的叙事空间。这种"动态形成"的创造性力量并不仅仅意味着自由地游走和聚合，它更需要在创造过程中保留一些真实的元素。这种在历史语境的虚构中的内在变化是无意识的，对于大多数缺乏深入了解的读者来说可能并不明显。这一研究促使我们思考非虚构类文学作品的文学价值与历史价值之间的关系。

如果我们把非虚构作品当作一种"小说"来对待，或者在体裁层面上，读者以某种方式在心理上与译文达成契约，并相信所讲述的故事是真实的，那么他们可能是在欣赏文学性的美，而不是把真正的历史价值视为重要因素。如果读者将非虚构作品视为重要的历史文献，试图学习和重新认识过去的现实，那么文学性就会成为次要条件，历史价值则更为重要。从后现代主义的角度看，可以说所有的非虚构都是虚构的，因为所有用语言构建的现实都是"现实"本身的碎片，对"真理"的追求并不存在。真理体现了支离破碎的现实，多元的话语结构和策略性的视角。然而，后现代主义对真理概念的去中心化并不否认这样一个事实，即在真理的多样性中必然存在一些真理元素。无论事件如何被重新定位，现实的证据痕迹确实存在，这些证据不仅仅是言辞上的构建。在本章下文中，笔者用具体的例子来说明非虚构类作品中反映真理要素的证据，并展示这些要素如何在历史语境中构建真理价值。

(一) 译叙空间

跨叙事空间的概念（Wang，2016）指的是通过翻译叙事的行为对社会文化符号进行创造和转化，从而建构一种具有特殊象征意义的翻译文学空间。简单地说，译者的职责不仅仅是转换语言单位或遵守目标语言规范，而是能够重新组织和建构一个听起来可靠的故事。无论如何在改编故事的结构上涂抹色彩，翻译的伦理之一就是专注于真理价值的建构。在这一过程中，翻译者当然要翻译纸面上印刷的文字以外的东西。基于他们的身心反应，他们在脑海中召唤出各种形象和文化符号，并将它们根深蒂固地编织在一起，代表他们思维的图谱。基于纯粹想象的文本集合的形成与真实的身心体验截然不同。至少，人们普遍认为翻译者的身心体验与翻译语境之间的亲密度和熟悉度是成正比的。

为了构建可靠的叙事，并在翻译中保持某种忠实性，译者需要考虑并对故事世界的真实历史语境负责。重建的历史背景在某种程度上应该至少包括一些真理元素。翻译非虚构作品的主要目的之一是让目标读者联想到真实的过去。

例如，《江城》中的专有名词、横幅、标语或规章的翻译在构建跨叙事空间中具有显著的代表性。这是因为，这些标语的字面正确性能够真实地反映特定历史时期的真实情况。作为社会主义国家，中国在改革开放初期拥有其特殊的历史文化元素，这些元素是能够唤起一个时代的人的集体记忆的。对于没有经历过那个时代的人来说，他们无法理解非虚构文学作品中所描述的记忆的真实性。一所学校的名字、一条横幅、一个场景的描述，都有可能引发人们的集体情感。这种感觉是具有高度身心性的、深深地刻在人们成长的内心，并且被一代又一代地传承下去，成为一种文化基因。

又如，何伟将曾经工作过的学院称为"Fuling Teachers College"（Hessler，2010：38），李雪顺版本中实名的缩写是"涪陵师专"（李雪顺译，2012：41），全称为"涪陵师范高等专科学校"，这是学院的正确原名，是历史上存在的真实名称；而吴美真的译名是"涪陵師範專科學校"（吴美真译，2006：43），这是吴美真创造的一个虚构的名字。学校名称的正确性对非虚构类文学作品翻译的真实性至关重要。此外，它还使人们能够通过正确的文本与真实的历史场景联系起来，从而使故事本身具有一定的真实性。另一个类似的例子是对"Fuling Liangtang ore factory"（Hessler，2010：274）的回译。李雪顺的译本正确地将其还原成"涪陵凉塘砂石厂"（李雪顺译，2012：374），而吴美真译为"涪陵凉塘鐵廠"（吴美真译，2006：399-400）。

再如，英文源文本中的口号："Respect the rules and all will be gorious; break the rules and the operation of machinery can cause shame"（Hessler 2010：274），在吴美真的译本中为"尊重規劃，一切將得到榮耀，打破制度的規則和運作將招致羞恥"（吴美真译，2006：399-400），李雪顺的译本是"遵章守纪光荣，违章操作可耻"（李雪顺译，2012：374）。采石场生产以安全为重。李雪顺的译本不仅在习语和修辞上听起来是正确的，在某种意义上它更符合安全操作程序；此外，他还遵循了这类宣传话语熟悉的语言规范。然而，吴美真的翻译并不符合中国语言文字规范的诗学和习语语义。在中文中，横幅或标语上的句子通常是对称的、押韵的，吴美真的译本有比较明显的翻译腔。在历史语境的重构中，只渲染意义和还原工厂正确的标语是截然不同的。下面笔者将试举两例对《江城》译叙空间加以阐述和说明。

第一个例子是涪陵师专学生证首页印制的"学生条例"（见例1）。涪陵师专是培养教师的场所，而其中的"学生条例"寓意着对集体过去记忆的强烈象征性认同。

1. 例1："学生条例"

源文本（Hessler，2010：38）：

(1) Ardently love the Motherland, support the Chinese Communist Party's leadership, serve Socialism's undertaking, and serve the people.

(2) Diligently study Marxism-Leninism and Mao Zedong Thought, progressively establish a Proletariat class viewpoint, authenticate a viewpoint of Historical Materialism.

(3) Diligently study, work hard to master basic theory, career knowledge, and basic technical ability.

目标文本1（李雪顺译，2012：41）：

(1) 热爱祖国，拥护中国共产党的领导，为社会主义事业服务，为人民服务。

(2) 认真学习马列主义、毛泽东思想，逐步树立无产阶级世界观，坚持历史唯物观。

(3) 刻苦学习，努力掌握基本理论、专业知识和基本技能。

目标文本2（吴美真译，2006：43）：
(1) 熱愛祖國，支持中國共產黨的領導，為社會主義大業服務，為人民服務。
(2) 勤讀馬克斯—列寧主義和毛澤東思想，逐漸建立無產階級觀點，證實歷史唯物主義觀之正確性。
(3) 用功讀書，努力精通基本理論、職業知識，以及基本技術能力。

在中国内地求学过的人，无一不熟知"学生条例"。这种词汇搭配渐已被习俗所确定，形成了中国内地的语言规范。任何打破这种搭配常规的行为，都会让人感到陌生，仿佛与当地的真实语境脱节。比如，在中国内地，我们习惯用"拥护"来形容对"中国共产党"的态度，而不仅仅是"支持"。相较于"支持"，"拥护"的语域更广、更深。从某种意义上说，对"中国共产党"的拥护，体现出了民众的深厚情感和坚定的信念。再比如，"社会主义事业"和"社會主義大業"这两种表述，虽然大意相同，但在表达技巧上却有所差异。"事业"这个词给人一种低调、务实的印象，没有过多的民族主义色彩，强调的是为人民服务的宗旨；而"大业"则显得更有野心，更具夸张和革命性。实际上，社会主义事业是一个需要逐步推进的目标，需要我们持续努力，而不是一味地追求霸权。这两个译本虽然在整体意义上保持了一致，但在动词、专有名词和短语的运用上，却各有千秋。这并不是因为意识形态的问题，而是因为两个译本的语用和语义规范存在差异。吴美真的译本更注重原意的真实传达，没有删减或篡改；而李雪顺的译本则更符合翻译诗学的历史现实。

这种回译工作，必须深深扎根于集体记忆的土壤，受"主导诗学"①的指引，并切实遵循语用和语言的规范；而且，正确的翻译并非仅是文字的转换，它还承载着地缘政治文化的象征意义，激发人们创造出一种跨越不同叙事空间的真实感。经历过那个时代的人们，对这种传统语言有着天然的亲近感。这种语言的诗学基因，已经深植在中国几代人心中，且代代相传。将源英语文本还原为一套固定、熟悉且传统的表达方式，是追求历

---

① 主导诗学：立足于中国的主要诗学体系，基于深厚的社会文化背景、广泛的集体意识认同，以及丰富的文化记忆积累。

史真实性的最佳途径。任何接近或类似的传统规范表达方式,都无法完全重现那份正确的历史真实感。这个译例使我们深刻认识到,在翻译的对等性中,忠实原则在还原真实历史语境时,可以达到接近于真实的历史语境。

另一个真实再现跨叙事空间的典型例子是对涪陵乡土场景的描述。

2. 例2:对涪陵乡土场景的描述

源文本(Hessler, 2010: 41-42):

From the Summit of Raise the Flag Mountain, all of Fuling can be seen on a clear day. But in the fall, when the seasonal rains and mists sit heavy above the rivers, there are days when the view is blocked by clouds, and the city across the Wu is nothing but sound: horns and motors and construction projects echoing up through the heavy white fog. Sometimes the mist will stay for days or even weeks. But then something clears the valleys—a shift in temperature, a stiff breeze—and suddenly the view opens.

目标文本1(李雪顺译,2012: 61):

在晴朗的日子里,从插旗山的山顶可以看见整个涪陵城。不过,到了秋季,有秋雨和秋雾笼罩在两江之上。一连数天,云雾遮住了视线,只能听见乌江对岸的城市传过来一阵阵嘈杂的声音:车船喇叭声,摩托车轰鸣声,建筑工地噪声,全都回荡在一片白雾之中。有时候,雾霭会持续数天,甚至数周。接着,好似有什么东西扫清了两江河谷——气温回升,微风吹拂——突然之间,视线又被打开了。

目标文本2(吴美真译,2006: 63):

在晴朗的日子,你可以從插旗山山頂看到整個涪陵。但是秋天時,當季節性的雨和霧籠罩河流上方,有時你的視野會被雲霧阻撓,而烏江對岸的城市只是一片噪音:喇叭聲、馬達聲和建築工地聲穿過濃濃的白霧,發出回響。有時候,霧停留數日或數星期。但是之後,某個狀況——溫度改變了,或者刮來一陣強風了,使河谷的雲霧消散了,而視野豁然開朗。

167

"Rivers"这个词特别指的是"江"而不是"河流"。在李雪顺的译本中表达是"秋雾笼罩在两江之上",在吴美真的译本中是"雾籠罩河流上方"。对于土生土长的巴蜀地区的人来说,他们深知江与河流之间的细微差别。然而,吴美真将"江"翻译为"河流",显示出她对涪陵地理认知的模糊,缺乏对地理特征差异的深入体验。这一翻译上的出入,在跨文化交流中可能会造成误解。

再如,"马达"一词在当地语境中,特指摩托车的声音,因为当地人习惯于骑着摩托车穿梭于城市的大街小巷。李雪顺的译本准确地传达了这一意象,将其翻译为"摩托车轰鸣声",而吴美真则选择了一个较为生僻的表达"馬達聲"。这再次证明吴美真对当地风土人情的了解不足,导致她在译本中加入过多个人想象,影响了原文本的真实性。

翻译过程中的词义表现力是有限的,仅凭单个词汇难以生动地再现画面。若没有深入了解并体验文本与译者身心属性之间的疆域解构与重构过程,译者的解释力便无法得到准确释放。文本与译者身心属性之间建立起一种网状派生关系,这种关系中构建的连接形成了一个全新的文本领域,我们称之为目标文本的"形成"。每个字和每个短语在译者的眼中都如同画中的物件,而译者的任务便是将这些细节一一还原,这主要依赖于译者对文本内容的熟悉度,而非单纯的语言技巧。如果没有文本与译者身心属性之间的疆域解构和重构过程,就不可能准确释放译者的解释力。译者的目的如同画家一样,就是要把每一个细节都付诸实践,这主要是由译者对文本内容的身体熟悉度决定的,而不是由译者的语言能力决定的。所有这些对于跨叙事空间的构建都是非常重要的。

(二) 译叙声音、视角和聚焦

对生活和地理环境的描述也是跨叙事空间的重要组成部分。然而,跨叙事空间也依赖于跨叙事声音、视角和聚焦的构建。叙事声音、视角和聚焦与跨叙事声音、视角和聚焦二者之间的主要区别,在于跨叙事话语在不同叙事层面中的存在(Herman, 2007:310; Bakhtin, 1981:172; Chatman, 1978:48-45; Genette, 1980:413; Prince, 1982:377-381)。根据目标读者在某种程度上意识到阅读的不透明或半不透明,故事是通过翻译的声音、视角和聚焦的存在来讲述的。当读者知道正在阅读一篇译文时,译者属性的存在肯定是不可还原的。然而,在自传的情况下,可能会出现腹语声音、视角和聚焦的错觉(Wang, 2018)。由于目标读者是通过叙述者"我"阅读的,他不知何故与原作者达成契约,创造了一种错觉,似乎他们更接近作者自己的叙事方式,从而产生了一种强烈的信念,即深信翻译后的叙事是作者自己说的话(Lejeune, 1975)。译者的身份变得不可见甚至次要。这可以归类为翻译对等的自然性(Nida, 1964),或者在一般意义上,人们称之为完美翻译。译者的在场变得更明显或更频繁,这表明阅读的自然性被翻译的语言所打断,导致阅读的不流畅,从而导致叙述的不可靠。所有这些现象都可以通过跨叙事声音、视角和聚焦来分析。

下面是何伟描述他在涪陵的公寓的一个例子。正是通过他的声音、视角和聚焦,向读者描绘了他生活环境的一幅风景。这种描写具有层次感、方向感和距离感,让读者感受到视角的动态移动和特定对象的聚焦。

1. 例1

源文本(Hessler, 2010: 10):

My apartment was on the top floor of a building high on a hill above the Wu River. It was a pretty river, fast and clean, and it ran from the wild southern mountains of Guizhou province. Across the Wu River was the main city of Fuling, a tangle of blocky concrete buildings rising up the hillside. Everywhere I looked, the hills were steep, especially due north, where the heavy shape of White Flat Mountain loomed sheer above the junction of the two rivers.

目标文本1(李雪顺译,2012: 13–14):

我的公寓位于乌江边的山坡上,一栋楼房的顶层。那是一条美丽的河流,激越而清澈透明的水流从贵州省的崇山峻岭中自南向北而来。乌江的对岸就是涪陵的主城区,山坡上到处都是方块样的钢筋水泥建筑。无论我朝哪个方向看去,都是陡斜的山坡,尤其向北倾斜下去,直到两江交汇处,山形陡峭的白山坪拔地而起。

目标文本2(吴美真译,2006: 14):

我的公寓位於一棟大樓的頂樓,而這棟大樓位於烏江上方的一座山丘上。烏江是一條美麗的河流,水流湍急而澄淨,流自貴州省南部未開化的山區。烏江另一頭是涪陵的主城,聳立在山坡上亂糟糟的一堆低矮結實的水泥建築物。找眼目所及之處,盡是陡峭的山丘,正北方尤其是如此,在那兒,厚沈沈的白山坪陡峭地聳現在兩條河流匯流處的上方。

　　翻译呈现的转述应该能够勾勒出一幅生动、和谐的画面,每一句话都流畅、连贯。画面生动形象栩栩如生,如同正播放着一部电影。这种阅读体验之所以如此自然,其成功主要归功于语言的准确性和描述的真实性。在中国,读者体验了两个版本的这两段文字后,可以明显看出,李雪顺的译本显得非常自然流畅,仿佛作品本身便是用中文撰写的一样。然而,译者的身份却是无迹可寻。相比之下,吴美真的译本在语言叙述方面却显得逻辑断裂,某些词汇运用不当。以描述贵州省山区的形容词为例,"未開化的山區",这一表述并不贴切。此类词汇的运用不仅破坏了整个叙事流程和意象的构建,而且还给这段描述增添了负面的内涵。原文"wild southern mountains"中的形容词"wild"意指"自然生长,人迹罕至的地区",并非指"未开化的人或野蛮人"。读到这些段落的读者可能会对故事产生一种负面的跨文化解读,从而削弱了故事的文学价值。

　　方向坐标的翻译也是跨叙事视角的一个组成部分。例如,"Across the Wu River"在李雪顺的译本中被翻译为"乌江的对岸",在吴美真的译本中被翻译为"烏江另一頭"。在非虚构文学自传体叙事中,方向坐标的准确性是跨叙事视角的一种表现,这对真实历史语境的建构也非常重要。

　　翻译中的冗余表达会改变跨叙事焦点,导致读者在阅读过程中停留在描述中的时间更长,从而阻碍更自然的阅读体验。例如,"a tangle of blocky concrete buildings rising up the hillside"在李雪顺的译本中被翻译为"山坡上到处都是方块样的钢筋水泥建筑",而在吴美真的译本中被翻译为"聳立在山坡上亂糟糟的一堆低矮結實的水泥建築物"。李雪顺的译本读起来简单明了,非常流畅和自然,没有繁杂冗余成分。吴美真的翻译使用了两个重叠的形容词,不仅使句子变得冗长且多余,而且影响了读者的阅读体验。从笔者的角度来看,译者吴美真应该运用简洁的翻译技巧,将跨叙事聚焦调整到较低的语域。

　　一般来说,在自传式非虚构叙事中,应尽量减少跨叙事话语的存在,以确保跨叙事声音具有一定的真实性,从而拉近读者与作者之间的契约关系。同时,它也使转述本身更可信和更真实。

　　重庆享有"山城"的美誉,其地形之独特,非亲临其境者不能体会。在这样一个特殊的山城环境中,其人文特色、生活场景和建筑特色都是独一无二的。若非对当地情况了如指掌,又怎能真正描绘出这座城市的独特之处呢?就如同身心投入的翻译过程,需要深入理解原文的意境,才能在译文中完美地再现其精髓。这在例2的描述中尤为明显。

2. **例2**

源文本(Hessler,2010:29-30):

Fuling is a city of legs—the gnarled calves of a stick—stick soldier, the bowed legs of an old man, the willow-thin ankles of a *Xiaojie*, a young woman. You watch your step when climbing the stairways; you keep your head down and look at the legs of the person in front of you. It is possible, and very common, to spend a morning shopping in Fuling and never once look up the buildings. The city is all steps and legs.

And many of the buildings are not worth looking at. There is still an old section along the banks of the Wu River, where beautiful ancient structures of wood and stone are topped by gray tiled roofs. But this district is shrinking, steadily being replaced by the nondescript ones, seven or more stories, but they are cheaply made of blue glass and white title like so many new structures in China...

目标文本1(李雪顺译,2012:31):

涪陵是一个腿的城市——棒棒军青筋毕现的腿,老人们佝偻如弓的腿,年轻小姐们细如柳枝的腿。爬坡上坎,你得留神的是脚下的石阶;低下头,你就能看见走在前面的一双腿。在涪陵,逛了一上午的商店而没有抬头看一眼那些建筑,不但可能,而且是件十分平常的事情。这城市全是石阶和腿。

这里的很多建筑都不值一看。沿乌江岸边仍旧保留着一片老城区,里面有青瓦盖顶的古代砖木建筑。但这个地区的面积不断缩小,正逐渐为已经住在这座城市的毫无特色的现代建筑所取代……

目标文本2(吴美真译,2006:33-34):

涪陵是一座腿城——一個棒棒軍仿彿長節瘤的小腿,一個老人成為弓形的腿，一位小姐纖細的腳踝。爬階梯時，你注意著你的腳步；你低頭看著前面那個人的腿。你可能經常花一個早上在涪陵買東西，卻不曾抬頭看建築物。這個城市全是石階和腿。

而許多建築物實在不值得看。烏江江畔仍然有一個舊城區，在那裏，美麗的木石古建築有灰色的屋瓦屋頂。但是這個地區正在縮小，逐漸被已經主宰城市的那些無從描述的現代建築物取代……

让我们看看另一个跨叙事聚焦的例子。在源文本中，作者使用了一个定冠词"a"，意为"Fuling is a city of legs—the gnarled calves of a stick—stick soldier, the bowed legs of an old man, the willow-thin ankles of a *Xiaojie*, a young woman."吴美真的译本使用了直译和具体化的翻译技巧，突出了文章"一個"（a），例如，"一個棒棒軍，一個老人，一位小姐"。然而，李雪顺的译本使用了一种宽泛化的技巧，将单数变成复数，例如，"棒棒军，老人们，小姐们"。李雪顺的译本将特定的焦点改变为广角焦点，勾勒出人群在山城上上下下的生动画面。在这个译例中，两个目标文本都反映了过去当地场景的历史现实。吴美真的译本在语言上与源文本相当，而李雪顺的译本在身心上与源文本相当。如果我们考虑目标语读者的阅读习惯，那么李雪顺的译本更符合目标语修辞规范。也许，在某种程度上，我国台湾地区的读者可能会认为涪陵是一个宁静的城市，而不是一个热闹的城市。

又如，在源文本中，"You watch your step when climbing the stairways"；"爬坡上坎，你得留神的是脚下的石阶"（李雪顺的译本）；"爬階梯時，你注意著你的腳步"（吴美真的译本）。正如我们所看到的，"脚下的石阶"和"腳步"的聚焦创造了不同的视角和焦点。当人们走在山路上时，人们确实通常只看石阶，而不是真正关注别人的脚步。

再如，在源文本中，"But this district is shrinking, steadily being replaced by the nondescript ones."。"但这个地区的面积不断缩小，正逐渐为已经住在这座城市的毫无特色的现代建筑所取代"（李雪顺的译本）；"但是這個地區正在縮小，逐漸被已經主宰城市的那些無從描述的現代建築物取代"（吴美真的译本）。形容词"nondescript"的意思是"没有特色的"，"没有辨认的，明确的或不明显的"。李雪顺的译本似乎是一个正确的翻译，即"毫无特色的"；然而，吴美真的译本是"無從描述的"。这似乎是严格意义上的误译。这样的描述还改变了跨叙事声音、视角和聚焦的真实性,从而导致了不可靠叙事。

从以上例子中我们可以看出,吴美真的译本中有许多不可靠的、值得再商榷的叙述,这主要是由于跨叙事声音、视角和聚焦的构建问题所致,而跨叙事声音、视角和聚焦均根植于译者的身心经验。在恢复真实的历史语境方面,跨叙事的声音、视角和聚焦强烈地植根于译者的身心经验。土生土长于涪陵地区的李雪顺对家乡非常了解,他在翻译中无论使用什么翻译技巧,都力求翻译得更地道和流畅。习语翻译技巧不仅体现在语言层面,也构成了译者的身心体验。

五、结论

从宏观的角度看,不同的翻译版本反映出译者对过去、现在和未来的独特见解,这种差异主要源自跨文化想象下跨叙事空间的构建。

何伟在中国的生活与工作经历赋予了他独特的声音、视角和聚焦。他的作品不仅反映了他自身的文化背景,还深入地描绘了中国本土文化的疆域解构与重构的情况。显然,《江城》的价值在于他真实地描述了美国人对中国特定时期真实历史的看法。他既是故事的参与者,也是冷静的观察者。也就是说,他经历了一种文化的"翻译",在各种文化的碰撞中逐渐形成了新的叙事疆域,实现了文化的融合与蜕变。正是通过他的文字和叙述,让中国以外的人了解到了位于中国偏远地区的一座城市的故事。将这《江城》翻译成中文,不仅可以让更多的读者了解中国这个小城市的故事,也能让更多的海外侨胞对这样的故事产生共鸣,形成一种深厚的中文情感纽带。在跨文化交流中,建立起人们联系在一起的情感纽带是"构建人类命运共同体"(习近平,2017)最有效的传播途径之一。因此,在故事的翻译重构中,人物、地点、场景和事件的真实性的构建至关重要。

总而言之,笔者通过对于非虚构类文学作品《江城》两个中文译本的分析,有以下三个主要发现。

首先,在"内在性"哲学和差异美学的框架下,翻译不仅是一个疆域解构和重构的过程,更是一个异质因素分化和细化的过程。这个过程中,各种异质因素相互作用,形成了一种互惠的、根本性的网络关系。除了语言层面的因素外,还有叙事层面、社会文化层面、历史政治层面和身心层面等多重因素的互动参与。"游牧"文化的碰撞、连接和转化,并不代表形成自由的逃逸路线或文本的自由组合,而是需要在集体认知和接受的前提下进行可靠的叙事和真实的历史状况反映。在翻译这类文本时,译者的选择显得尤为重要。非虚构文学要求译者有能力还原历史语境的真实性。因此,译者的身心参与过程,以及个人和集体记忆成为新目标文本疆域的解构与重构的重要因素。在这个过程中,译者的选择、判断和经验成为影响翻译质量的关键因素。他们需要具备对原文本的深入理解和对目标语言的熟练掌握,同时还需要对目标文化的社会背景、历史背景和语言习惯有足够的了解。只有这样,他们才能准确地传达原文本的信息,同时保留其独特的语言风格和文化内涵。在具体的翻译过程中,译者需要综合考虑原文本的主题、语言风格、文化背景等多种因素。他们需要根据目标读者的语言习惯和文化背景,对原文本进行适当地调整和改写,以确保译文的质量和可读性。在这个过程中,译者的创造力、想象力和语言表达能力,也是影响翻译质量的重要因素。

其次,对于非虚构文学的翻译来说,译者的身体属性至关重要,这包括他们的情感体验和感觉反应。因为真实的叙事总是源于最真实的感觉和经历。通常,文艺的本质在于通过自己的真实感受和经历来尽可能地使某种话语再现。译者不仅要对作者书中描述的细节了如指掌,还需要通过情感表演将自己完全融入作者的角色中,仿佛时光倒流,重温过去的岁月。这样一来,译者和译文之间便建立起了一种派生网状关系,仿佛以编织的方式在绘制一片辽阔的疆域。在这一过程中,译者不仅是在传递文本信息,更是在以自己的身体、情感和经历去"翻译"作者的感受与思考。这不仅要求他们深入理解原文的语境和情感,还要用自己的语言和方式将其表达出来,使读者能够感同身受。这种体验和再现的过程是译者在翻译非虚构文学作品时不可或缺的一部分。

最后,历史语境的形成因素繁多,其中涵盖了跨叙事空间的构建、语言的语用和语义规范、跨叙事的声音、视角和聚焦,以及读者的接受程度,等等。在较短的时间段内,我们能够找到过去事件、人物、地点、建筑、景观和地缘政治问题的真实证据。然而,长期历史的证明却只能依靠文学和考古证据进行寻找和推断。由此可见,历史本身的真实性是在互文性和集体认知中逐渐形成的。从后现代主义的视角看,柏拉图的"洞穴的隐喻"恰如其分地描述了人们如何体验历史话语的拟像和超现实过程(Baudrillard, 1983a, 1994a)。尽管我们难以区分"他的故事"(his story)与"历史"(history),但作为命运共同体的人类,我们必须认识到历史的真理价值,即尽可能地记录真实的历史。从"双簧"表演理论看,译者的个体身心体验差异导致了翻译叙述在可靠性和真实性维度上的分开。对于深谙本土文化的读者群体而言，单纯的语言美学并不能弥补叙述内容真实性的缺失。即便前台的表演者技艺精湛，其演绎也不能自动确保所传达故事内容的合情理性与真实性。因此，后台声音——即译者的解读与转述——的真实性和可靠性，成为准确再现历史语境、确保翻译内容忠实度的核心要素。

第四节 理论思索：一个德勒兹和伽塔里式的诠释

"动态形成"一个负载内聚差异化的目标文本，取决于多元因素，其中包括形成环境的实际条件，各种目标语规范所派生的纹理化空间，以及译者的认知和感知介入式操纵。形成环境的实际条件包括目标文本的具体翻译目的，目标文本的用途和功能，目标文本的包装、设计、定价和销售渠道，以及目标系统的主流意识形态和诗学场域，等等。所谓各种目标语规范所派生的纹理化空间，是指目标系统的社会文化语用规范，目标系统的科技术语使用规范及其他各种领域的语用规范等所构成的一种纹理化空间，或一种有规则和有序的空间。当译者解构了源文本的语言元素之后，会将这些元素在目标系统纹理化的空间中重新进行聚合。译者的认知和感知介入式操纵，指译者对某些事件、概念和情感表达的个性化理解和感悟，并根据自身的认知和感知网络，派生出一些相近的表达概念。这些因素都构成了目标文本差异化"动态形成"的条件。

自传体译叙涉及"谁在说""说了什么"和"怎么说的"三个基本问题。然而，从德勒兹和伽塔里的"动态形成"哲学思想视角来看，同一个自传体源叙事文本可以形成多个差异化的自传体目标译叙文本，并且构成这些自传体目标译叙文本的内聚差异性原因，是译者在对源文本进行文本疆域解构和疆域重构的互动过程中，将各种异质性语言联结重新编织成符合自身自传故事联贯性和合理性的本地映射。解构文本的疆域，是指译者将源文本中的语言元素不断地进行释放，并逃逸到一个平滑的空间，同时又从平滑空间过渡到一个符合目标规范的纹理化空间。因此，自传传主的声音被重构成各种译叙声音，并且每一种译叙声音都指涉自传传主本人。即便所有读者都知道自传传主的声音是由译者所重构，但是在阅读自传时，却选择相信自传故事内容是自传传主本人所述。在译叙层面，文本的疆域解构与疆域重构对目标文本影响最大的是改变了自传的译叙话语，即自传是"怎么说的"。由于每一个"动态形成"的文本在重构时都会形成各种述说方式，同一句话可以有很多种说法，因此，不同的话语方式则会或多或少改变其故事内容。自传体译叙声音的差异化重构导致译叙文本中的译叙视角、译叙对焦和各种译叙成分都会形成各自的异质性本地映像。

笔者根据本章前述三个翻译案例的分析，梳理和总结出以下三点对自传体译叙现象的理论思考。

第一，笔者认为，根据同一个源文本派生出的各种目标文本的本地映射情况，翻译对等的动态性不仅取决于某个单词或概念本身所派生出的语义联结，而且取决于目标译叙文本中的译叙成分因素和其他相关的因素。换言之，翻译的动态对等不是由源文本 A 派生出的 A1、A2、A3 的语义选择决定的，而是由围绕源文本 A 派生的上下文故事语境中的各种异质性元素 B、C、D、E 与目标文本网络中的 F、G、H、I 异质性元素之间的碰撞与联结，从而决定了 A1、A2、A3 的选择。这些异质性元素的变化，会影响译者对目标文本的选择。例如，"paper"到底是指"纸张"，"论文"还是"钱币"，取决于源文本的上下文故事语境和目标文本的上下语境。此外，译者是选择用成语，还是通俗语，同样也取决于其上下文语境中的译叙风格因素。例如，像海伦·凯勒自传这样的自传体源文本是一个文学性强，以及自传故事中蕴含着大量丰富的人物细腻情感表达成分的文本。这些情感表达成分又与主人公所叙述的自传故事事件紧密相关。译者则需要在重构这部自传体译叙过程中对于应该如何建立动态对等关系的问题作如下三点思考。

（1）译者在翻译自传体译叙时，应该先思考自传主人公的人物塑造问题，包括自传主人公是什么样的人？有着怎样的特色？叙述方式是什么样的？是直接建构还是间接建构？例如，海伦是一位盲聋人，从源文本中可以看出她使用了大量的情感词汇，并且这些情感词汇负载着一种盲聋人的感官体验。情感的传递让读者能感受到海伦的内心世界，以及看不见和听不到的那种真实感，包括海伦借助周围的环境、温度、声音、肢体触摸等感受来抒发她的心情，并且有时在强化她的内心感受时，还借助了意象，等等。如果译者能准确把握海伦的这种内心感受，甚至自我亲身去尝试体验这种身心上的感觉，那么译者在选择情感词汇和做出情感表达时，就会尽可能地在强弱程度上对这种感知表达进行调整。每一个情感词汇和情感表达都是整个自传体译叙文本的联结点。译者在做出情感词汇的动态对等决策时，并非只看源文本的语言因素，还需要考虑目标文本情感联结点之间的内聚异质性关系。换言之，如采用本地的石材去搭建一个像源文本一样的雕塑就必须根据本地的地理、气候和石材密度本身的情况而做出最佳选择，而非一定要找到和原材料一模一样的石材。对等词汇的选择只有在与其相关的根状派生网络语境中才能知道哪种选择是最适合的。生硬的套用不仅会影响目标文本的可读性，还会影响故事的意义。

（2）除了准确把握人物塑造的特色，译者还需要思考对等元素与自传故事事件之间的关系。在译叙方面，每个故事事件的进程都具有其特殊的意义。例如，故事一开始可能是一种"预示"或者"伏笔"，然后发展到"冲突"和"冲突解决"，最后可能是"重尾"等。每个事件之间环环相扣，就像是一个根状派生的网络，每个联结点都与其他联结点之间形成了故事世界的网络。然而，通过翻译既可以尽可能地还原这一切，也可能改变其中的网络关系。没有任何一种重构是不导致差异性的。译者为了能让故事保持其内聚的联贯性和合理性，必须在细节上进行细分。这种细分通常是在多种对等可能性中选择一个最适合的对等元素。每一个对等元素的选择势必会派生出其他的关系网络，并且逐渐构建出一个有别于源文本，甚至有别于其他现有目标文本的译本。

（3）译者在这个网络中可以随意斩断、嫁接和重组这些异质联结关系。有时候在多个译本之间很难判断哪个译本优越于另一个译本，因为每一个译本的形成都具备其内聚的联结性和合理性关系。例如，对于海伦·凯勒的自传，华文出版社的译文版通顺和简约的特色，正是译者把认为是不重要的细节给斩断了，并且把很多地道性的汉语表达嫁接和重组起来，形成了一个内聚联贯和合理的版本。同样，译林出版社的英汉双语版受到了源文本的强势影响，译者在斩断、嫁接和重组时受到了很多的限制性，因此，无法避免翻译腔的形成。笔者认为，翻译对等的动态性是一种多元的动态网状关系，因为动态对等关系的建立取决于与对等元素相互联结的异质性元素。目标文本具体应该怎么翻译，其逃逸路径应该怎么形成，如何做出斩断、嫁接和重组的决定，等等，都取决于目标形成环境的因素、翻译的目的和译者的主观操纵。

第二，翻译目的、目标文本形成的功能和用途、翻译策略的选择、社会文化语言规范、专业领域的语言规范、意识形态、诗学传统等因素都构成了目标纹理化空间的形成。这些因素都构成了多元目标文本差异化形成的条件。例如，在全球化消费主义的当代中国，根据其特殊的文本形成条件，导致了同一个语用环境中产生多个版本的重译现象。自传体目标译叙文本在各种差异条件下进行重译，又在重译的过程中进行内聚差异性的演变，形成了多个异质化的本地映射。例如，根据前述翻译案例中对三个不同版本的《海伦·凯勒自传》的分析结果看，三个自传体目标译叙文本在文本疆域解构和疆域重构的过程中分别"动态形成"了三种特色。海伦·凯勒在当代中国被视为是青少年励志的榜样，因此在其中小学的语文教材中节选了由李汉昭翻译的《假如给我三天光明》一书。此书由华文出版社出版，出于服务于青少年的课外阅读需要，以及在语言上更加符合汉语要求的目的，采用了语言顺应的翻译策略，使得译文读起来通顺和简约。译文派生出很多地道化的内聚异质联结关系，形成了独具汉语文化特色的本地映射。译林出版社的英汉双语版本则采用了忠实源文本的翻译策略，尽可能地呈现出每一个语言细节，造成很多翻译腔存在的现象。这种翻译腔的存在并非因为翻译质量所造成的，而是根据其"动态形成"功能所框定的。英汉双语版本的译文是源文本的一种参考译文，主要目的还是让目标读者通过译文理解源文本的含义和学习英语语言知识点。目标文本中也存在很多批注的地方。浙江文艺出版社注重情感成分细腻化的表达，特别是在情感强弱程度的调节上与源文本尽可能地保持了一致。从翻译的文学效果和人物塑造上看，浙江文艺出版社的版本最接近主人公海伦的人物内心表达。

第三，自传体译叙的"动态形成"情况还有在不同地区形成独具特色的本地映射。《乔布斯传》就是这样一个典型的案例。不仅如此，这部传记还是由多人合作翻译完成的，其特色是传记译叙与嵌入式自传体译叙之间的差异对比关系。当代中国内地与中国台湾地区分别有着自身独特的本地社会文化语用环境。在这两个不同的网状派生空间中各自形成了不一样的纹理化空间。当解构的译叙文本元素进入这两个不一样的纹理化空间时，"动态形成"了其特殊地域性的本地映射。除译者的认知和感知网络因素外，这种由社会文化的语言规范因素和专业领域的语言文化因素构成的纹理化空间是决定自传体译叙文本语言元素逃逸路径的关键。此外，多人合作式的翻译提高了翻译的速度，并且也在很大程度上决定了目标文本"动态形成"的轨迹。目标文本被拆分成各种碎片，由不同的译者完成任务，并且每个碎片又聚合了各种异质联结元素。面对这样的一个翻译现象，研究者首先要关注整部作品的内聚联贯性和合理性。碎片与碎片之间产生异质联结，并且派生出各种复杂的关系，虽然是多人合作式翻译，但是每个译者都是尽可能地在译叙声音的统一性上形成一致。《乔布斯传》翻译案例中的自传体译叙是一个比较特殊的情况，因为其是一种在传记叙事文本中嵌入式的自传体译叙。传记译叙是译者代表传记作者在重构一种独特的视角和聚焦。在这部作品中，译者重构的传记作者是一个冷静、客观和独具见解的叙述者，而嵌入式的自传体译叙是译者代表乔布斯的话语。乔布斯的嵌入式自传体译叙有着强化传记事件的效果，就好像一个故事中插入了一些真实人物的话语，增强了事件的真实性。乔布斯的自传话语是富有激情和个性的，并且口语化成分很多。因此，在传记译叙和自传体译叙之间，形成了一种对比和反差。《乔布斯传》的简体中文版和繁体中文版在重构这种话语的对比和反差时，分别形成了各自的内聚联贯性和合理性。虽然两个版本体现了不一样的译叙声音，并且给目标读者带来了不一样的话语接受方式，但是他们各自在其目标文本的疆域中又分别形成了自身内聚的联贯性和合理性。

总之，从德勒兹和伽塔里的"动态形成"哲学思想看，从自传体源叙事文本转换到自传体目标译叙文本的过程中，存在各种形式的、各种现象的和各种途径的文本疆域解构与疆域重构情况。翻译动态对等关系的建立依赖于一种根状派生网络的多元的互动关系，围绕源文本而派生的各种异质联结被译者所解构，并且通过逃逸路径滑落到平滑空间中，然后再与目标系统中的各种异质性元素进行联结，形成一个新的差异化目标文本的本地映射。

第五章 结　　论

　　本研究运用中国双簧表演理论以及德勒兹和伽塔里"动态形成"哲学思想，对西方自传体叙事的中译展开研究。作为20世纪80年代提出的一种后现代主义哲学思想，"动态形成"代表了德勒兹和伽塔里的理论精髓，"动态形成"的概念，又从根本上揭示了翻译的动态过程。因此，笔者认为，运用德勒兹和伽塔里的"动态形成"哲学思想，可以为翻译学开辟新的理论视角和研究范式，拓宽翻译学的后现代主义研究疆域。

　　必须承认，翻译学的后现代主义研究对描写翻译学的贡献功不可没。描写翻译学的研究方法主要用来描述某个翻译现象，以及探究促成该翻译现象的成因，目的是对此类翻译现象提出一种诠释，并为进一步调查研究提供合理的线索和启迪。同时，描写翻译学的研究方法也是分析性研究的基础。由于描写翻译学在取样研究的时候是在一个庞大的网络中进行范围限定和抽样调查，因此传统结构主义范式下的研究途径不能适用于这种翻译方法，而后现代主义的研究途径有利于分析并描述特定范围内的翻译现象相关变量，以及这些变量与翻译之间的关系。德勒兹和伽塔里的后现代主义哲学思想，除在微观层面和宏观层面能够说明目标文本形成与差异变量之间的关系外，更重要的是，它能够把描写翻译学的探索范围重新回归到翻译对等的本体讨论上。

　　本研究基于上述理论和认识展开相关研究和探讨，并最终得出以下五个主要结论。

一、翻译传播之道即"仁善传播"

　　"仁善传播"之道，作为自传翻译传播的哲学根基与理论基石，其深刻性源于对人类命运共同体理念的全面把握。它超越了单纯的信息传递层面，上升为一种以人性探索、文化理解与世界和谐为内核的跨文化传播哲学。

　　在哲学维度上，"仁善传播"以仁爱、善良为核心理念，将善意作为交流的出发点和归宿。它主张通过理解、尊重和包容，打破文化隔阂，促进心灵的深度交融。翻译在此不仅是语言层面的转换，更是文化层面的对话与心灵层面的交融，它是人类在寻求共同理解过程中智慧与善意的集中体现。

在理论构建方面，"仁善传播"搭建了一个全面且系统的跨文化传播框架。它强调翻译过程应深入探索生命价值观，通过对人类生存经验的提炼与升华，实现文化的再创造。这一框架以自传体译叙为重要手段，通过个体的生命历程，展现人类共同的情感与智慧，进而推动全人类的团结与进步。

"仁善传播"之道以人类命运共同体的理念为指引，致力于通过翻译和传播，实现文化的深度交流与融合。它揭示了人类交流的本质，即寻求理解、共享智慧、促进和谐。同时，它也是对翻译传播理论的重要创新与发展，为我们提供了应对全球化背景下文化交流与传播挑战的全新视角。

综上所述，"仁善传播"之道以其深厚的哲学底蕴和系统的理论框架，为翻译传播领域注入了新的活力与智慧。它不仅是翻译实践的指导原则，更是推动人类文明交流与进步的重要力量。

二、自传体译叙中"双簧表演"式"译者－作者"合作叙述

自传体译叙中的"译者－作者"合作叙述不仅揭示了翻译活动的复杂性和多元性，更展现了一种独特的二体合一的翻译现象。这种合作模式宛如一场精心编排的双簧表演，译者和作者共同编织故事、相互呼应，共同在目标文化中构建出自传体的拟像。

在这场"双簧表演"中，译者和作者不再是单纯的个体，而是形成了一个紧密合作的整体。他们各自发挥着不可或缺的作用，以译者的语言能力和对目标文化的深入理解为基础，结合作者的创作意图和原作的独特风格，共同创作出既忠实于原作又符合目标文化审美和接受习惯的自传体译叙作品。

这种合作叙述的方式，使得译者和作者之间的界限变得模糊，他们共同成为作品的创作者和叙述者。译者不再是单纯的语言转换者，而是积极参与到作品的创作过程中，通过发挥自己的主观能动性，对原作进行必要的调整和创新，以适应目标文化的需求。同时，作者也积极参与到翻译过

程中，提供必要的背景信息和创作思路，帮助译者更好地理解原作并准确地传达其内涵。

通过这种双簧表演式的合作叙述，自传体译叙作品在重述故事时营造出一种"超真实"性效果。译者和作者共同构建的自传体拟像，使得读者仿佛置身于原作所描绘的世界中，能够深刻感受到原作所传达的情感和思想。这种"超真实"性效果不仅增强了作品的吸引力和感染力，也使得读者能够更好地理解和接受原作所蕴含的文化内涵与价值观念。

然而，这种合作叙述方式也带来了一系列值得深思的问题。首先，译者和作者之间的合作如何保持平衡，避免一方过度主导或影响作品的创作？其次，如何在保持原作风格的基础上，实现与目标文化的有效对接，使得作品既具有原作的韵味，又符合目标文化的审美需求？这些问题都需要我们在实践中不断探索和回答。

综上所述，自传体译叙中的"译者－作者"合作叙述是一种独特的翻译现象，它体现了译者与作者之间的紧密合作和相互依存关系。通过这种双簧表演式的合作叙述，自传体译叙作品能够在目标文化中构建出自传体的拟像，并营造出"超真实"性效果，从而丰富和拓展原作的文化内涵和价值意义。同时，我们也应该意识到这种合作叙述方式所带来的挑战和问题，不断寻求解决之道，推动翻译活动的不断发展和完善。

三、翻译即文本疆域解构与重构的"动态形成"过程

德勒兹和伽塔里的"动态形成"后现代主义哲学思想，突破了传统翻译语言学中语言文字表征结构之间转换的树状思维，取而代之的是以一种横向网状思维去探索围绕语言文字表征所派生出的动态关系。这种研究视角洞察的是语际转换中的动态网状派生现象。"动态形成"是一种流动的形成，事物在形成的过程中汇聚了各种元素。大到宇宙星系的形成，小到新生物的变异，"动态形成"的过程无处不在。文学艺术、写作翻译、思想意识、价值观念等，皆受到各种因素的影响，并转化成新的形式。例如，中国唐代的宫廷舞蹈融入了西域舞蹈元素，"动态形成"了新的特色。印度佛教受到中国儒家和道家思想的影响，"动态形成"了禅宗佛教。澳门菜受到葡萄牙菜肴的影响，"动态形成"了自具特色的澳葡菜式。从这些例子可以看出，"动态形成"的哲学思想是一种"保旧立新"

第五章 结论

或"融旧立新"的和合思想。传统的或原有的东西并没有完全瓦解或破坏,而是在尽可能保留原有事物的基础上融入了异域或本土的一些特色。事物的本质基本保留了下来,在旧的基础上创新和融入新的元素。

根据德勒兹和伽塔里的"动态形成"后现代主义哲学思想,笔者把翻译(包括翻译过程和翻译产品)看作文本疆域解构与重构的"动态形成"过程。把源文本或目标文本看作"文本疆域",意味着文本具有网状派生的特征。各种与文本内容相关联的异质派生联结,构成了文本疆域。所谓翻译,即是从源文本转换到目标文本的过程,它亦为译者对源文本网状疆域的解构和对目标文本网状疆域的重构过程。无论是文本疆域的解构还是重构,都是一种动态过程。译者在不同时空下诠释源文本,派生出各种多元意义,并且根据目标环境的实际情况"动态形成"差异化的本地映像。

翻译"动态形成"的过程是在两种语言、社会、文化等差异条件下进行的。译者需要重复源文本的意义,但同时又必须在目标新环境中重新建构意义。在差异的条件下对文本疆域进行解构与重构,必然派生出内聚差异化的本地映射。译者好比实验室里的科学家,每次重复实验所得出的结果,都与前几次的实验结果存在细微差别。网状文本疆域中任意一个联结元素的变化,都有可能导致本地映射在形态上的区别,同时对目标读者所产生的效果也会不一样。

翻译对等并不是也不可能让目标文本和源文本在所有方面都保持相似或一致。目标文本在"动态形成"的过程中,不仅吸收了源文本的养分,也主动或被动地流失一部分内容。但更为重要的是,目标文本还融入了目标生长环境的因素。对比文本在语言文字表征层面的差异,实际上对于译者而言,重要的是挖掘围绕表征所展开的各种潜在派生网络关系。通过分析这些多元异质元素构成的派生网络,译者能够发现构成翻译对等动态性的本质。例如,如果翻译政府文件、法律文本或具有根深蒂固的社会文化习俗内容的文本,译者需要墨守成规,安于旧俗,不得轻易改变文本的形式和内容。然而,如果是翻译小说等文学作品,在有必要的情况下,译者可以对所译的文本进行改写。例如,在文艺复兴时期的很多译者,为将古希腊和古罗马时期的很多宝贵的文化遗产重新创译,这会变风改俗、革旧维新,促使这些文学艺术作品亘古常新。除了功能性和历时性的翻译现象,从翻译的共时性角度看,同一个源文本在同一时代被翻译成多个版本,这种"共时性重译"的现象说明各种译本为了在市场上生存,必须形成各自的差异,译者的翻译目的并非改头换面,而是乔装改扮,换词改句，并为自己的版本找到一个生存的空间。

目标文本的"动态形成"，离不开其孵化空间中的形成条件。在一个开放、相对自由和具有活力的目标形成空间里，有可能会"动态形成"多元目标文本。由于目标形成环境中存在一种内在竞争机制，以及一种疆域建构与划分的现象，每一个目标文本都试图在目标形成环境中找到一个合适自己生存的疆域，而促成这种生存的前提在于目标文本在"动态形成"的过程中必须构建属于自身的差异化特征，从而与现有的其他目标文本区别开来。

总之，源文本疆域在不同的时空里，由不同的译者介入，以及遇到各种差异的形成条件，会被解构和重构成新的目标文本疆域。各种各样的元素，包括知识层面的、思想层面的、政治层面的、身心层面的、价值观和意识形态层面的等，都会参与到文本疆域的解构和重构之中，"动态形成"差异化的目标文本。

四、自传体译叙文本即叙事重复与差异化产品

自传体译叙是译者对自传体源叙事进行的翻译转换。在翻译转换的过程中，译者主要是在差异的目标环境条件下，对自传体源叙事进行重复，并且在重复叙事的过程中，又"动态形成"差异化的自传体译叙（即翻译作品）。

自传体译叙的翻译过程涉及三个基本要素：①自传故事的内容（故事本身）；②自传叙事的话语（故事的叙述方式）；③自传源叙事的声音（代表原作者的叙述声音）和自传译叙的声音（代表原作者，但由译者所代述的声音）。这三个基本要素是译者在重复自传源叙事时，造成自传体译叙文本疆域与源叙事文本疆域之间差异的基本要素。

根据德勒兹和伽塔里的"动态形成"哲学思想视角下的翻译过程，笔者认为，译者首先是在解构自传体源叙事的故事内容，了解和试图重复该叙事讲述了什么故事。在对叙事重复的过程中，由于存在语言差异、译者身心差异，以及目标形成条件的差异，译者在选择如何讲述故事内容，也就是译叙话语层面上，形成了与源叙事不一样的情况。简而言之，译者试图用自己的译叙话语重新讲述故事，虽然译叙故事内容与源叙事故事内容有可能保持基本相同，但是在讲述的方式上会存在差别，这也就导致了差异化自传体译叙产品的形成。

译者在译叙层面对自传体故事进行重复时，除了分析源文本的语言修辞，还需要分析其叙事进程、叙事成分和叙事手法。在译叙的任何一个环节，都有可能出现操纵行为。例如，对各种故事内容和话语声音强弱程度的调适，甚至有时还存在某些增加或删减的成分。自传故事中的人物、地点、事件、情感等构成了各种译叙派生的联结点。译者不仅需要在这些联结点之间进行故事的编织，还需要思考如何在目标环境中进行适度的表达；同时，译者的译叙姿态通常是隐匿于源作者的身份之下的，毕竟自传本身是代表或指涉源作者的叙事声音。

译者在分析自传体译叙中的派生网络时，需要以译叙篇章作为意义单位。换言之，译叙篇章中需要按照故事事件发生的进程作为单位来进行分析和语际转换。事件进程篇章中往往包含了译者对它们在各种微观层面的操纵。例如，译者在篇章中可能构建出与源叙事文本不同的成分和运用不同的叙事手法。由此产生的目标文本与源文本之间在微观层面上的差异，构成了区别两者之间最重要的因素，而由各类微观层面构成的多个事件篇章，在宏观层面则汇聚成一个完整的自传故事。

上述译叙转换过程，正是自传体译叙的叙事重复与差异化产品的"动态形成"过程，或者说，自传译者在对需要翻译的自传文本进行的文本疆域解构和重构过程。各种译叙进程、译叙成分和译叙手法，都是这个派生网络中的异质因素。由于源文本可以"动态形成"各种目标文本，那么代表自传传主声音的叙事文本，也可以派生出多元自传体译叙声音。然而，无论存在多少种自传体译叙声音，它们都指涉同一个自传传主本人。自传传主的言谈举止、思想表达、情感流露和人生感悟等，都是通过译叙声音在目标读者中进行传递。

此外，各种译叙视角和译叙对焦的重构，也都离不开译叙声音。目标读者是通过自传体译叙声音去"听"故事，并且透过声音所传递的思想和视角去"看"某个事件的发生。译者在重复自传故事时，对故事进程进行各种强弱程度的操纵，从而导致多元自传体译叙声音的重构。译叙重构是一种"动态形成"的现象。翻译自传体叙事促成了多元声音的形成，派生出各种可能性，以及建构了多种形式自传传主的可能性。

德勒兹和伽塔里的"动态形成"哲学思想，解释了翻译转换过程中自传体叙事的重复过程和差异化产品的重构现象，以及在译叙重复与形成差异的过程中还可能重构出多元目标文本和自传译叙声音的情况。

五、文本对等即译叙过程中本地映射的根状派生网络对等

语际之间的转换是一种重复建构的过程，并且这种重复行为不单只在语言层面上建立对等关系，而且涉及各种相关的异质联结之间的互动过程。翻译的本质是建立对等关系，无论语际转换是基于何种目的，是政治的、社会的，还是文化的，根本上还是在不同层面建立对等关系。因此，基于不同目的，语际转换的过程中会派生出各种逃逸路径，形成具有不同特色的派生网络。在该派生网络中的各种多元异质因素，即决定了译者的语际对等选择。

从源文本转换到目标文本时，译者往往关注的是两者"表征"之间的对等或对应关系。然而，译者在翻译时，往往会面对同一个源文本存在多个目标文本对等的可能。在选择目标对等的时候，译者根据语言表征所派生出的各种异质联结做出决策。异质联结的变化会影响对等意义的变化。派生网络中的异质联结是构成意义多元的一个基本条件。由文本表征所派生出的各种路径，在多种排列组合之下，内聚成一种特殊的逻辑关系。译者好比在绘制一副地图，每一个线条和每种色彩的强弱程度，都构成了这幅地图本身内在的意义。由于不同的目标文本会形成各种属于自身建构的内聚差异，因此，在表达同样意思的时候，自然会存在多元的对等选择。各种语言细节上的对等关系，映像出错综复杂的目标文本网络。

意义多元对等关系的另一个原因，是翻译行为在目标环境中始终都是译者的试验行为。即便是重复相同的试验，也有可能得出不一样的结果。因为试验本身具有一种相对性，译者是在存在差异条件下进行文本试验，同时在翻译时制造出差异化的目标文本。新的目标文本不仅不同于源文本的内聚异质性建构，也不同于其他现存的目标文本内聚的异质性建构。

本研究把文本对等看作译叙过程中本地映射的网状派生对等。网状派生对等与翻译学传统意义上的文本对等不一样。早期语言学派有关翻译对等的探讨，主要集中在两种语言文字表征层面的对比分析上，并且探究造成它们之间差异性背后的社会文化制约因素。常见的研究途径分为两种：一种是明确源文本与目标文本之间的语际转换关系，研究者对相关翻译现象进行探究；另一种是不明确源文本和目标文本之间的语际转换关系，研究者需要收集各种证据证明它们之间确实存在语际转换的过程。确定语际

转换的过程是探讨一切语际对等的前提。本研究除了对比两种语言文字表征层面的差异性及造成这种差异性的形成条件以外，还关注语际转换过程当中，具体有哪些异质性元素构成了语际对等关系。

翻译离不开对不同语言在各自实际语用环境中使用和跨文化之间交流的探索。语言文字表征只是语言的一个交流载体，而语言文字只有在其语用环境中才产生意义。在实际语用环境中，读者或交流者根据语言的文字表征诠释派生出各种产生意义的联结，如节奏、语气、声调等联结构成了叙事声音；各种修辞成分联结构成了一种文体特色；各种颜色、温度、食物等符号联结构成了社会文化象征。所有这些多元异质联结的聚合，都传递着某种情感表达和文化记忆。即便是一个单词，如果放在特定的语境中也会簇生各种网状联结，而正是这些派生出的多元异质联结之间的力量和关系构成了这个单词的意义。派生簇群联结中的任意一个元素的变化，都会导致这个单词意义的变化。

语言文字表征所派生出的簇群关系，取决于诠释者的感知和认知网络。译者在诠释过程中汇聚各种多元因素，并且搭建一个属于自己的派生网络映射。这也是为什么不同译者有属于自己的翻译风格，即便是同一部作品的重译版本，也会有较为明显的文字表征差异。

无论是翻译自传、小说、戏剧，还是诗歌等作品，译者的任务是摸清楚与源文本语言文字表征相连接的意义派生网络，在翻译转换的过程中解构这种网络关系，并在目标文化的语用环境中重新建立新的网状派生联结。由于源文本的派生网络与目标文本重构的派生网络之间存在差异，因此，目标文本的语言文字表征，也就与源文本的语言文字表征之间存在差异。翻译实际上是译者在解构和重构语言的派生网络疆域，疆域之间的互动是开放的和动态的，并且目标文本语言文字表征和源文本语言文字表征之间对等关系的建立，主要取决于与两种文字表征相关联的派生异质性元素。换句话说，语言在语用环境中的运用性，交际性及其预计产生的效应决定了译者的语言对等选择。同一句话在不同的环境下表达肯定会受制于目标环境的各种异质性因素，而在不同的差异环境中寻找可行的出路和解决办法，是译者的一项基本任务。

两种语言转换中的翻译对等关系，具有动态的根状派生网络特征，译者在选择目标对等的表达时，不仅要依赖于源文本所派生的异质联结关系，还需要考虑目标语的各种多元异质形成因素。从后现代主义理论视角切入去探索翻译现象时，更注重的是对翻译现象中的"多元性"问题进行思考。译者在诠释和运用翻译概念的时候,是在一个"单一性"的思维框架中进行的。因为译者以及研究者在对诸如"源文本""目标文本""译者""表征"等概念进行"普适性"建构的过程中,试图在它们之间设立一套普适的标准,并用其去解释所有可以解释的翻译现象。这些概念往往被研究者赋予一种"静态的"或缺乏活力的内涵。后现代主义理论视角恰恰打破了这种沉静,挖掘和揭示除了这些普适性概念以外更加动态和更加具有活力的一面。后现代主义理论视角将焦点关注在翻译"变化"属性的动态性、变异性和可能性上,注重思考并探索源文本会变成什么样的目标文本,目标文本怎样形成属于自己的特色,以及源文本会"动态形成"多少种目标文本的可能性。

无论是遵照源文本的内容去从事翻译,还是以源文本作为激发思想的灵感源头进行创作,完全取决于译者和译者所处的环境要求。译者在多大程度上应该忠实于源文本,或者背叛源文本,取决于各种施动者(译者、编辑、出版商、读者等)的主观意识形态和人为操纵。译者可以根据各种需求和偏好对文本派生的网络进行斩断、嫁接和培育。因此,翻译文本的派生网络只能解释文本的多元性及其派生现象,但这种本质不能替代译者的操纵行为。目标文本与源文本之间的网状联结关系越密切,表示目标文本越忠实源文本;其越松散,表示越不忠实源文本,也可能掺杂了创作因素。后现代主义视角无法为"翻译"本身下一个严格的定义。因为在目标文本"动态形成"的过程中,具体在什么差异条件下进行意义重复,并且在重复中又产生怎样的差异,是无法预测和规定的。然而,不去刻意为翻译本身的意义划清界限,不意味着是要模糊翻译与创作之间的概念。在从后现代主义理论的视角去谈及任何翻译现象的时候,必须将其置于实际的跨文化交际环境中。例如,出版社对翻译质量和译者的标准要求,译者、目标读者及出版机构之间所形成的一种"翻译契约",译者在履行翻译任务时的责任,以及对源文本作者的尊重和故事内容的忠实等伦理因素,等等,均构成了译者在目标实际环境中是否应该忠实于源文本的基本形成条件。

总之,本研究立足于从德勒兹和伽塔里的"动态形成"哲学思想与根状派生网络的思想,对翻译过程各个层面上的动态网状变化进行描写,以期为多元目标文本的"动态形成"提供一种新的诠释。该研究从理论与实践层面都为翻译学提供了新的研究视角和范式,尤其是在揭示翻译本体层面的差异性和动态性方面提供了一种理论解释。

附　　录

附录1　译叙分析工具术语表

笔者从叙事学领域借用了一些术语概念，并加以改造成适用于分析自传译叙文本的译叙分析工具。译叙分析工具包括译叙成分和译叙手法。通过运用这些译叙分析工具，研究者可以探究目标文本在其微观叙事形成层面的网状派生关系和内聚差异性。

附表1-1　人物塑造

术语	对术语的概念解释	文献来源
译叙自传人物	自传译叙故事中的人物，包括译者笔下建构的自传主人公和其他人物	源自"Character"概念。（Abbott, 2002; Bremond, 1973; Chatman, 1978; Ducrot and Todorov, 1979）
译叙直接重构/译叙间接重构	译者建构人物中所使用的技巧组合。人物塑造可以是直接的（由译叙者、人物自己或其他人物的可靠方式建构）或间接的（通过人物的行为、反应、思想和情感等推演出来）	
译叙人称	第一人称译叙、第二人称译叙、第三人称译叙等	源自"person"概念（Bal, 1985; Cohn, 1978; Fludernik, 1996; Genette, 1980）

续附表 1-1

术语	对术语的概念解释	文献来源
译叙自传主人公	译者建构的自传主人公、自传故事的焦点人物、译叙自传主人公间接指涉作者本人。目标读者是在翻译意识下阅读自传,并感受到译者的在场性	源自"protagonist"概念(Friedman, 1975; Frye, 1957)
译叙正面人物/译叙反面人物	通常自传译叙故事中存在译者建构的正面形象人物和反面形象人物。自传主人公一般都属于正面人物,而其故事中的对手则是反面人物	源自"Positive Character / antagonist"概念(Frye, 1957)
译叙争议人物	自传主人公或故事中的人物有可能是一个有争议的人物。译者在建构人物时,可以对其争议性特征进行调适处理	源自"controversial character"概念
戏剧性译叙处理	译者在进行人物塑造时刻意将人物舞台化或戏剧化。译者有时对人物的过度修饰和包装也会导致人物在自传故事的现实性中产生戏剧化的效果。戏剧性处理通常超出了一种"自然"的人物塑造	源自"dramatic treatment"概念(James, 1972)
译叙推理形象	目标读者根据译者重构的自传叙述者认知推理出的自传叙述者形象,在自传译叙中同时又指涉自传作者,但与"真实作者"本人是不一样的	源自"persona"概念(Booth, 1983; Holman, 1972; Souvage, 1965)
译叙动作	当自传故事人物经历某个事件,或产生某种心情的时候,就会做出某些"动作"。"动作"的描述也影响自传故事进程的意义。译者在重构时需要考虑"动作"与人物塑造和故事进程之间的关系	源自"action"概念(Barthes, 1975; Brooks and Warren, 1959; Chatman, 1978)

附表1-2 故事进程

术语	对术语的概念解释	文献来源
译叙故事层	译叙自传故事层面（故事世界）。叙述者通常存在于译叙故事层，而译者通常存在于"译叙故事外层"（extradiegetic level）。译者的话语显现如果变成译叙故事情节的一个组成部分，则就意味着译者从译叙故事外层转移到译叙故事层。如果译叙故事本身就存在一个故事外层的叙述者在讲述故事，例如："玛利亚当晚认真的讲述了昨天发生的事情，她说道：'昨天，我……'"那么从译叙的角度看，译者还是存在于故事外层，玛利亚存在于故事层，而她所讲述的故事存在于故事内层（intradiegetic level）。换言之，译者始终存在于故事外层，除非他（她）的话语显现介入到故事进程中，并改变了故事本身的意义，这时译者才由"故事外层"转移到"故事层"或"故事内层"	源自"diegetic"概念（Genette,1980,1983；Nelle,1992；Rimmon,1976）
译叙结构	"译叙结构"包括三个基本元素：开始、高潮、结束（beginning, climax, ending）。故事"开始"，意味多种可能性的发生；故事的"高潮"是事件的强化进程，即将接近尾声；"结束"是故事最终的结尾	源自"Structure"概念（Chatman,1978）
译叙单位	译叙单位包括：事件，情节和片段。"情节是对事件的安排，其中包含了'人物'与'行动'两方面意思。"（申丹，王丽亚，2010：35）译者对情节的重构主要取决与他或她怎样安排事件。"片段"是故事情节或事件序列（sequence）的聚合。故事片段之间的情节（episodic plot）没有严谨的联系，或每个故事片段都可以是相对独立的	源自"event"，"plot"，"episode"概念（Chatman,1978；Cost,1989；van Dijk；Herman,2002）

附表 1-3　话语方式之译叙声音

术语	对术语的概念解释	文献来源
译叙对话	自传故事内部人物之间的对话交流，包括叙述者自己的独白。译者的话语介入也是译者将自己的立场融入到故事当中形成译者与作者之间的对话。对话过程可以是赞同或不赞同等	源自"dialogue"概念（Bobes，1992；Glowinski，1974；Stanzel，1984）
和谐不和谐	"和谐"即译者所构建的叙述者与他或她所叙述的人物意识之间的融合。"不和谐"则是译者所构建的叙述者与他或她所叙述的人物意识之间存在矛盾	源自"consonance"/"dissonance"概念（Cohn，1978）
双重假设	译者和叙述者，或译者和人物的两种声音混合而成的假设。在译叙文本中目标读者通过认证推理假设故事的讲述存在译者的声音成分，同时也有【自传作者】叙述者的声音成分。"双重假设"会让目标读者对译叙文本感受到一种"双簧声音"和一种"腹语声音"（ventriloqual voice）。"双簧声音"指目标读者同时可以听到到译者（藏后）的声音和作者（前置）的表演。"腹语声音"指目标读者同时可以看到和听到（同时在场的）译者（操纵者）和作者（木偶）之间的对话交流和交替声音	源自"dual-voice hypothesis"概念（Pascal，1977）
述愿话语	自传故事中叙述者或人物对事件的事实或事件状态作出"真或假"的判断言语。例如："饮酒过度伤身体"和"地球是扁的"。"述愿话语"通常会体现叙述者的性格建构，因此译者应该准确地把握这种译叙声音的表达	源自"constative"概念（Austin，1962；Lyons，1977）
译叙独白	叙述者或人物在自传故事中通常会在某个事件中插入一段"独白"，从而表达自己内心的想法和感受。译者在重构"独白"的时候需要考虑"独白"话语与人物形象重构和事件重构之间的关系。往往对"独白"的操纵决定了故事进程的含义。"独白"属于一种人物"内视角"的译叙声音	源自"monologue"概念（Holman，1972）

续附表 1-3

术语	对术语的概念解释	文献来源
译叙语调	"语调"反映了叙述者或人物说话时的心态和口气,及其对故事进程的意义	源自(tone)概念(Brooks and Warren,1959;Richards,1950)
方言	对各种方言的译叙处理,特别是方言与述说人身份对故事进程之间的关系	源自"dialect"概念,由本研究者引入

附表 1-4 说话方式之叙述视角

术语	对术语的概念解释	文献来源
译叙视角	"译叙视角"中的"视角"不同于叙事学中的"视角"。"译叙视角"主要是指译者在译叙文本中采用何种姿态在"看"自传故事。"译叙视角"可以通过译者建构的叙述者,人物,事件焦点等建构方式体现。研究者关注译者是如何建构文本中的各种叙述角度。这点必须与叙事学中探讨故事本身的叙述角度区分	源自"perspective"概念(Genette,1980,1983)
内视角外视角	"内视角"是将叙述视点聚焦到人物内心的表达,或关注内在情节(internal plot)进程。"外聚焦"具有一种客观叙述的特征,好像站在整个事件之外来看待问题	源自"internal and external focalization"概念(Bal,1985;Genette,1980)
译叙框架	"框架"对于"译叙视角"而言非常重要。任何翻译都是在一个相对的目标政治,社会和文化大框架下进行的,并且这个宏大的框架与自传故事内所呈现的意识形态框架之间存在互动关系。每个自传故事都有一个或多个相对固定的框架。这个框架是由社会文化因素,意识形态因素和诗学因素建构而成的。任何叙事事件和人物情感表达都遵循了一定的社会文化规范和合理性。对于不同译叙的主题而言,本身就存在着各种约定俗成的框架。这些框架框定了译叙的视角,译者在框架中进行叙述,并且遵循或商榷框架中的规范	源自"frame"概念(Beaugrande,1980;Goffman,1974;Jahn,1997,Minsky,1975;Baker,2006,Tymoczko,2007)

续附表 1-4

术语	对术语的概念解释	文献来源
译叙人物观点	译者在重构叙述者和人物时会同时重构其对事物或事件的"观点"。不同的"观点"重构也反映了不一样的"译叙视角"	源自"viewpoint"概念（Grimes, 1975）
有限视角	译者在译叙时有选择性地呈现自传故事的视角。无论是译者重构的叙述者或人物，译者都有可能限制其视角的呈现，从而改变其"译叙视角"	源自"limited point of view"概念（Grimes, 1975）
全知视角	译者本身就是整个自传故事的操纵者，因此译者具备一种"全知视角"。自传故事的叙述者也有可能是整个故事的全知者，但是译者也可以对其视角进行限制或不限制	源自"omniscient perspective"概念（Booth, 1983; Chatman, 1978; Genette, 1980）
译叙回忆	一种重复性倒叙，重新讲述以往的事件。译者需要重构叙述者的倒叙视角，将"现在"与"过去"区分	源自"recall"概念（Genette, 1980）

附表 1-5　说话方式之译叙对焦

术语	对术语的概念解释	文献来源
焦点调节	译叙对焦的主要功能是一种"调节"（adjustment）或"调适"（modulation）作用。译者针对人物塑造，故事情节与事件，情感表达等各方面的"强弱程度"（intensities）调节	源自"focalisation"概念（Bal, 1977, 1983, 1985; Cordesse, 1988; Genette, 1980; Hermans, 2002; Prince, 2001）
双重焦点	自传目标译叙文本译叙事件中出现的两个不同的焦点，一个是作者的，另一个是译者的。"双重焦点"的出现，一方面是在文本内当译者和作者的意见不统一时造成的现象。另一方面是文本中的"翻译腔"导致目标读者感到译者的话语显现或在场，在故事的进程中出现了双重的焦点	

续附表 1-5

术语	对术语的概念解释	文献来源
译叙距离	对焦调节时,译者根据目标读者的接受,可以将叙事内容拉近或拉远,并让目标读者感受到焦点的强化或淡化	源自"distance"概念（Booth, 1961, 1983; Genette, 1980, 1983; Prince, 1980, 1982）
译叙前置	译者在译叙时将他或她认为重要的信息前置,从而拉近故事焦点与目标读者之间的距离	源自"foregrounding"概念（Weinrich, 1964）
焦点正常化	译者对源译叙文本中的焦点不进行调节,按照其原本的程度重构。译者也把源译叙文本中的强化或弱化的焦点调整到一种正常的情况	源自"focalisation"概念（Bal, 1977, 1983, 1985; Cordesse, 1988; Genette, 1980; Hermans, 2002; Prince, 2001）
焦点强化	译者对源译叙文本中的焦点在目标译叙文本中进行强化处理	
焦点淡化	译者对源译叙文本中的焦点在目标译叙文本中进行淡化处理	
焦点模糊化	译者对源译叙文本中的焦点在目标译叙文本中进行模糊化处理	
焦点不透明	译者对源译叙文本中的焦点在目标译叙文本中进行不透明处理,或掩盖部分事件内容	
焦点转移	译者对源译叙文本中的焦点在目标译叙文本中进行转移处理,导致一种积极或消极的焦点偏离	

附表 1-6　译叙操纵

术语	对术语的概念解释	文献来源
时空关系	"时空关系"的功能主要是让读者对自传故事发生的时间和地点进行文化认知推理,从而构建一个想象的自传故事空间。例如,自传故事是发生在过去,现在还是未来,是发生在那个国家,那座城市或乡镇等。译者可以对译叙中的"时空关系"进行操纵,从而改变自传故事的叙述空间	源自"spatio temporal relations"概念(Bridgeman, 2007)
译叙伏笔	在自传故事进程开始时埋下的叙述"种子",到故事发生的后期才出现,目标读者一开始并不知道。译者需要注意故事进程前后的相互呼应关系	源自"advance mention"概念(Genette, 1980)
译叙预示	自传故事提前讲述的事情会在故事后期再次讲述,读者一开始就知道。译者需要注意故事进程前后的相互呼应关系,并且在开始时就应该明示	源自"advance notice"概念(Genette, 1980)
反高潮	原本以为重要的事件,出乎意料的变成不重要。比预期的事件显得更加平庸或缺乏张力。一系列事件的效果不断强化状态下突然被中断。在翻译时,通过各种翻译技巧,有时容易将原文是"高潮"的节奏变成"反高潮"的节奏,减弱了自传故事的效果,甚至改变了故事的意义	源自"anticlimax"概念(Brooks and Warren, 1959)
顺时秩序	按照事件发生的逻辑秩序对事件做出的安排。自传源叙事文本中的逻辑顺序(句子顺序或话语顺序)有可能在自传目标译叙文本中被重组。例如汉语的叙事规范是将时间、地点和人物等要素放在前面,最后再说重点	源自"chronological order"概念(Prince, 1973)
冲突与冲突解决	译者重构的参与者或自传故事人物所进行的抗争,包括主人公内心的冲突,人与自然的冲突,人与人的冲突,人与事件的冲突。冲突是通过何种"解决的内容"(resolved content)完成的	源自"conflict & resolution"概念(Brooks and Warren, 1959)

续附表 1-6

术语	对术语的概念解释	文献来源
悬念	译叙自传故事进程中给目标读者留下的一种焦急心态，或一种对故事认知推理的联想空间	源自"suspense"概念（Bal, 1985; Barthes, 1974; Chatman, 1978）
陌生化	通过各种翻译方法，翻译技巧，以及译叙成分的重新排列组合，使译叙自传故事变得焕然一新	源自"defamiliarization"概念（Lemon and Reis, 1965; Shklovsky, 1965）
倒置内容	译叙时，译者蓄意创作出与自传故事主题对立的译叙内容	源自"inverted content"概念（Chabrol, 1973; Greimas, 1970）
尾声	自传故事事件结束的陈述。有时对整个故事起到了画龙点睛的作用	源自"coda"概念（Labov, 1972; Pratt, 1977）
缩减与延续	"缩减"指译者有意压缩或减少一部分自传故事情节或事件，缩短情节或事件在故事中的"时长"（duration）（Chatman, 1978; Genette, 1980; Prince, 1982）。"时长"指故事时间和话语时间"延续"，译者有意延长译叙故事中的情节或事件的时长	源自"compression & stretch"概念（Chatman, 1978; Genette, 1980; Prince, 1982）
嵌入式叙述	在译叙自传故事中嵌入另一个故事。译叙文本的副文本（paratext）不构成一种嵌入式叙述，例如，前言，后记，注释等。但是如果译者的话语显现（有时也包括副文本信息）成为了故事叙述的一个部分，并且构成了"故事中的另外一个故事"成分，则就是一种嵌入式叙述。例如，译者在创译时故意加入了另一个故事情节	源自"embedded narrative"概念（Bal, 1981; Berendsen, 1981; Bremond, 1973; Ducrot and Todorov, 1979）

续附表 1-6

术语	对术语的概念解释	文献来源
时频	"时频"可以用于对比源叙事和目标叙事之间的事件发生的次数,以及与事件相关的各种情况的变化。量化比较的方法可以让研究者看清楚源叙事和目标叙事在建构方面的故事结构差异性	源自"frequency"概念(Gemette. 1980,1983;Rimmon-Kenan,2002)
现实效果	自传故事呈现出的现实主义特点,或呈现出一种现实世界的真实细节	源自"reality effect"概念(Barthes,1982)
译叙重尾	自传故事"情节""段落""事件"结束时一种出其不意,点明主题,让人回味,或加重情感的操纵	源自"end weight"概念(Brooks,1984;Genette,1968;Prince,1982)
译叙意象	译者在自传故事中对一些"意象"成分的重构决定了故事进程的意义。而意象重构往往存在很多文化层面的因素。研究者需要对这些意象重构成分进行分析	源自"imagery"概念,由本研究者从文学领域借用而来。
反差对比	译者在翻译自传故事事件的时候,通常会采用一些"反差对比"的方式凸显事件的重要性意义。研究者也可以分析译者对自传故事原本"反差对比"成分的处理	源自"contrast"概念,由笔者改造而来

附录2 翻译方法和翻译技巧

学界对于翻译方法和翻译技巧的区分说法不一。有些人认为两者是一样的,有些则认为应该区分看待。本研究则认为这两者之间应该是有所区别。笔者个人认为,翻译方法相对于翻译技巧而言是一个较为宽泛且在翻译效果的宏观意义上代表性比较强的概念泛指,针对文本语言层面的各种操纵应该是属于翻译技巧。鉴于此,笔者梳理、归纳和总结了翻译学中常见的翻译方法和翻译技巧。《牛津词典》对"方法"的解释是:"一种达成或完成某物或某件事所用的方式,步骤或途径"①,此外剑桥词典对"技巧"含义的补充成分是:"一种需要【专业知识】和技能去完成某个任务的方式"②。由此可见,翻译方法是一个较为宽泛化的概念,指译者在翻译时为了达到某种翻译目的或翻译效果而采用的翻译方式、步骤或途径。译者在重构一个"译叙"文本时,会采用多种翻译方法,并且为了实现各种翻译方法,还采用了各种翻译技巧。翻译技巧则是一个比较具体化的概念,指译者运用自己的专业知识和翻译技能对翻译文本进行实际层面的操作。例如:直译、意译、借用、调适等。翻译方法和翻译技巧之间的关系是译者采用某种翻译方法,并运用各种翻译技巧,从而达到某种翻译目的和翻译效果。为了整合各种常用的翻译方法和翻译技巧,笔者还参考了各类相关的书籍,由于参考数据比较广泛多样,笔者将所有参考过的书籍引用列举如下(Appiah, 1993; Baker, 1998; Catford, 1965; Kittel & Frank, 1991; Gopinathan, 2006; Gutt, 1991; Ivir, 1969, 1981; Levý, 1967; Newmark, 1988; Nida, 1964; Nida & Taber, 1969. 1982; Nord, 1991; Popvic, 1976; Ray, 1995; Shuttleworth & Cowie, 2005, 谭载喜译; Toury, 1980; Yu, 1995/2001; 黄忠廉, 2009; 范家材, 1992; 勒菲弗尔, 谢聪译, 2000: 175-184; 金堤, 1998; 邱懋如, 2001; 施来马赫, 伍志雄译, 2000: 19-28; 谭载喜, 1999)。

---

① 参见在线牛津词典(www.oxforddictionaries.com/definition/english/method?q=method),引用日期:2024年5月1日。
② 参见在线剑桥词典(www.dicitonary.cambridge.org/dictionary/british/technique?q=technique),引用日期:2024年5月1日。

一、语言单位

Morpheme 词素→Word 单词→Phrase 词组→Sentence 句子→Text 篇章/文本→Phonetic 语音→Morphology 词形→Grammar 语法

二、翻译方法

全文翻译；部分翻译　full translation; partial translation
直接翻译；间接翻译　direct translation; indirect translation
语义翻译；交际翻译　semantic translation; communicative translation
缩译；增量翻译　contraction; thick translation
显型翻译；隐型翻译　overt translation; covert translation
译评　　translation critique
回译　　back-translation
自译　　autotranslation /self translation
创译　　creative translation
编译　　adaptation
译编　　translation editing
重写　　rewriting
重译　　retranslation
经典化翻译　canonisation
通俗化翻译　popularisation

三、翻译技巧

1. 直译（literal translation）
ST（source text，源文本）：They have many difficult problems to solve.
TT（target text，目标文本）：他们有许多困难的问题要解决。

2. 意译（free translation）
ST：He has got out on the wrong side of the bed today.
TT：他今天很不高兴。

3. 硬译（rigid translation）

ST：He thought that he might not see his family again during his long and dangerous exile almost made him mad.

TT：这个思想，他也许再见不到他的家了，在他漫长而危险的流放生涯中，几乎使他发疯了。

纠正：在他漫长而危险的流放生涯中，也许再见不到他的家，一想到此几乎使他发疯。

4. 音译（transliteration）

ST：Chocolate

TT：巧克力

ST：A dove coos

TT：鸽子咕咕叫

5. 字形翻译（graphological translation）

ST：T-beam

TT：丁字梁

ST：Cross

TT：十字架

6. 增译（amplification）

ST：Histories make men wise; poet witty; the mathematics subtle; natural philosophy deep; moral grave; logic and rhetoric able to contend.

TT：读史使人明智，读诗使人灵秀，数学使人周密，科学使人深刻，伦理使人庄重，逻辑修辞之学使人善辩。

7. 省译（omission）

ST：打开手机象征着我们与世界的联系。手机反映出我们的社交饥渴。

TT：Cell phone symbolises our connection with the world and reflects our "thirst for socialisation".

8. 折分（division）

ST：She had such a kindly, smiling, tender, gentle, generous heart of her own.

TT：她心地厚道，性格温柔可疼，器量又大，为人又乐观。

9. 合并（combination）

ST：Darkness fell. An explosion shook the earth. It did not shake his will to go to the front.

TT：夜幕降临时，一声爆炸震动了大地，可并没动摇他上前线的决心。

10. 简译（concision）

ST：A book is useful

TT：书是有用的＝书有用

ST：He put his hands into his pockets and then shrugged his shoulders.

TT：他双手插进口袋，然后耸了耸双肩。

11. 倒置（inversion）

ST：He came yesterday.

TT：他昨天来的。

ST：He drinks half a bottle of beer with each of his meals.

TT：每餐他都要喝半瓶啤酒。

12. 顺序调换（change order）

ST：She heard the woman's voice on the telephone. She was oblivious to the problem until the next morning.

TT：直到次日早晨，关于她听到电话中那个女士的声音，她还蒙在鼓里。

13. 明示（explicitation）

ST：这儿的人都是八仙过海，各显神通。

TT：Each of us here shows his true worth.

14. 暗示（implicitation）

ST：他是个挑事儿的人。

TT：He is holding a stirring stick.

15. 置换（transposition）

ST：Peter was a frustrated man at that time.

TT：皮得那时已受挫折（置换：形—动）

ST：Traditionally, there had always been good relations between them.

TT：它们之间一直有着传统的友好关系。（置换：副－形）

16. 借用（borrowing）

ST：To sit on thorns；TT：如坐针毡；

ST：Neither fish nor flesh；TT：非驴非马；

17. 仿造（calque）

ST：给力；TT：gelivable / awesome；ST：Netizen；TT：网民

18. 【单位】换算（[unit] conversion）

ST：100 亩；TT：100mu（66.67km square）；

ST：500KV；TT：50 万伏

19. 反说（negation）

ST：The evidence is conclusive, excluding all possibilities of doubt.

TT：证据确凿，毋庸置疑。

ST：她每次来都给孩子带些糖果。

TT：She never comes without bringing some candy for the children.

20. 地道化（idiomatisation）

ST：No smoke without fire.

TT：无风不起浪。

ST：Among the blind the one-eyed man is king.

TT：山中无老虎，猴子称霸王。

21. 注释（annotation）

ST：今天是重阳节，要给爷爷奶奶打个电话。

TT：It's Chong Yang (Chun Yeung, Double Ninth) Festival[①], we should call grandparents.

注释①：A traditional Chinese holiday, observed on the ninth day of the ninth month in the Chinese calendar. On this holiday some Chinese also visit the graves of their ancestors to pay their respects.

22. 调适（modulation）

宽泛化［generalisation］vs. 具体化［specification］；

ST：她是我女儿。

Generalisation TT：She is my little girl.

Specification TT：She is my daughter.

23. 委婉语［euphemism］vs. 粗俗语［dysphemism］；

ST：关上窗户好吗，有点冷。

Euphemism TT：Would you please close the window, it's a bit cold.

Dysphemism TT：Shut the damn window! It's hell freezing.

24. 夸张［hyperbole］vs. 低调陈述［understatement］

ST：He is very happy when he met his old friend.

hyperbole TT：会见老友让他心花怒放，兴奋不已。

understatement TT：见到老朋友，令他喜出望外。

25. 重复（repetition）

ST：We have to analyse and solve problems.

TT：我们要分析问题，解决问题。（拆分，重复）

ST：车辚辚，马萧萧，行人弓箭各在腰。

TT：Chariots rumble and roll, horses whinny and neigh.（重复）

ST：We had a very good time last Christmas, talking and drinking, singing and dancing.

TT：我们在去年圣诞节过得十分愉快，谈谈天，饮饮酒，唱唱歌，跳跳舞。

26. 零翻译（zero translation）
ST：CEO
TT：CEO

参考文献

（一）中文图书

[1] 阿特兹，本尼顿，杨. 历史哲学：后结构主义路径［M］. 夏莹，崔维航，译，北京：北京师范大学出版社，2009.

[2] 埃尔. 文化记忆理论读本［M］. 余传玲，等，译. 北京：北京大学出版社，2012.

[3] 艾萨克森. 史蒂夫·乔布斯传（修订版）［M］. 管圻，魏群，余倩，等，译. 北京：中信出版社，2014.

[4] 贝克. 翻译与冲突：叙事性阐释［M］. 赵文静，译. 北京：北京大学出版社，2011.

[5] 波德里亚. 象征交换与死亡［M］. 车槿山，译. 南京：译林出版社，2006.

[6] 波德里亚. 消费社会［M］. 刘成富，全志刚，译. 南京：南京大学出版社，2001.

[7] 布斯. 小说修辞学［M］. 华明，胡晓苏，周宪，译. 北京：北京大学出版社，1987.

[8] 蔡新乐. 翻译的本体论研究［M］. 上海：上海译文出版社，2005.

[9] 陈德鸿，张南峰. 西方翻译理论精选［M］. 香港：香港城市大学出版社，2000.

[10] 陈永国. 游牧思想：吉尔·德勒兹、费利克斯·瓜塔里读本［M］. 长春：吉林人民出版社，2003.

[11] 陈永国. 翻译与后现代主义性［M］. 北京：中国人民大学出版社，2005.

[12] 德勒兹，伽塔利. 资本主义与精神分裂（卷2）：千高原［M］. 姜宇辉，译. 上海：上海书店出版社，2010.

[13] 范家材. 英语修辞赏析［M］. 上海：上海交通大学出版

社，1992.

［14］高宣扬. 当代法国思想五十年·下册［M］. 北京：中国人民大学出版社，2005.

［15］高亚春. 符号象征. 波德里亚消费社会批判理论研究［M］. 北京：人民出版社，2007.

［16］葛校琴. 后现代主义语境下的译者主体性研究［M］. 上海：上海译文出版社，2006.

［17］郭久麟. 中国二十世纪传记文学史［M］. 太原：山西人民出版社，2009.

［18］郭着章. 李庆生. 英汉互译实用教程［M］. 武汉. 武汉大学出版社，2003.

［19］洪子诚 a. 中国当代文学史［M］. 北京：北京大学出版社，2010.

［20］洪子诚 b. 中国文学当代概说［M］. 北京：北京大学出版社，2010.

［21］洪子诚 c. 当代文学的概念［M］. 北京：北京大学出版社，2010.

［22］胡显耀，李力. 高级文学翻译［M］. 北京：外语教学与研究出版社，2009.

［23］胡亚敏. 叙事学［M］. 武汉：华中师范大学出版社，2004.

［24］黄忠廉. 翻译方法论［M］. 北京：中国社会科学出版社，2009.

［25］金堤. 等效翻译探索［M］. 北京：中国对外翻译出版公司，1998.

［26］凯勒. 假如给我三天光明［M］，常文祺，译. 杭州：浙江文艺出版社，2007.

［27］凯勒. 假如给我三天光明·海伦·凯勒自传［M］，李汉昭，译. 北京：华文出版社，2013.

［28］凯勒. 假如给我三天光明［M］，林海岑，译. 南京：译林出版社，2013.

［29］勒菲弗尔. 翻译的策略：救生索、鼻子、把手、腿［M］//陈德鸿，张南峰. 西方翻译理论精选. 谢聪，译，香港：香港城市大学出版社，2000.

［30］勒热讷. 自传契约［M］. 杨国政,译. 北京:生活·读书·新知三联书店,2001.

［31］李强. 中国社会变迁30年:1978—2008［M］. 北京:中国社会科学文献出版社,2008.

［32］李育霖. 翻译阈境:主体·伦理·美学［M］. 台北:书林出版社,2009.

［33］陆扬,王毅. 大众文化与传媒［M］. 上海:上海三联书店,2000.

［34］马克. 后现代主义叙事理论［M］. 宁一中,译. 北京:北京大学出版社,2003.

［35］麦永雄. 德勒兹哲性诗学:跨语境理论意义［M］. 桂林:广西师范大学出版社,2013.

［36］毛荣贵. 英译汉技巧新编［M］. 北京:外文出版社,2003.

［37］孟昭毅,李载道. 中国翻译文学史［M］. 北京:北京大学出版社,2005.

［38］莫洛亚. 传记面面观［M］. 陈苍多,译. 台北:台湾商务印书馆,1986.

［39］潘兴旭. 断裂的时间与"异质性"的存在:德勒兹《差异与重复》的文本解读［M］. 杭州:浙江大学出版社,2007.

［40］普林斯. 叙述学词典［M］. 乔国强,李孝弟,译. 上海:上海译文出版社,2011.

［41］申丹,王亚丽. 西方叙事学:经典与后经典［M］. 北京:北京大学出版社,2010.

［42］施来马赫. 论翻译的方法［M］//陈德鸿,张南峰. 西方翻译理论精选. 伍志雄,译. 香港:香港城市大学出版社,2000.

［43］苏绍兴. 英汉翻译100心法［M］. 香港:商务印书馆,2008.

［44］谭君强. 叙事学导论:从经典叙事学到后经典叙事学［M］. 北京:高等教育出版社,2008.

［45］谭载喜. 新编奈达论翻译［M］. 北京:中国对外翻译出版社,1999.

［46］沙特尔沃思,考伊. 翻译研究词典［M］. 谭载喜,译. 北京:外语教学与研究出版社,2005.

［47］谭载喜. 翻译与翻译研究概论:认知·视角·课题［M］. 北

京：中国对外翻译出版社，2012.

［48］王东风. 连贯与翻译［M］. 上海：上海外语教育出版社，2009.

［49］王宁. 超越后现代主义主义［M］. 北京：人民文学出版社，2002.

［50］翁显良. 意态由来画不成？——文学翻译丛谈［M］. 北京：中国对外翻译出版社，1983.

［51］谢维嘉. 海伦·凯勒［M］. 北京：北京盲人出版社，1980.

［52］杨义，江腊生. 中国当代文学研究：1949—2009［M］. 北京：中国社会科学出版社，2011.

［53］杨正润. 现代传记学［M］. 南京：南京大学出版社，2009.

［54］谢天振. 翻译研究新视野［M］. 福建：福建教育出版社，2015.

［55］许健平. 英汉互译实践与技巧［M］. 4 版. 北京：清华大学出版社，2013.

［56］赵白生. 传记文学理论［M］. 北京：北京大学出版社，2003.

［57］中国出版工作者协会. 海伦·凯勒［M］. 中国出版年鉴，1982：225.

（二）中文期刊、论文

［1］曹国辉，李俊杰. 关于毛泽东自传的两个问题［J］. 中国图书评论杂志，2002（5）：27 - 31.

［2］曹国辉. 介绍北京盲文出版社［J］. 出版工作，1982（4）：59 - 61.

［3］陈青林. 纽约的盲人公园［J］. 广西林业，1994（3）：40.

［4］陈载沣. 海伦·凯勒的水井［J］. 书城，1999（3）：38.

［5］陈向明. 扎根理论的思路和方法［J］. 教育研究与实验，1999（4）：58 - 63.

［6］陈友良，申连云. 当代翻译研究的后现代主义特征［J］. 外语与外语教学，2006（2）：44 - 46.

［7］崔永琦，张莘，白桦，等. 中国的海伦·凯勒［J］. 时代潮，1997（8）：60 - 61.

［8］范英. 海伦·凯勒的潜力之谜［J］. 教师博览（上旬刊），1997（4）：21.

［9］管兴忠. 后现代主义翻译观与翻译教学［J］. 北京航空航天大

学学报，2012（1）：98-101.

［10］郭亚雪. 光明的天使：读海伦·凯勒的《我的老师》［J］. 山西教育，2000（16）：27.

［11］凯勒，庄绎传. 翻译练习×参考译文：我的生活［J］. 中国翻译，1982（01）：47-48+10.

［12］凯勒，韩冰. 海伦·凯勒和安妮·莎利文［J］. 中学生阅读，2002（12）：22-26.

［13］何妍. 建设性后现代哲学与翻译研究发展［J］. 外语与外语教学，2014（2）：20-25.

［14］洪世谦. 德勒兹的流变理论与网络政治行动［J］. 哲学与文化，2013，40（6）：83-100.

［15］黄崇福. 形变的海洋叙事：白鲸记的德勒兹式读法［D］. 台北：国立政治大学英国语文学研究所，2008.

［16］黄璘毓. 履行面面观：以德勒兹阅读艾丽斯梦游仙境［D］. 台北：国立政治大学英国语文学研究所，2008.

［17］金彦. 珍惜光明：读海伦·凯勒《假如我有三天看得见》有感［J］. 当代学生，2003（20）：21.

［18］兰弗森，兰玺彬. 毛泽东自传两个版本之比较［J］. 广东党史，2005（3）：23-27.

［19］刘介民. 解构翻译与后现代主义"变异研究"［J］. 广东外语外贸大学学报，2008（4）：49-52.

［20］刘军平. 超越后现代主义的"他者"：翻译研究的张力与活力［J］. 中国翻译，2004（1）：12-17.

［21］刘卫东. 交互主体性：后现代翻译研究的出路［J］. 中国科技翻译，2006（2）：8-9.

［22］吕俊. 后现代文化语境下的翻译标准问题［J］. 外语与外语教学，2002（3）：41-45.

［23］马俪菁. 蜿蜒的文学脉络："离/返"乡之路［J］. 人文社会学报，2013（14）：71-95.

［24］梅晓娟，周晓光. 选择、顺应、翻译：从语言顺应论角度看利玛窦西学译著的选材和翻译策略［J］. 中国翻译，2008（2）：26-29.

［25］穆雷，刘祎. 评《我在中国的岁月》的三个中译本［J］. 外国语，1994（2）：14-18.

[26] 木公译. 启迪心灵的光辉 [J]. 重庆与世界, 2000 (2): 20-21.

[27] 牛汉. 人啊生命啊（外一首）：读《海伦·凯勒自传》[J]. 当代, 1987 (3): 244-245.

[28] 欧阳小卷, KATHERINE C, LAWAN D. 海伦·凯勒 [J]. 大学英语, 2001 (7): 16-18.

[29] 邱懋如. 可译性及零翻译 [J]. 中国翻译, 2001 (1): 47.

[30] 邵有学. "枪手" 英译探究 [J]. 中国翻译, 2007 (6): 65-66.

[31] 申丹. 也谈 "叙事" 还是 "叙述" [J]. 外国文学评论, 2009 (3): 219-229.

[32] 宋以丰, 刘超先. 关于后现代主义翻译观的思考 [J]. 外语教学, 2006 (3): 76-80.

[33] 宋以丰. 后现代主义翻译理论的意义研究 [J]. 外国语, 2008 (3): 92-96.

[34] 宋志平. 翻译：选择与顺应——语用顺应论视角下的翻译研究 [J]. 中国翻译, 2004 (2): 19-23.

[35] 苏醒. 苏醒评海伦·凯勒《我的生活》[J], 书城, 1998 (1): 47.

[36] 孙达. 我读《海伦·凯勒》[J]. 职业技术教育, 1998 (8): 58.

[37] 孙会军. 后现代思潮与翻译理论研究 [J]. 解放军外语学院学报, 2000 (4): 91-93.

[38] 孙敏. 眼睛和耳朵组成的 "黄金搭档"：访中国的 "海伦·凯勒" [J]. 人才开发, 2000 (4): 32-34.

[39] 谭载喜. 变化中的翻译禁忌：辩证视角下的探索 [J]. 中国翻译, 2014 (1): 1-7.

[40] 王成军. 从 "自传契约" 到 "新自传契约" [J]. 中国社会科学报, 2013年12月20日, 第A08版.

[41] 王成军. 关于自传的诗学 [J]. 英美文学研究论丛, 2006 (00): 173-189.

[42] 王成军. 自传文学关键词 [J]. 荆楚理工学院学报, 2009 (4): 15-19.

[43] 王东风. 翻译研究的后殖民视角 [J]. 中国翻译, 2003 (4): 3-8。

［44］王琼. 当代中国的西方商人自传翻译［J］. 图书与情报，2011（4）：98-103.

［45］王琼. 西方自传的译介情况：1949—2010［J］. 中外论坛，2012（5）：46-50.

［46］王子野. 一个不平凡的聋盲人：介绍《海伦·凯勒》［J］. 读书，1981（3）：42-46.

［47］王心洁，王琼. 翻译与创造性介绍［J］. 外语教学与研究，2007（3）：237-239.

［48］翁振权，周伯元. 海伦·凯勒笔下的莎利文老师［J］. 语文教学通讯，2000（19）：22.

［49］吴冠军. 邓正来式的哈耶克：思想研究的一种德勒兹主义进路［J］. 开放时代，2010（2）：133-148.

［50］习近平. 共同构建人类命运共同体——在联合国日内瓦总部的演讲［EB/OL］.（2018-02-16）［2023-11-10］. https://www.ccps.gov.cn/xxsxk/zyls201812/t20181216_125661.shtml.

［51］信心. 海伦·凯勒：如是说［J］. 中国残疾人，1996，(9)：1.

［52］许德金. 自传叙事学［J］. 外国文学，2004（3）：44-51.

［53］徐大兰. 爱："点石成金"的力量：读海伦·凯勒的《我的老师》［J］. 中学语文，2000（7）：39-40.

［54］杨凯麟. 德勒兹哲学的思想与特异性［J］. 文化与语言论丛，台北：国立中山大学社会科学中心，2010（6）：271-296.

［55］杨其嘉. 盲人公园［J］. 中国园林，1985（4）：7.

［56］杨絮，邹杨. 引起世界轰动的美国故事片：海伦·凯勒［J］. 当代电视，1994（1）：37-38.

［57］张艳丰. 从二元到多元：后现代主义对翻译主体性的解读［J］. 山西大学学报，2006（3）：108-111.

［58］郑少雄. 2010年以来国外人类学研究动向［J］. 中国社会科学学报，2013年6月7日，第A08版.

［59］庄士弘. Lines of flight 逃逸路线［EB/OL］.（2012-7-3）［2023-10-15］. http//www.English,ju.edu.tw/letd/list/ConceptIntro.asp?C_ID=230.

［60］李庆. 永恒的海伦·凯勒精神［N］. 中国新闻出版报，2004-09-29（006）.

(三) 英文图书

［1］ABBOTT H P. The Cambridge Introduction to Narrative［M］. Cambridge: Cambridge University Press, 2002.

［2］ASHLEY K M, LEIGH G, GERALD P. Autobiography and Postmodernism［M］. Amherst: University of Massachusetts Press, 1994.

［3］ATTRIDGE D, YOUNG R, BENNINGTON G, et al. Post-structuralism and the Question of History［M］. London: Cambridge University Press, 1989.

［4］BAKER M. Routledge Encyclopedia of Translation Studies［M］. London/New York: Routledge, 1998.

［5］BAKER M. Translation and Conflict: A Narrative Account［M］. London: Routledge, 2006.

［6］BAKHTIN M M. The Dialogic Imagination: Four Essays［M］. Austin: University of Texas Press, 1981.

［7］BAL M. Narratology: Introduction to the Theory of Narrative［M］. Toronto: University of Toronto Press, 1985.

［8］BALLARD M. Censure et Traduction［M］. Arras: Artois Presses Université, 2011.

［9］BANDIA P F. Impact of Postmodern Discourse［M］// BASTIN G L, BANDIA P F. Charting the Future of Translation History. Ottawa: University of Ottawa Press, 2006.

［10］BRATHES R. S/Z［M］. RICHARD M, Trans. New York: Hill and Wang, 1974.

［11］BRATHES R. Roland Barthes by Roland Barthes［M］. New York: Hill and Wang, 1977.

［12］BASSNETT S, LEFEVERE A. Constructing Culture: Essays on Literary Translation［M］. Clevedon: Multilingual Matters, 1998.

［13］BASSNETT S and HARISH T. Post–Colonial Translation: Theory and Practice［M］. London/New York: Routledge, 1999.

［14］BASSNETT S. Translation Studies［M］. London: Routledge, 1980/1991.

［15］BAUDRILLARD J. For a Critique of the Political Economy of Sign

[M]. St Louis: Telos Press Publishing, 1981.

[16] BAUDRILLARD J. Symbolic Exchange and Death [M], trans. GRANT I H. London: Sage Publications, 1993.

[17] BAUDRILLARD J. Simulacra and Simulation: Histories of Cultural Materialism [M], trans. SHEILA F G. Ann Arbor. Michigan: University of Michigan Press, 1994.

[18] BAUDRILLARD J. The Consumer Society: Myths and Structures [M]. London: Sage Publications, 1998.

[19] BEAUGRANDE D R. Text, Discourse and Process: Toward a Multidisciplinary Science of Texts [M]. Norwood: Ablex Publishing Corpotation, 1980.

[20] BEEKMAN J, CALLOW J. Translating the Word of God [M]. Grand Rapids: Zondervan Pub. House, 1974.

[21] BHABHA H K. The Location of Culture [M]. London: Routledge, 1994.

[22] BIRKS M, MILLS J. Grounded Theory: A Practical Guide [M]. Thousand Oaks: Sage, 2011.

[23] BOGUE R. Deleuze on Literature [M]. London/New York: Routledge, 2003.

[24] BOOTHB C W. The Rhetoric of Fiction [M]. Chicago: University of Chicago Press, 1961/1983.

[25] BOSSEAUX C. How Does it Feel? Point of View in Translation: The Case of Virginia Woolf into French [M]. Amsterdam/New York: Rodopi, 2007.

[26] BOSSEAUX C. Some Like it Dubbed: Translating Marilyn Monroe [M]. MINORS H J. Music, Text and Translation. London: Continuum, 2012.

[27] BOURDIEU P. In Other Words: Essays Towards a Reflexive Sociology [M]. trans. MTTTHEW A. Stanford: Stanford University Press, 1990.

[28] BROOKS P. Reading for the Plot: Design and Intention in Narrative [M]. New York: A. A. Knopf, 1984.

[29] BROOKS C, WARREN R P. Understanding Fiction [M]. 2nd edition. New York: Appleton – Century – Crofts, 1959.

[30] BROUGHTON T L. Autobiography: Critical Concepts in Literary and

Cultural Studies (Vol I – IV) [M]. London/New York: Routledge, 2007.

[31] BUTLER J. Bodies That Matter: On the Discursive Limits of "Sex" [M]. New York: Routledge, 1993.

[32] BUTLER R. Jean Baudrillard: The Defense of the Real [M]. Thousand Oaks: Sage Publication, 1999.

[33] CATFORD J C. A Linguistic Theory of Translation [M]. Oxford: Oxford University Press, 1965.

[34] CHARMAZ K. Constructing Grounded Theory: A Practical Guide Through Qualitative Analysis [M]. Thousand Oaks: Sage Publications, 2006.

[35] CHATMAN S. Story and Discourse: Narrative Structure in Fiction and Film [M]. Ithaca and London: Cornell University Press, 1978.

[36] CHATMAN S. Coming to Terms: The Rhetoric of Narrative in Fiction and Film [M]. Ithaca: Cornell University Press, 1990.

[37] CLARKE D B. The Consumer Society and the Postmodern City [M]. London/New York: Routledge, 2003.

[38] GLASER B G, STAUSS A L. The Discovery of Grounded Theory: Strategies for Qualitative Research [M]. Chicago: Aldine, 1967.

[39] COLEBROOK C. Deleuze and the Meaning of Life [M]. London/New York: Continuum International Publishing, 2010.

[40] COSTE D. Narrative as Communication [M]. Minneapolis: University of Minnesota Press, 1989.

[41] CRONIN M. Translation and Globalization [M]. London/New York: Routledge, 2003.

[42] CULLER J. The Pursuit of Signs: Semiotics, Literature, Deconstruction [M]. Ithaca: Cornell University Press, 1981.

[43] CURRIE M. Postmodern Narrative Theory [M]. Palgrave Macmillan, 1999/2010.

[44] DAVIS K. Translation and Deconstruction [M]. Manchester: St. Jerome, 2001.

[45] de VAUS D. Research Design in Social Research [M]. London: Sage, 2001.

[46] DELEUZE G, GUATTARI F. Anti-Oedipus: Capitalism and Schizophrenia [M]. HULEY R, SEEM M, LANE H R, trans. Minneapo-

lis: University of Minnesota Press, 1983/1972.

[47] DELEUZE G, GUATTARI F. Kafka: Toward a Minor Literature, [M]. POLAN D, BENSMAÏA R, trans. Minneapolis: University of Minnesota Press, 1986.

[48] DELEUZE G, GUATTARI F. A Thousand Plateaus: Capitalism and Schizophrenia [M]. MSSUMI B, trans. London/New York: Continuum, 1987/2004.

[49] DELEUZE G. Difference and Repetition [M]. PATTON P, trans. London/New York: Continuum International Publishing Group, 1968/1994.

[50] DELISLE J, LEE – JAHNKE H, CORMIER M. Translation Terminology [M]. Sun Y F, ZHONG W H, eds. & trans. Beijing: FLTRP, 2004.

[51] DERRIDA J. Positions [M]. ALAN B, trans. Chicago: Chicago University Press, 1978.

[52] DOSSE F. Gilles Deleuze and Félix Guattari: Intersecting Lives [M]. GLASSMAN D, trans. New York: Columbia University Press, 2007/2010.

[53] DOLEZEL L. Heterocosmica: Fiction and Possible Worlds [M]. Baltimore: Johns Hopkins University Press, 1998.

[54] DUCROT O, TODOROV T. Encyclopedic Dictionary of the Sciences of Language [M], PORTER C, trans. Baltimore: Johns Hopkins University Press, 1979.

[55] ECO U. Travels in Hyper-reality: Essays [M]. London: Pan Books, 1987.

[56] EOYANG E C. Two – Way Mirrors: Cross – Cultural Studies in Glocalization [M]. Plymouth: Lexington Books, 2007.

[57] EVEN – ZOHAR I. Papers in Historical Poetics [M]. Tel Aviv: The Porter Institute for Poetics and Semiotics, 1978.

[58] FIRAT A F, DHOLAKIA N. Consuming People: From Political Economy to Theater of Consumption [M]. London/New York: Routledge, 1998.

[59] VON FLOTOW L. Translation and Gender: Translating in the "Era of Feminism" [M]. Ottawa: University of Ottawa Press, 1997.

[60] FOLKART B. Le Conflict des Énociations: Traduction et Discourse

Rapporté [M]. Québec: Les Éditions Balzac, 1991.

[61] FOLKART B. Seconding Finding. A Poetics of Translation [M]. Ottawa: University of Ottawa Press, 2007.

[62] FOLKENFLIK R. The Culture of Autobiography: Constructions of Self-Representation [M]. Stanford: Stanford University Press, 1993.

[63] FREEMAN M. Rewriting the Self: History, Memory, Narrative [M]. London/New York: Routledge, 1993.

[64] VON FLOTOW L. Translation and Gender [M]. UK: St. Jerome, 1997.

[65] GENETTE G. Narrative Discourse: An Essay in Method [M], trans. LEWIN J E, Ithaca: Cornell University Press, 1980.

[66] GENTZLER E. Contemporary Translation Theories [M]. 2nd edition. Clevedon/Buffalo: Multilingual Matters, 2001.

[67] GIBSON A. Towards a Postmodern Theory of Narrative [M]. Edinburgh: Edinburgh University Press, 1996.

[68] GOLDING P, MURDOCK G. Culture, Communication and Political Economy [M]. CURRAN J, eds. Mass Media and Society. London: Edward Arnold, 1991: 15-32.

[69] GOFFMAN E. Frame Analysis: An Essay on the Organization of Experience [M]. Cambridge: Harvard University Press, 1974.

[70] GOPINATHAN G. Translation, Transcreation and Culture: Theories of Translation in Indian Languages [M] // HERMANS T. Translating Others (Ⅰ). Manchester: St Jerome Publishing, 2006: 236-246.

[71] GRAHAM J. Difference in Translation [M]. Ithaca: Cornell University Press, 1985.

[72] GRAHAM J, ROFFE J. Deleuze's Philosophical Lineage [M]. Edinburgh: Edinburgh University Press, 2009.

[73] GREEN J M. Thinking Through Translation [M]. Athens and London: University of Georgia Press, 2001.

[74] GREIMAS A J. Dusens: Essais Sémiotiques [M]. Paris: Seuil, 1970.

[75] GUTT E. Translation and Relevance [M]. Oxford: Basil Blackwell, 1991.

[76] HALPERN D. The Autobiographical Eye [M]. Hopewell: Ecco, 1993.

[77] HARARI V, ed. Textual Strategies: Perspective in Post – structuralist Criticism [M]. Ithaca and New York: Cornell University Press, 1979.

[78] HATIM B, IAN M. Discourse and the Translator [M]. London and New York: Longman, 1990.

[79] HAYDEN P. Multiplicity and Becoming: The Pluralist Empiricism of Gilles Deleuze [M]. New York: Peter Lang Publishing, 1998.

[80] HEINEN S, SOMMER R. Narratology in the Age of Cross – Disciplinary Narrative Research [M]. Berlin and New York: Walter de Gruyter, 2009.

[81] HELEN K. The Story of My Life [M]. New York: Doubleday and Company, 1954.

[82] HERMAN D. Story Logic: Problems and Possibilities of Narrative [M]. Lincoln: University of Nebraska Press, 2002.

[83] HERMAN D. The Cambridge Companion to Narrative [M]. Cambridge: Cambridge University Press, 2007.

[84] HERMAN D, et al. Routledge Encyclopedia of Narrative Theory [M]. London/New York: Routledge, 2005.

[85] HERMANS T. Translation in Systems: Descriptive and System – Oriented Approaches Explained [M]. Manchester: St. Jerome, 1999.

[86] HERMANS T. The Conference of the Tongues [M]. Manchester: St. Jerome, 2007.

[87] HERVEY S, IAN H. Thinking Translation: A Course in Translation Method: French to English [M]. London: Routledge, 1992.

[88] HICKEY – MOODY A, MALINS P. Deleuzian Encounters: Studies in Contemporary Social Issues [M]. New York: Palgrave Macmillan, 2007.

[89] HICKS E. Border Writing: The Multidimensional Text [M]. Minnesota: University of Minnesota Press, 1991.

[90] HOLMES J. Translated! Papers on Literary Translation and Translation Studies [M]. Amsterdam: Rodopi, 1988.

[91] ISAACSON W. Steve Jobs [M]. London: Little Brown, 2011.

[92] JANSEN H, WEGENER A. Authorial and Editorial Voices in

Translation [M]. Montréal: Éditions québécoises de l'œuvre, collection Vita Traductiva, 2013.

[93] KELLNER H. Language and Historical Representation: Getting the Story Crooked [M]. Madison: University of Wisconsin Press, 1989.

[94] KITTEL H, FRANK A P. Interculturality and the Historical Study of Literary Translations [M]. Berlin: Erich Schmidt Verlag, 1991.

[95] KONG S Y. Consuming Literature: Best Sellers and the Commercialization of Literary Production in Contemporary China [M]. Stanford: Stanford University Press, 2005.

[96] KOSKINEN K. Beyond Ambivalence: Postmodernity and the Ethics of Translation [M]. Tampere: University of Tampere, 2000.

[97] KRISTEVA J. Desire in Language: A Semiotic Approach to Literature and Art [M]. New York: Columbia University Press, 1980.

[98] LABOV W. Language in the Inner City [M]. Philadelphia: University of Pennsylvania Press, 1972.

[99] LACAN J. The Language of Self: The Function of Language in Psychoanalysis [M]. WILDEN A, trans. Baltimore: Johns Hopkins University Press, 1968.

[100] LANE R. JEAN BAUDRILLARD [M]. 2nd edition. London/New York: Routledge, 2008.

[101] LANSER S. Fictions of Authority: Woman Writers and Narrative Voice [M]. Ithaca: Cornell University Press, 1992.

[102] LEFEVERE A. Translation, Rewriting and the Manipulation of Literary Fame [M]. London/New York: Routledge, 1992.

[103] LEJEUNE P. Le Pacte Autobiographique [M]. Paris: Editions du Seuil, 1975.

[104] LOFFREDO E, PERTEGHELLA M. Translation and Creativity: Perspectives on Creative Writing and Translation Studies [M]. London/New York: Continuum, 2006.

[105] LIONNET F. Autobiographical Voices: Race, Gender, Self-Portraiture [M]. Ithaca: Cornell University Press, 1989.

[106] LIU H. Translingual Practice: Literature, National Culture, and Translated Modernity—China 1900 – 1937 [M]. Stanford: Stanford University

Press, 1995.

[107] LOTHE J. Narrative in Fiction and Film [M]. Oxford: Oxford University Press, 2003.

[108] LORRAINE T. Deleuze and Guattari's Immanent Ethics [M]. New York: State University of New York Press, 2011.

[109] LYOTARD J. The Postmodern Condition: A Report on Knowledge [M]. Brian M, GEOFFREY B, trans. Minneapolis: University of Minnesota Press, 1984.

[110] MARKS J. Gilles Deleuze: Vitalism and Multiplicity [M]. London/Sterling, Virginia: Pluto Press, 1998.

[111] MAY R. The Translator in the Text: On Reading Russian Literature in English [M]. Evanston: Northwestern University Press, 1994.

[112] MEAD G H. Social psychology and behaviorism [M] // MORRIS C W. Mind self and society: from the standpoint of a social behaviorist. Chicago: University of Chicago, 1934: 1 - 8.

[113] MILLER D A. Narrative and Its Discontents: Problems of Closure in the Traditional Novel [M]. Princeton: Princeton University Press, 1981.

[114] MILTON J, BANDIA P. Agents of Translation [M]. Amsterdam/Philadelphia: John Benjamins, 2009.

[115] MUNDAY J. Introducing Translation Studies: Theories and Applications [M]. London/New York: Routldege, 2001.

[116] NEWMARK P. Approaches to Translation [M]. Hemel Hempstead: Prentice Hall, 1981.

[117] NEWMARK P. A Textbook of Translation [M]. New York: Prentice - Hall, 1988.

[118] NIDA E, TABER C. The Theory and Practice of Transaltion [M]. Leiden: E. J. Brill, 1969/1982.

[119] NIDA E. Toward a Science of Translating: With Special Reference to Principles and Procedures Involved in Bible Translating [M]. Leiden: E. J. Brill, 1964.

[120] NIKOLAOU P, MARIA-VENETIA K. Translating Selves: Experience and Identity Between Languages and Literatures [M]. London and New York: Continuum International, 2008.

[121] NIRANJANA T. Siting Translation: History, Post-structuralism, and the Colonial Context [M]. Berkely/Los Angeles/Oxford: University of California Press, 1992.

[122] NORD C. Text Analysis in Translation [M]. Amsterdam: Rodopi, 1991.

[123] O'DRISCOLL K. Retranslation Through the Centuries: Jules Verne in English [M]. Oxford: Peter Lang, 2011.

[124] O'SULLIVAN S, ZEPKE S. Deleuze: Guattari and the Production of the New [M]. London/New York: Continuum International, 2008.

[125] OLDENBURG A. Form und Funktion des Passivs in Deutschen und Englische Romanen und Ihren Übersetzungen [M]. Frankfurt and Main/Berlin: Peter Lang, 2000.

[126] OLNEY J. Autobiography: Essays Theoretical and Critical [M]. Princeton: Princeton University Press, 1980.

[127] PARR A. The Deleuze Dictionary [M]. Columbia: Columbia University Press, 2005.

[128] PASCAL R. Design and Truth in Autobiography [M]. London: Routledge and Kegan Paul, 1960.

[129] PASCAL R. The Dual Voice: Free Indirect Speech and Its Functioning in the Nineteenth-Century European Novel [M]. Manchester: Manchester University Press, 1977.

[130] PATTON P. Deleuze: A Critical Reader [M]. Cambridge: Blackwell, 1996.

[131] PATTON P. Deleuzian Concepts: Philosophy: Colonization, Politics [M]. Stanford: Stanford University, 2010.

[132] PEKKANEN H. The Duet Between the Author and the Translator: An Analysis of Style through Shifts [M]. Helsinki: University of Helsinki, 2010.

[133] PETRILLI S. Translation Translation [M]. Amsterdam and New York: Rodopi, 2003.

[134] PFISTER M. The Theory and Analysis of Drama [M]. HALLIDAY J, trans. Cambridge: Cambridge University Press, 1988.

[135] PHELAN J. Narrative as Rhetoric: Technique, Audience, Eth-

ics and Ideology [M]. Columbus: Ohio State University Press, 1996.

[136] PHELAN J. Living to Tell About It: A Rhetoric and Ethics of Character Narration [M]. Ithaca, New York: University Press, 2004.

[137] POLLEY J L. Opportunities of Contact: Derrida and Deleuze/Guattari on Translation [D], Ph. D. diss. University of Toronto, 2009.

[138] PONCHARAL B. Linguistique Contrastive et Traduction: La Representation de Paroles au Discourse Indirect Libre en Anglais et en Français [M]. Gap: Ophrys, 2003.

[139] PRATT M L. Toward a Speech Act Theory of Literary Discourse [M]. Bloomington: Indiana University Press, 1977.

[140] PRINCE G. A Grammar of Stories [M]. The Hague: Mouton, 1973.

[141] PRINCE G. Narratology: The Form and Functioning of Narrative [M]. Berlin, New York and Amsterdam: Mouton Publishers, 1982.

[142] PRINCE G. A Dictionary of Narratology [M]. Lincoln: University of Nebraska Press, 2003.

[143] PYM A. Method in Translation History [M]. Manchester: St. Jerome, 1998.

[144] PYM A. Exploring Translation Theories [M]. London/New York: Routledge, 2009.

[145] QI S. Western Literature in China and the Translation of a Nation [M]. New York: Palgrave Macmillan, 2012.

[146] RAJCHMAN J. The Deleuze Connections [M]. Cambridge: MIT Press, 2001.

[147] RIESSMAN C K. Narrative Analysis [M]. California: Sage Publications, 1993.

[148] ROBINSON D. The Translator's Turn [M]. Baltimore: Johns Hopkins, 1991.

[149] ROBINSON D. What is Translation? Centrifugal Theories, Critical Interventions [M]. Kent: Kent State University Press, 1997a.

[150] ROBINSON D. Western Translation Theory: From Herodotus to Nietzsche [M]. Manchester: Jerome Publishing Ltd. , 1997b.

[151] ROBINSON D. Who Translates?: Translator Subjectivities Beyond Reason [M]. Albany, New York: State University of New York Press, 2001.

[152] ROBINSON D. Performative Linguistics: Speaking and Translating as Doing Things with Words [M]. London/New York: Routledge, 2003.

[153] ROBINSON D. Introducing Performative Pragmatics [M]. London/New York: Routledge, 2006.

[154] ROBINSON D. Translation and the Problem of Sway [M]. Amsterdam/Philadelphia: John Benjamins, 2011.

[155] ROBINSON D. Becoming a Translator: An Introduction to the Theory and Practice of Translation [M]. 3rd edition. London/New York: Routledge, 2012.

[156] ROBINSON D. Displacement and the Somatics of Postcolonial Culture [M]. Columbus: Ohio State University Press, 2013.

[157] SANTAEMILLIA J. Gender, Sex and Translation: The Manipulation of Identities [M]. Manchester: St. Jerome, 2005.

[158] SAVORY T H. The Art of Translation [M]. London: Cape, 1957.

[159] SAGER J C. Language Engineering and Translation. Consequences of Automation [M]. Amsterdam/Philadelphia: John Benjamins, 1994.

[160] SEDGWICK P. Descartes to Derrida: An Introduction to European Philosophy [M]. Oxford /Malden: Blackwell, 2001.

[161] SHAMMA T. Translation and the Manipulation of Difference: Arabic Literature in Nineteenth – Century England [M]. Manchester: St. Jerome, 2009.

[162] SHUTTLEWORTH M, COWIE M. Dictionary of Translation Studies [M]. Shanghai: Shanghai Foreign Language Education Press, 2005.

[163] SIMON S. Gender in Translation: Cultural Identity and the Politics of Transmission [M]. London/New York: Routledge, 1996.

[164] SMITH G R. The Baudrillard Dictionary [M]. Edinburgh: Edinburgh University Press, 2010.

[165] SMITH S W J. Reading Autobiography: A Guide for Interpreting Life Narratives [M]. 2nd edition. Minneapolis: University of Minnesota Press, 2010.

[166] SNELL – HORNBY M. Translation Studies: An Integrated Approach [M]. Amsterdam and Philadelphia: John Benjamins, 1988/1995.

[167] SNELL – HORNBY M. The Turns of Translation Studies [M].

Amsterdam/Philadelphia: John Benjamins, 2006.

[168] STEINER G. After Babel: Aspects of Language and Translation [M]. 3rd edition. Oxford/New York: Oxford University Press, 1998.

[169] SWINDELLS J. The Uses of Autobiography [M]. London: Taylor and Francis, 1995.

[170] TAIVALKOSKI-SHILOV K. La Tierce Main: Le Discourse Rapporté Dans Les Traductions Française de Fielding au XVIIIe Siècle [M]. Arras: Artois Presses Université, 2006.

[171] TAIVALKOSKI-SHILOV K, SUCHET M. La Traduction des Voix Intra – textuelles/ Intratextual Voices in Translation [M]. Montreal: Vita Traductiva Éditions québécoises de l'œuvre, 2013.

[172] TOURY G. Translation Across Cultures [M]. New Delhi: Bahri, 1987.

[173] TOURY G. In Search of a Theory of Translation [M]. Tel Aviv: The Porter Institute for Poetics and Semiotics, 1980.

[174] TOURY G. Descriptive Translation Studies and Beyond [M]. Amsterdam: John Benjamins, 1995.

[175] TYMOCZKO M. Translation in a Postcolonial Context: Early Irish Literature in English Translation [M]. Manchester: St. Jerome, 1999.

[176] TYMOCZKO M. Enlarging Translation, Empowering Translators [M]. Manchester: St. Jerome, 2007.

[177] VENUTI L. Rethinking Translation: Discourse, Subjectivity, Ideology [M]. New York: Taylor and Francis, 1992.

[178] VENUTI L. The Translator's Invisibility: A History of Translation [M]. London/New York: Routledge, 1995/2008.

[179] VENUTI L. The Scandals of Translation: Towards An Ethics of Difference [M]. London: Routledge, 1998.

[180] VENUTI L. Translation Changes Everything: Theory and Practice [M]. New York: Routledge, 2012.

[181] VERSCHUEREN J. Understanding Pragmatics [M]. Beijing: FLTRP and Edward Arnold Publisher, 1999.

[182] VINAY J P, DARBELANET J. Comparative Stylistics of French and English: A Methodology for Translation [M]. JUAN C S, HAMEL M J,

trans. and ed. Amsterdam/Philadelphia: John Benjamins, 1958/1995.

[183] WANG N, SUN Y F. Translation, Globalisation and Localisation: A Chinese Perspective [M]. Cleveldon, Buffalo, Toronto: Multilingual Matters, 2008.

[184] WANG N. Globalization and Cultural Translation [M]. Singapore: Marshall Cavendish Academic, 2004.

[185] WANG N. The Rise of the Consumer in Modern China [M]. UK/China: Paths International and Social Sciences Academic Press, 2012.

[186] WILLIAMS J. Gilles Deleuze's Difference and Repetition: A Critical Introduction and Guide [M]. Edinburgh: Edinburgh University Press, 2004.

[187] WOLF M, FUKARI A. Constructing a Sociology of Translation [M]. Amsterdam/Philadelphia: John Benjamins, 2007.

[188] XIN G. Publishing in China: An Essential Guide [M]. ZHAO W, LI H, PETER F, trans. Bloxham. Singapore: Thomson, 2005.

[189] BARTHES R. From Work to Text//HARARI J V. Textual Strategies: Perspectives in Post-structuralism Criticism, New York: Cornell University Press, 1979.

[190] BARTHES R. Textual Analysis of Poe's "Valdemar." [M] // YOUNG R. Untying the Text: A Post–Structuralist Reader. London: Routledge and Kegan Paul, 1981.

[191] BAUGH B. How Deleuze can Help Us Make Literature Work [M] //BUCHANAN I, MARKS J. Deleuze and Literature. Edinburgh: Edinburgh University Press, 2000.

[192] BAUGH B. From the Death of the Author to the Disappearance of the reader [M] //BOUNDAS C V. Gilles Deleuze: The Intensive Reduction. London/New York: Continuum, 2009.

[193] BERGEN V. Deleuze and Question of Ontology [M] //BOUNDAS C V. Gilles Deleuze: The Intensive Reduction. London / New York: Continuum, 2009.

[194] BOSTEELS B. From Text to Territory: Félix Guattari's Cartographies of the Unconscious [M] //Eleanor K, Kevin J H. Deleuze and Guattari's New Mappings in Politics, Philosophy, and Culture. Minneapolis

and London: University of Minnesota Press, 1998.

[195] BOUNDAS C V. Introduction [M] //Constantin V. Boundas, Gilles Deleuze: The Intensive Reduction. London/New York: Continuum, 2009.

[196] BRIDGEMAN T. Time and Space [M] // DAVID H. The Cambridge Companion to Narrative. Cambridge: Cambridge University Press, 2007: 52 –65.

[197] CHABROL C. De Quelques Problèmes de Grammaire Narrative et Textuelle" [M] //CLAUDE C. Sémiotique Narrative et Textuelle. Paris: Larousse, 1973: 7 –28.

[198] CHAN R. One Nation, Two Translations: China's Censorship of Hillary's Memoir [M] //MYRIAM S – C. Translating and Interpreting Conflict. Amsterdam/New York: Rodopi, 2007: 199 –31.

[199] DERRIDA J. The Ear of the Other: Otobiography [M] //McDONALD C V, trans. Peggy Kamuf. New York: Schocken Books, 1985.

[200] DIZDAR D. Deconstruction [M] //GAMBIER Y, DOORSLAER I V. Handbook of Translation Studies. Amsterdam/Philadelphia: John Benjamins, 2011.

[201] KULLMANN D. Zur Wiedergabe des Style Indirect Libre Durch Die Deutschen Übersetzer von Madame Bovary [On the rendering of the indirect free speech in Madame Bovary by German translators]. [M] //HARALD K. Geschichte, System, Literarische Übersetzung [Histories, Systems, Literary Translations] (Göttinger Beiträge zur Internationalen Übersetzungsforschung 5). Berlin: Erich Schmidt Verlag, 1992.

[202] DRYDEN J. Metaphrase, Paraphrase and Imitation. Extracts of Preface to Ovid's Epistles [M] //SCHULTE R, BTGUENET J. Theories of Translation An Anthology of Essays from Dryden to Derrida. Chicago: The University of Chicago Press, 1992.

[203] EAKIN P J. Foreword [M] //LEJEUNE P. On Autobiography. KATHERINE L, trans. Minneapolis: University of Minnesota Press, 1989.

[204] FOUCAULT M. The Order of Discourse [M] //SHAPIRO M J. Language and Politics. Oxford: Blackwell, 1972.

[205] FOUCAULT M. Technologies of the Self [M] //MARTIN L H,

GUTMAN H, HUTTON P H. Technologies of the Self: A Seminar with Michel Foucault. Amherst: University of Massachusetts Press, 1988.

[206] GANE M. Hyper – reality, Glossary Definition [M] //SMITH R G. The Baudrillard Dictionary. Edinburgh: Edinburgh University Press, 2010.

[207] GILMORE L. The Mark of Autobiography: Postmodernism, Autobiography, and Genre [M] //ASHLEY K, GILMORE L, PETERS G. Autobiography and Postmodernism. Amherst: University of Massachusetts Press, 1994.

[208] GODARD B. Theorizing Feminist Discourse/Translation [M] //BASSNETT S, LEFEVERE A. Translation, History and Culture. London: Frances Pinter, 1990: 97 – 96.

[209] GRIGARAVICIUTÈ I, GOTTLIEB H. Danish Voices, Lithuanian Voice-over: The Mechanics of Non – synchronous Translation [M] //GOTTLIEB H. Screen Translation: Eight Studies in Subtitling. Dubbing and Voice-over. Copenhagen: University of Copenhagen, 2005.

[210] GUILLÉN C. On the Concept and Metaphor of Perspective [M] //CUILLÉEN G. Literature as System: Essays towards the Theory of Literary History. Princeton: Princeton University Press, 1971.

[211] HERMANS T. Introduction: Translation Studies and a New Paradigm [C] //HERMANS T. The Manipulation of Literature Studies in Literary Translation. London: Croom Helm, 1985: 7 – 15.

[212] HICKEY – MOODY A. Affect as Method: Feelings, Aesthetics and Affective Pedaogy [M] // COLEMAN R, RINGROSE J. Deleuze and Research Methodologies. Edinburgh: Edinburgh University Press, 2013.

[213] HOLMAN M, BOASE-BEIER J. Introduction: Writing, Rewriting and Translation Through Constraint to Creativity [M] //BOASE-BEIER, J, HOMAN, M. The Practices of Literary Translation Constraints and Creativity Manchester. London: St. Jerome, 1999.

[214] JAKOBSON R. Two Aspects of Language and Two Types of Aphasic Disturbance [M] //JACOBSON R, HAUE M. Fundamentals of Language. The Hague: Mouton, 1956: 53 – 82.

[215] JAKOBSON R. Closing Statement: Linguistics and Poetics [M] //SEBEOR T A. Style in Language. New York: Wiley, 1960.

[216] JAMES H. The Art of fiction. [M] //MIUER J E. Theory of Fiction: Henry James. Lincoln: University of Nebraska Press, 1972.

[217] KOLLER W. Equivalence in Translation Theory [M] //CHESTERMAN A. Readings in Translation Theory. Finland: Oy Finn Lectura Ab, 1989.

[218] KITTEL H. Vicissitudes of Mediation: The Case of Benjamin Franklin's Autobiography [M] //KITTEL H, FRANK A P. Interculturality and the Historical Study of Liteary Translations. Berlin: Erich Schmidt Verlag, 1991.

[219] LAMBERT J R. On Describing Translations [M] //LAMBERT J, DELABASTITA D E. Functional Approaches to Culture and Translation: Selected Papers by José Lambert. Amsterdam and Philadelphia: John Benjamins, 2006.

[220] LEJEUNE P. The Autobiographical Pact [M] //EAKIN P. On Autobiography. KATHERINE L, trans. Minneapolis: University of Minnesota Press, 1989.

[221] LEJEUNE P. The Autobiographical of Those Who Do Not Write [M] // EAKIN P J, LEARY K. On Autobiography. Minneapolis: University of Minnesota Press, 1989.

[222] LEVÝ J. Translation as a Decision. To Honor Roman Jakobson [M]. Boston: De Gruyter Mouton, 1967.

[223] LUHMANN N. Familiarity, Confidence, Trust: Problems and Alternative [C] //Gambetta D. Trust: Making and Breaking Co-operative Relations. Oxford: Blackwe, 1988.

[224] MICHELA B. Translation and Opposition in Italian – Canadian Writing. Nino Ricci's Trilogy and its Italian translation [M] //ASIMAKOULAS D, ROGER M. Translation and Opposition. Clevedon: Multiligual Matters, 2011.

[225] MINSKY M. A Framework for Representing Knowledge [M] //WINSTON R. The Psychology of Computer Vision. New York: McGraw – Hill, 1975.

[226] MISCH G. Conception and Origin of Autobiography [M] //BROUGHTON T L. Autobiography: Critical Concepts in Literary and Cultural

Studies (Vol I). London/New York: Routledge, 2007.

[227] MOSSOP B. The Translator's Intervention Through Voice Selection [M] // MUNDAY J. Translation as Intervention. London/New York: Continumm, 2007.

[228] NÜNNING A. On the Perspective Structure of Narrative Texts: Steps Towards a Constructivist Narratology [M] //PEER W V, CHATMAN S. New Perspectives on Narrative Perspective. Albany: State University of New York Press, 2000.

[229] ARROWS W, SHATTUCK R. The Craft and Context of Translation [M]. Austin: University of Texas Press, 1962.

[230] RENZA L A. The Veto of the Imagination: A Theory of Autobiography [M] // OLNEY J. Autobiography: Essays Theoretical and Critical. Princeton: Princeton University Press, 1980.

[231] ROOKE T. Autobiography, Modernity and Translation [M] // SAID F. Cultural Encounters in Translation from Arabic. Clevedon: Multilingual Matters, 2004.

[232] ROSA A A. The Power of Voice in Translated Fiction: Or Following a Linguistic Track in Translation Studies [M] //WAY C, MEYLAERTS R, VANDEPITTE S, et al. Amsterdam: John Benjamins. 2013: 233–245.

[233] SIM S. Postmodernism and Philosophy. [M] //Stuart Sim, ed. The Routledge Companion to Postmodernism, 3rd edition. London/New York: Routledge, 2011.

[234] SHEN D. What Narratology and Stylistics can Do For Each Other [M] //PHELAN J, RABINOWITZ P. The Blackwell Companion to Narrative Theory. Oxford: Blackwell, 2005.

[235] MASON I. Manchester, UK and Kinderhook [M]. New York: St. Jerome, 2009.

[236] TYTLER A F. Essay on the Principles of Translation (1813): New edition [M]. Amsterdam Havens: John Benjamins Publishing, 1978.

[237] VERMEER H. Skopos and Commission in Translational Action [C] // CHESTERMAN A. Readings in Translation Theory. Finland: Oy Finn Lectura Ab, 1989.

[238] WANG D D W. Translating Modernity [M] //POLLARD D.

Translation and Creation: Readings of Western Literature in Early Modern China: 1840 – 1910. Amsterdam/Philadelphia: John Benjamins, 1998.

[239] WANG L. When English Becomes Big Business [M] //TAM K, WEISS T. English and Globalization: Perspectives from Hong Kong and Mainland China. Hong Kong: The Chinese University Press, 2004.

[240] YU L. Rhetoric [M] //CHAN SW, POLLARD D E. An Encyclopedia of Translation: Chinese – English, English – Chinese. Hong Kong: The Chinese University Press, 1995/2001.

（四）英文期刊、论文

[1] ANDERMAN G, ROGERS M. Metamorphosis: How do Foreign Language Students Become Translators? [A] // CHAFFEY P N, RYDNING A F, ULRIRSEN S S. Schult Ulriksen, eds. In Translation Theory in Scandinavia, Proceedings of the Third Scandinavian Symposium on Translation Theory (SSOTT III). Oslo: University of Oslo, 1988: 77 – 88.

[2] AFEJUKU T E. Cultural Assertion in the African Autobiography [J]. Meta, 1990, 35 (4): 691 – 700.

[3] AMIGONI D. Translating the Self: Sexuality, Religion and Sanctuary in John Addington Symonds's Cellini and Other Acts of Life Writing [J]. Biography, 2009, 32 (1): 161 – 172.

[4] APPIAH K A. Thick Translation [J]. Callaloo, 1993 (16) 4: 808 – 819.

[5] ARROJO R. Postmodernism and the Teaching of Translation [A]. DOLLERUP C, APPEL V, eds. Teaching Translation and Interpreting III. Amsterdam: John Benjamins, 1996, 97 – 104.

[6] ARROJO R. The Revision of the Traditional Gap Between Theory and Practice and the Empowerment of Translation in Postmodern Times [J]. The Translator, 1998, 4 (1): 25 – 48.

[7] ARROJO R. Translation, Transference, and the Attraction to Otherness [J]. Diacritics: A Review of Contemporary Criticism, 2004 (34): 31 – 53.

[8] BAHADIR Ş. The Task of the Interpreter in the Struggle of the Other for Empowerment: Mythical Utopia or Sine qua non of Professionalism? [J]

Translation and Interpreting Studies, 2010, 5 (1): 124 – 138.

[9] BAL M. Notes on Narrative Embedding [J]. Poetics Today, 1981, 2: 41 –59.

[10] BARTHES R. An Introduction to the Structural Analysis of Narrative [J]. New Literary History, 1975, 6: 237 –262.

[11] BERENDSEN M. Formal Criteria of Narrative Embedding [J]. Journal of Literary Semantics, 1981, 10: 79 –94.

[12] BLOMMAERT J. "Bourdieu the Ethnographer: The Ethnographic Gounding of Habitus and Voice" Bourdieu and the Sociology of Translation and Interpreting [J], The Translator, 2005, 11 (2): 219 –236.

[13] BOLLETTIERI R, IRA T. Reforengising the Foreing: The Italian Araetranslation of James Joyce's Ulysses [J]. Scientia Traducationis, 2012, 12: 36 –44.

[14] BREMOND C. The Logic of Narrative Possibilities [J]. New Literary History, 1980, 11: 398 –411.

[15] BRIERLEY J. The Elusive I [J]. Meta, 2000, 45 (1): 105 –112.

[16] BROWNLIE S. Narrative Theory and Retranslation Theory [J]. Across Languages and Cultures, 2006, 7 (2): 145 –170.

[17] CHUN, KWOK L, YAO S. On Income Convergence Among China, Hong Kong and Macao [J]. The World Economy, 2008, 31 (3): 345 –366.

[18] DAVIES E E. Shifting Voices: A Comparison Two Novelists' Translation of a third [J]. Meta, 2007, 52 (3): 450 –462.

[19] DELABSTITA D. Translation Studies for the 21st Century: Trends and Perspective [J]. Génesis, 2003, 3: 7 –24.

[20] EDMISTON W F. Focalization and the First-Person Narrator: A revision of the theory [J]. Poetics Today, 1989 (10): 729 –744.

[21] ESCARPIT R. Creative Treason' as a Key to Literature [J]. Journal of Comparative and General Literature, 1961 (10): 16 –21.

[22] ETERIO P I. Censorship and Self-censorship in English Narrative Fiction Translated into Spanish During the Eighteenth Century [A] //TERESA S, MARIA L M. Translation and Censorship in Different Times and Landscapes. Cambridge: Cambridge Scholars Publishing, 2008.

[23] EVEN-ZOHAR I. Polysystem Theory [J]. Poetics Today. 1979, 1 (1 -2): 287 -310.

[24] FERNÁNDEZ H J L. Eduaro Marquina y la Autobiografia de Booker T. Washington: De Esclavo a Catedrático. (Eduardo Marquina and the Autobiography of Booker T. Washington: From Slavery to Professorship) [J]. Hermeneus: Revista de la Facultad de Traducción e Interpretación, 1999 (1): 115 -128.

[25] FRANK H T. Babar's "Wonderful" Trip to America. Translating Cultural Displacement" [J]. Intralinea, 2008, 10. https://www.intralinea.org/archie/article/16457.

[26] GODARD B. Deleuze and Translation [J]. Parallax, 2000, 6 (1): 56 -81.

[27] GODARD B. Translation Poetics, from , Modernity to Postmodernity [C]. SUSAN P. Translation Translation. Amsterdam and New York: Rodopi, 2003: 87 -100.

[28] GÓMEZ C. Translation and Censorship of English – Spanish Narrative Texts in Franco's Spain and its Aftermath: TRACEni (1970 -1978) [J/OL] [2024 -05 -09]. https://journals library. ualberta. ca/tc/index. php/Tc/article/vies/29424.

[29] GOMBRICH E H. Standards of Truth: The Arrested Image and the Moving Eye [J]. Critical Inquiry, 1980, 7: 237 -273.

[30] GOUADEC D. Traduction Signalétique [J]. Meta, 1990, 35 (2): 332 -341.

[31] GUSDORF G. Conditions and Limits of Autobiography [A] //OLNEY J. Autobiography: Essays Theoretical and Critical. Princeton: Princeton University Press, 1980: 28 -48.

[32] HALVERSON S. Elements of Doctoral Training [J]. The Interpreter and Translator Trainer, 2009, 3 (1): 79 -106.

[33] HARTMAN K. Ideology, Identification and the Construction of the Feminie: Le Journal de Marie Bashkirtseff [J]. The Translator, 1999, 5 (1): 61 -82.

[34] HERMAN D. Autobiography, Allegory and the Construction of Self [J]. British Journal of Aesthetics, 1995, 35 (4): 351 -60.

[35] HERMANS T. The Translator's Voice in Translated Narrative [J]. Target. 1996, 8 (1): 23 –48.

[36] Hopkinson, J. Deterritorialising Translation Studies: Notes on Deleuze and Guattari's Mille Plateaux. Postscriptum [EB/OL] (2013 – 03 – 15) [2023 – 03 – 15]. http://www.post – scriptum.org/flash/docs2/art_2003_03_002.pdf(2003).

[37] IVIR V. Contrasting via Translation: Formal Correspondence vs. Translation Equivalence [J]. Yugoslav Serbo – Croation – English Contrastive Project, Studies, 1969 (1): 13 – 25.

[38] IVIR V. Formal Correspondence vs. Translation Equivalence Revisited [J]. Poetics Today, 1981 (2): 4, 51 – 59.

[39] INGHILLERI M. Bourdieu and the Sociology of Translation and Interpreting [J]. The Translator Special Issue Routledge, 2005, 11 (2): 186 – 208.

[40] JAHN M. Frames, References, and the Reading of Third Person Narratives: Towards a Cognitive Narratology [J]. Poetics Today, 1997, 18: 441 – 468.

[41] KORNING Z. Beyond Translation Proper: Extending the Field of Translation Studies [J]. TTR, 2007, 20 (1): 281 – 308.

[42] KOZIN A V. Translation and Semiotic Phenomenology: The Case for Gilles Deleuze [J]. Across Languages and Cultures, 2008, 9 (2): 161 – 175.

[43] KRUGER H. Exploring a New Narratological Paradigm for the Analysis of Narrative Communication in Translated Children's Literature [J]. Meta, 2011, 56 (4): 812 – 832.

[44] KRUGER J – L. The Translation of Narrative Fiction: Impostulating the Narrative Origo [J]. Perspectives, 2009, 17 (1): 15 – 32.

[45] LABOV W. Some Further Steps in Narrative Analysis [J]. Journal of Narrative and Life History, 1997, 7: 395 – 415.

[46] LEE T. Ear voice Span in English into Korean Simultaneous Interpretation [J]. Meta, 2002, 47 (4): 596 – 606.

[47] VAN LEUVEN – ZWART K. Translation and Original: Similarities and Dissimilarites I [J]. Target, 1989, 1 (2): 151 – 181.

[48] VAN LEUVEN – ZWART K. Translation and Original: Similarities

and Dissimilarities, II [J]. Target, 1990, 2 (1), 69 – 95.

[49] LEVAN M. Aesthetics of Encounter: Variations on Translation in Deleuze [J]. International Journal of Translation, 2007, 19 (2): 51 – 66.

[50] DE MAN P. Autobiography as de-Facement [J]. Modern Language Notes, 1979, 94 (5): 19 – 30.

[51] MASON I. Research Training in Translation Studies [J]. The Interpreter and Translator Trainer, Special Issue: Training for Doctoral Research 2009, 3 (1): 1 – 12.

[52] MASNY D. Rhizoanalytic Pathways in Qualitative Research [J]. Qualitative Inquiry, 2013, 19 (5): 339 – 348.

[53] MENG P. The Politics and Practice of Transculturation: Importing and Translating Autobiographical Writings into the British Literary Field [D]. University of Edinburgh, Edinburgh, 2011.

[54] MERLINI R, FAVARON R. Examining the "Voice of Interpreting" [J]. Speech Pathology Interpreting, 2005, 7 (2): 263 – 302.

[55] NATASCIA B. Non Solo Censura: Tre Esempi di Traduzione Dalla Narrative Tedesca Sotto II [J]. FascismoIntralinea, 2011, 13.

[56] NELLES W. Stories Within Stories: Narrative Levels and Embedded Narrative [J]. Studies in the Literary Imagination, 1992, 25: 79 – 96.

[57] POKORN K N. Translation and Mystical Texts [J]. Perspectives: Studies in Translatology, 2005, 13 (2): 99 – 105.

[58] POPVIE A. Aspects of Metatext [J]. Canadian Review of Comparative Literature, 1976, 3 (3): 225 – 235.

[59] QUINNEY A. Translation as Transference: A Psychoanalytic Solution to a Translation Roblem [J]. The Translator, 2004, 10 (1): 209 – 129.

[60] RANI K S. Writer – translator Discourse: Translating Australian Aboriginal Women's Writing [J]. Translation Today, 2004, 1 (1): 163 – 170.

[61] RAY M K. Translation as Transcreation and Reincarnation [J]. Perspectives: Studies in Translatology, 1995 (2): 245.

[62] RIMMON S. A Comprehensive Theory of Narrative: Genette's Figures III and the Structuralist Study of Fiction [J]. PTL: A Jouranl for Descoiptive Poetics and Theory of Literature, 1976 (1): 33 – 62.

[63] ROSA A A. Tradução, Poder e Ideologia. Retórica Interpessoal no

Diálogo Narrativo Dickensiano em Português (1950 – 1999) [D]. Lisboa: University of Lisbon, 2003.

[64] SAGLIA D. Translation and Cultural Appropriation: Dante, Paolo and Francesca in British romanticism [J]. Quaderns, 2002 (7): 95 – 119.

[65] SERMIJIN J, DEVLIEGER P, LOOTS G. The Narrative Construction of the Self: Selfhood as a Rhizomatic Story [J]. Qualitative Inquiry, 2008, 14 (4).

[66] SMITH W D. The Concept of Simulacrum: Deleuze and the Overturning of Platonism [J]. Continental Philosophy Review, 2006 (38): 89 – 123.

[67] SHEN D. Defense and Challenge: Reflections on the Relation Between Story and Discourse [J]. Narrative, 2002 (10): 222 – 243.

[68] SHEN D. What do Temporal Antinomies Do to the Story-Discourse Distinction?: A reply to Brian Richardson's Response [J]. Narrative, 2003 (11): 237 – 241.

[69] SPINNENWEBER K T. The 1611 English Translation of St. Teresa's Autobiography: A Possible Carmelite – Jesuit Collaboration [J]. SKASE: Journal Translation and Interpretation, 2007, 2: 1 – 12.

[70] SPIVAK G C. Translation as Culture [J]. Parallax, 2000, 6 (1): 13 – 24.

[71] SEBNEM S-S. The Case Study Research Method in Translation Studies [J]. Interpreter and Translator Trainer Doctoral Research, 2009, 3 (1): 37 – 56.

[72] SUN Y F. Cultural Translation in the Context of Glocalization [J]. Ariel: A Review of International English Literature, 2009, 40 (2 – 3): 89 – 110.

[73] TAN Z X. Metaphors of Translation [J]. Perspectives: Studies in Translatology, 2009, 14 (1): 40 – 54.

[74] TAN Z X. The Translator's Identity as Perceived Through Metaphors [J]. Across Languages and Cultures, 2012, 13 (1): 13 – 32.

[75] VENUTI L. Translation, Heterogeneity, Linguistics [J]. Traduction, Terminologie, Redaction, 1996, 9 (1): 91 – 115.

[76] WALL G. Flaubert's Voice: Retranslating Madame Povary [J].

Palimpsestes, 2004 (15): 93 – 98.

[77] WANG Q. A Critical Analysis of the Chinese Complex in the Translation of Han Suyin's Autobiographical Fiction a Many Splendoured Thing [C]. Proceedings of International Symposium on Globalization: Challenges for Translators and Interpreters. Zhuhai: Jinan University, 2014 (1).

[78] WANG H. Discursive Mediation in Translătion: With Reference to Living History and its Two Chinese Translations [D]. Hong Kong: City University of Hong Kong, Hong Kong SAR, 2010.

[79] WHITEFIELD A. Lost in Syntax: Translating Voice in the Literary Essay [J]. Meta, 2000, 45 (1): 113 – 126.

[80] WILSON R. Cultural Mediation Through Translingual Narrative [J]. Target, 2011, 23 (2): 235.

[81] ZETHSEN K K. When is a Text Userfriendly – and What Does it Mean to be Userfriendly? [C]. Conference paper, International Conference on Communication in Healthcare. Charleston, SC, U. S. A. 9 – 12, Oct, 2007.